高职高专"十二五"规划教材

单片机应用技术

主编　程龙泉　佘　东

北　京
冶 金 工 业 出 版 社
2024

内 容 提 要

本书以 ATMEL 公司的 AT89S51 单片机为主讲机型，采用“项目导向、任务驱动”的教学模式，深入浅出地介绍了单片机系统的整个开发设计过程。全书共分五篇 10 个项目，涵盖了单片机基本知识、开发环境、基本端口操作、输入显示、串行通信控制等内容。每个项目由多个任务组成，并按照基于工作过程的教学理念实施每个任务，全书充分体现了“教、学、做”一体化教学模式，通过学习，学生能够轻松地掌握单片机应用的基本知识和基本技能。

本书可作为高职高专院校电子、机电、自动化控制类等相关专业的教学用书，也可作为广大电子爱好者自学单片机的参考书。

图书在版编目(CIP)数据

单片机应用技术／程龙泉，佘东主编．—北京：冶金工业出版社，2015.8（2024.1 重印）

高职高专“十二五”规划教材

ISBN 978-7-5024-7008-1

Ⅰ.①单… Ⅱ.①程… ②佘… Ⅲ.①单片微型计算机—高等职业教育—教材 Ⅳ.①TP368.1

中国版本图书馆 CIP 数据核字(2015)第 166798 号

单片机应用技术

出版发行	冶金工业出版社	**电　　话**	(010)64027926
地　　址	北京市东城区嵩祝院北巷 39 号	**邮　　编**	100009
网　　址	www.mip1953.com	**电子信箱**	service@mip1953.com

责任编辑　俞跃春　杜婷婷　美术编辑　彭子赫　版式设计　葛新霞

责任校对　李　娜　责任印制　禹　蕊

北京建宏印刷有限公司印刷

2015 年 8 月第 1 版，2024 年 1 月第 5 次印刷

787mm×1092mm　1/16；17.75 印张；432 千字；274 页

定价 45.00 元

投稿电话　(010)64027932　投稿信箱　tougao@cnmip.com.cn

营销中心电话　(010)64044283

冶金工业出版社天猫旗舰店　yjgycbs.tmall.com

（本书如有印装质量问题，本社营销中心负责退换）

前 言

随着计算机和微电子技术的高速发展，单片机在国民经济各个领域的智能化控制中得到非常广泛的应用。单片机具有集成度高、功能强大、结构简单、易于掌握、应用灵活、可靠性高、价格低廉等特点，被广泛应用于信息处理、物联网络、通信设备、工业控制、家用电器等各个领域。单片机应用技术是有效实现对象系统智能化控制的核心技术，它已成为自动化类、电子信息类专业的学生和相关专业技术人员必须掌握的技术。

本书以“必须、够用”为原则，以提高学生专业知识、专业能力及专业素质为根本出发点，突破了传统的以学科体系编写教材的模式，按照“项目导向、任务驱动”的教学模式组织教学内容，并注重选材的实用性、趣味性及科学性，力求使学生在兴趣中学习、在爱好中提高单片机应用系统的初步开发设计能力。本书的主要特点体现在：

（1）以电子产品和机电控制系统作为课程载体，采用理实一体或教学做一体的教学模式。将教学内容分为若干个相对独立的学习项目，每个项目由若干个任务组成，教学过程充分发挥学生的主动性，积极性，课内学习与课外学习相结合。

（2）“做、学”结合贯穿于整个教学过程。每个项目任务都包含任务实施环节，需要学生经过实践去完成相关知识学习、电路设计与制作、软件编程以及仿真调试等，改变以往先理论、后实验的学习模式。

另外还专为本书编写了配套的实验实训教材（《单片机应用技术实验实训指导》，冶金工业出版社2015年8月出版）。

本书内容涵盖单片机应用技术课程体系的基本知识和基本技能。主要包括：单片机基本知识学习；单片机开发环境认识；循环彩灯控制；声音发生器；交通灯；电子时钟；数字温度计；串行通信控制；步进电动机控制；直流电动机控制等10个项目共计29个学习任务。建议本课程教学时数为60~90学时，少学时者可重点学习概述篇和端口操作篇的教学内容，多学时者可根据各专业的培养目标来确定学习输入显示篇、数据通信篇以及机电控制篇的教学内容。

本书由程龙泉、佘东担任主编。参加编写工作的还有李淑芬、柯雄飞、周泽军、杨文伟（企业）、彭俊杰（企业）等。其中，项目8主要由程龙泉编写；项目1、项目2、项目7、附录3主要由佘东编写；项目3、项目4主要由李淑芬编写；项目5、项目6主要由柯雄飞编写；附录1、附录2主要由周泽军编写；项目9主要由杨文伟编写；项目10主要由彭俊杰编写。

本书在编写与出版过程中，得到了四川机电职业技术学院电子电气工程系的领导和教师、攀钢集团工程技术有限公司等企业的工程技术人员的关心、大力支持和帮助，在此一并表示诚挚的谢意！同时也感谢在本书编写过程中提供帮助的曾伟东、周桐两位学生。本书在编写过程中，参考了大量的文献资料，在此一并向原作者表示衷心的感谢！

由于水平有限，书中有不妥之处，恳请广大读者批评、指正。

编　者

2015年4月

目录

概述篇

端口操作篇

输入显示篇

数据通信篇

机电控制篇

概　述　篇

项目1　单片机基本知识学习

1.1　项目介绍

单片机在控制、测量领域有着广泛的应用，能实现对目标系统的自动控制。那么单片机怎样实现控制，其内部到底由什么组成？本项目将从对单片机芯片的认识开始，逐步介绍单片机的定义、发展、特点以及单片机硬件结构等基本知识，让大家对单片机以及单片机的用途有较全面的了解。

1.2　任务1　认识单片机

1.2.1　任务描述

本任务具体介绍单片机的定义、发展、分类、应用及其学习单片机的条件等。

1.2.2　相关知识

1.2.2.1　知识1：什么是单片机

单片机即单片微型计算机，是典型的嵌入式微控制器（MicroController Unit），简称微控制器（MCU）。其芯片内部集成了中央处理器（CPU）、数据存储器（RAM）、程序存储器（ROM）、输入/输出接口电路（I/O）、定时器/计数器（T/C）等功能部件，其基本结构如图1－1所示。

1.2.2.2　知识2：单片机的发展

A　单片机的发展历史

单片机作为微型计算机的一个重要分支，应用面很广，发展很快。如果以8位单片机作为起点，则单片机的发展大致经历了以下几个发展阶段：

（1）第一阶段（1976～1978年）：单片机探索阶段。以Intel公司的MCS－48为代表，其内部主要集成了8位CPU、1个8位定时器/计数器、并行I/O口（27根I/O线）、64B RAM和1KB ROM等。它以其体积小、控制功能全、价格低等特点，赢得了广泛的应用和

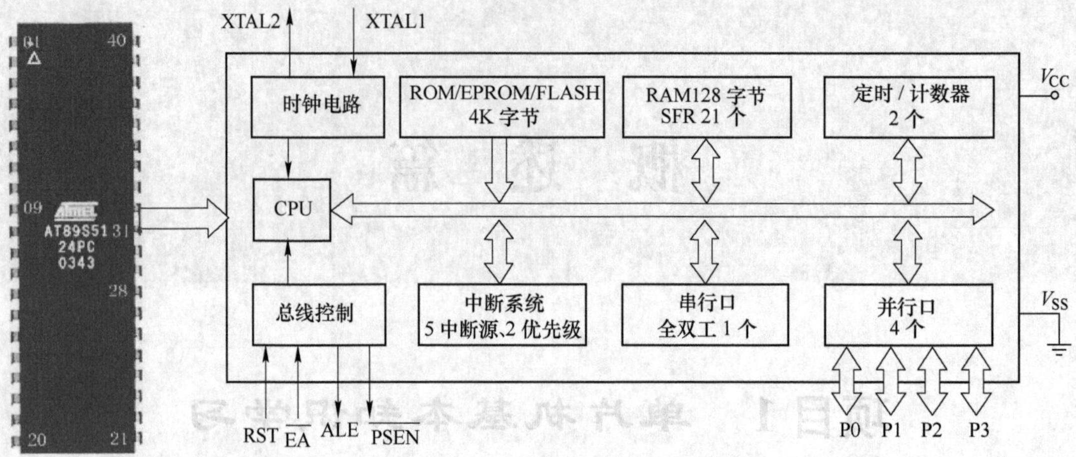

图 1－1　单片机的基本结构

好评，为单片机的发展奠定了坚实的基础。

（2）第二阶段（1978～1982 年）：单片机完善阶段。Intel 公司在 MCS－48 系列基础上推出了完善的、典型的 MCS－51 系列。其内部增加了串行通信接口，定时器/计数器扩展为 16 位，增大了 RAM 和 ROM 的存储容量等，且具有品种全、兼容性强、软硬件资料丰富等特点。因此成为“最经典的单片机”。

（3）第三阶段（1982～1990 年）：16 位单片机阶段，也是单片机向微控制器发展的阶段。以 Intel 公司推出的 MCS－96 系列为代表，与 MCS－51 相比，其字长增加了一倍，变为 16 位，且将 A/D 转换器、脉宽调制（PWM）等集成于内部，使其性能有很大的提高。但该系列单片机性价比不理想，并未得到普及应用，主要用于比较复杂的控制系统以及早期嵌入式系统中。

（4）第四阶段（1990 年～）：微控制器全面发展阶段。随着单片机在各个领域全面深入地发展和应用，出现了高速、大寻址范围、强运算能力的 8 位/16 位/32 位通用型单片机，以及小型廉价的专用型单片机。

B　单片机的发展趋势

单片机的发展趋势主要是向多功能、高性能、高速度、低电压、低功耗、低价格等方面发展。主要表现在以下两个方面：

（1）低功耗 CMOS 化。MCS－51 系列的 8031 推出时功耗达 630mW，而现在的单片机普遍都在 100mW 左右。随着对单片机功耗的要求越来越低，各单片机制造商基本都采用了 CMOS（金属氧化物半导体）工艺，如，80C51 就采用了 HMOS（高密度金属氧化物）工艺和 CHMOS（互补金属氧化物半导体）工艺。CMOS 虽然功耗较低，但由于其物理特征决定其工作速度不够高，而 CHMOS 则具备了高速和低功耗的特点，所以这种工艺将是今后一段时期单片机发展的主要途径。

（2）微型单片化。随着集成技术及工艺的不断发展，把所需的众多外围功能器件集成在片内。除了必须具有的 CPU、RAM、ROM、定时器/计数器等以外，片内集成的器件还包括 A/D 转换器、PWM（脉宽调制电路）、WDT（看门狗）、LCD 驱动器、电压比较器等，使单片机的功能更强大。此外，现在的产品普遍要求体积小、重量轻，这就要求单片机除了功能强和低功耗外，还要求其体积要小。现在的许多单片机都具有多种封装形式，其中SMD（表面封装）越来越受欢迎，使得单片机由单片机构成的系统正朝着微型化方向发展。

1.2.2.3　知识3：单片机产品分类

目前，市场上应用的单片机品种繁多，许多制造商均采用了Intel公司的8051内核技术生产了与8051单片机兼容的功能各异的新品种。本书主要就两种常用系列的单片机作详细的介绍。

A　MCS-51系列单片机

a　产品简介

MCS-51系列单片机是Intel公司于1980年推出的一种8位单片机系列。该系列又分为两大子系列，即51子系列与52子系列。

51子系列又称基本型，其典型产品型号有8031/80C31、8051/80C51、8751/87C51、8951/89C51。

52子系列又称增强型，其典型产品型号有8032/80C32、8052/80C52、8752/87C52、8952/89C52。

表1-1介绍了MCS-51系列单片机的典型产品及功能特性。

表1-1　MCS-51系列单片机的典型芯片及功能特性

子系列	片内存储器					并行I/O	定时器/计数器	中断源	串行口
	无ROM	ROM	EPROM	Flash ROM	RAM				
51子系列	8031	8051 4KB	8751 4KB	8951 4KB	128B	4×8位	2×16位	5	1
	80C31	80C51 4KB	87C51 4KB	89C51 4KB	128B	4×8位	2×16位	5	1
52子系列	8032	8052 8KB	8752 8KB	8952 8KB	256B	4×8位	3×16位	6	1
	80C32	80C52 8KB	87C52 8KB	89C52 8KB	256B	4×8位	3×16位	6	1

b　基本特性

MCS-51系列单片机的基本特性为：

（1）8位CPU。

（2）128B的片内RAM，可外部寻址64KB。

（3）4KB的片内ROM，可外部寻址64KB。

（4）4个并行I/O口（32根I/O线）。

（5）2个16位定时/计数器。

（6）1个全双工异步串行口。

（7）5个中断源，2个中断优先级。

（8）具有位寻址功能。

B AT89 系列单片机

a 产品简介

Atmel 公司推出的 AT89 系列单片机与 51 系列单片机完全兼容。该系列产品分为标准型、低档型、高档型三类。

（1）标准型。其代表型号有 AT89C51、AT89LV51、AT89C52、AT89LV52、AT89C55、AT89LV55 等，其中 AT89LV51、AT89LV52、AT89LV55 分别属于 AT89C51、AT89C52、AT89C55 的低电压型号，可在 2.7 ~6V 的电压范围内工作。

（2）低档型。其代表型号有 AT89C1051、AT89C2051、AT89C4051 等，除并行 I/O 端口数较少外（其引脚数为 20 条），其他部件结构与 AT89C51 基本一致。

（3）高档型。其代表型号有 AT89S51、AT89S52、AT89S53、AT89S8252 等，在标准型的基础上增加了串行外围接口 SPI 功能、WDT 定时器以及 9 个中断响应能力等。

表 1 -2 介绍了 AT89 系列单片机的典型产品及其功能特性。

表 1 -2 AT89 系列单片机的典型芯片及功能特性

型 号	片内存储器		I/O 线	定时器/计数器	中断源	串行口
	FEPROM	RAM				
AT89C4051	4KB	128B	15	2×16 位	5	UART
AT89C51	4KB	128B	32	2×16 位	5	UART
AT89C52	8KB	256B	32	3×16 位	6	UART
AT89S51	4KB	128B	32	2×16 位	5	UART
AT89S52	8KB	256B	32	3×16 位	6	UART

b AT89S51 单片机特性

本书以 AT89S51 单片机作为主讲机型，其特性如下：

（1）与 MCS -51 产品指令系统完全兼容。

（2）片内有 4K（8K）字节在系统编程（ISP）Flash 闪速存储器。

（3）1000 擦写周期。

（4）4.0 ~5.5V 工作电压范围。

（5）全静态工作模式：0 ~33MHz。

（6）程序存储器具有三级加密保护。

（7）128 个字节的内部 RAM。

（8）32 条可编程 I/O 口线。

（9）2 个 16 位定时器/计数器。

（10）中断结构具有 5 个中断源和两个优先级。

（11）可编程全双工串行通讯。

（12）低功耗空闲和掉电模式。

（13）看门狗（WDT）及双数据指针。

(14) 具有 JTAG 接口，可方便地在线编程或在系统编程。

1.2.2.4　知识4：单片机的应用领域

现在单片机的应用已极为广泛，下面仅就一些典型方面进行介绍。

A　工业控制

单片机可以构成形式多样的过程控制系统、测控系统、数据采集系统。例如，工厂流水线的智能化管理，电梯智能化控制、各种报警系统等。

B　智能仪器仪表

单片机应用于仪器仪表中，结合不同类型的传感器，可实现诸如电压、功率、频率、湿度、温度、流量、速度、压力等物理量的测量。

C　家用电器

电饭煲、洗衣机、电冰箱、空调机、彩电、其他音响视频器材等，均使用单片机进行控制。

D　信息和通信产品

计算机的外部设备（键盘、打印机、磁盘驱动器等）和自动化办公设备（传真机、复印机、电话机等），都有单片机在其中发挥着作用。

E　军事装备

在现代化的飞机、军舰、坦克、大炮、导弹火箭和雷达等各种军用装备上，都有单片机深入其中。

1.2.2.5　知识5：学习单片机的条件

伟大的科学家爱因斯坦说过："兴趣是最好的老师"。学习单片机首先要有浓厚的兴趣，其次要具备必需的一些学习条件，除了必需的单片机学习教材或参考书外，还应具备以下单片机学习开发的条件：

(1) 硬件条件。个人计算机（PC）1 台，常用工具 1 套（含万用表），ISP 下载线，仿真器或单片机开发板或单片机实验箱 1 台，如图 1－2 和图 1－3 所示。

图 1－2　USB 转 ISP 下载线

(2) 软件条件。用于编辑、编译、调试源程序的工具软件 1 套（如 Keil C 软件），虚拟仿真软件 1 套（如 Proteus 软件），用于下载目标代码的 ISP 下载软件 1 套（如 Progisp）。

图 1－3　单片机开发板

1.2.3　任务实施

本任务是通过学习单片机的特性及应用等来认识单片机，从而为后续的单片机应用系统项目学习做铺垫。

1.2.3.1　步骤 1：单片机的发展及应用学习

通过本任务相关知识及参考资料学习单片机的发展历程、发展趋势以及各应用领域的应用特点。

1.2.3.2　步骤 2：单片机的基本特性学习

通过本任务相关知识及参考资料学习单片机的产品型号及其内部集成特点。

1.2.4　任务训练

1.2.4.1　训练 1

撰写一份单片机发展及应用的小报告。

1.2.4.2　训练 2

学习 AT89 系列各型号单片机的中文资料，理解它们内部集成特点的异同。

1.2.5 任务小结

（1）单片机定义。单片机是将中央处理器（CPU）、数据存储器（RAM）、程序存储器（ROM）、输入/输出接口电路（I/O）、定时器/计数器（T/C）等集成在一块电路芯片上的微型计算机。

（2）单片机的发展经历了探索阶段、完善阶段、16位机阶段以及微控制器全面发展四个阶段，其发展趋势是低功耗CMOS化和微型单片化。

（3）MCS-51系列单片机分为51和52两个子系列，其典型产品型号有8031/80C31、8051/80C51、8951/89C51、8032/80C32、8052/80C52、8952/89C52等；AT89系列单片机分为低档型、标准型、高档型三类，其典型产品型号有AT89C4051、AT89C51、AT89C52、AT89S51、AT89S52等。

（4）MCS-51系列单片机内部主要集成有8位CPU、128B的片内RAM、4KB的片内ROM、4个并行I/O口、2个16位定时/计数器、1个全双工异步串行口、5个中断源、2个中断优先级等。

1.3 任务2 单片机硬件结构

1.3.1 任务描述

本任务主要介绍AT89S51单片机内部逻辑结构以及并行输入/输出口电路，使大家掌握单片机内部程序存储器、数据存储器的作用及其配置情况和单片机并行输入/输出口的操作使用特点。

1.3.2 相关知识

1.3.2.1 知识1：AT89S51单片机内部逻辑结构

AT89S51单片机内部逻辑结构图如图1-4所示。

现对各主要组成部分作如下介绍：

A 中央处理器（CPU，Central Processing Unit）

中央处理器是单片机的核心，是8位数据宽度的处理器，它控制、指挥和调度整个单元系统协调工作，完成运算和控制等操作，主要包括运算器和控制器两部分。

a 运算器

运算器主要用来实现算术、逻辑运算和位操作。其中包括算术和逻辑运算单元ALU、累加器ACC、B寄存器、程序状态字PSW和两个暂存器等。

ALU是运算电路的核心，实质上是一个全加器，完成基本的算术和逻辑运算。包括加、减、乘、除、增量、减量、BCD码运算等算术运算，与、或、异或等逻辑运算，左移位、右移位、半字节交换位置位和位复位等操作。

b 控制器

控制器是识别指令并根据指令性质协调计算机内各组成单元进行工作的部件，主要包括程序计数器 PC、PC 增量器、指令寄存器、指令译码器、定时及控制逻辑电路等，其功能是控制指令的读入、译码和执行，并对指令执行过程进行定时和逻辑控制。

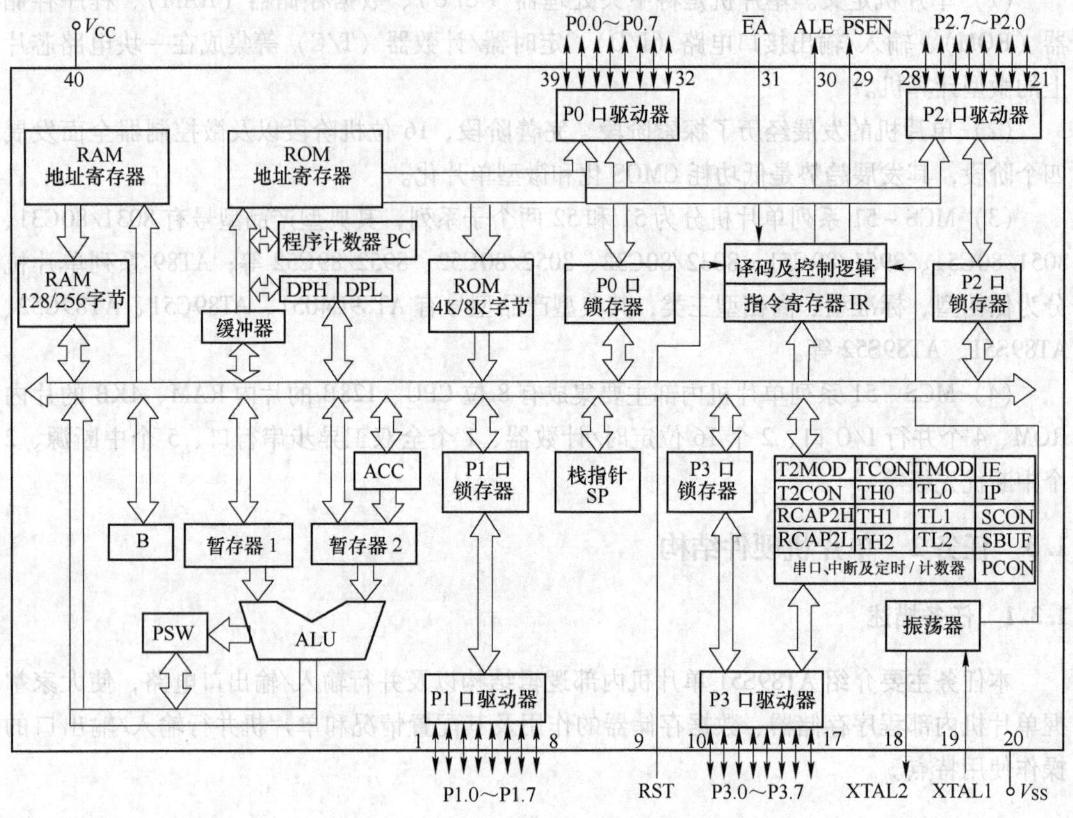

图 1-4　AT89S51 单片机内部逻辑结构图

B　内部数据存储器（RAM，Random Access Memory）

内部数据存储器在图 1-4 中包括内部 RAM（128B）和 RAM 地址寄存器等。它用来存放暂时性的输入输出数据、运算的中间结果或用作堆栈。CPU 在运行时能随时对其进行数据的写入和读出，但在关闭电源时，其所存储的信息将丢失。

C　内部程序存储器（ROM，Read Only Memory）

内部程序存储器在图 1-4 中包括 ROM（4KB）和 ROM 地址寄存器等。用来存放程序和原始数据，如系统监控程序、表格常数等。系统断电后，其中的信息保留不变。

D　定时/计数器

AT89S51 有 2 个 16 位的可编程定时器/计数器，以实现定时或计数功能。

E　并行输入/输出接口（I/O）

AT89S51 有 4 个 8 位的 I/O 口，即 P1～P3，以实现数据的并行输入输出。

F　串行口

AT89S51 内置了 1 个全双工异步串行通信口，以实现单片机和其他设备之间的串行数据传送。它既可作为全双工异步通信收发器使用，也可作为同步移位器使用。

G 中断系统

AT89S51 具有 5 个中断源，即外中断 2 个，定时/计数中断 2 个，串行中断 1 个。全部中断分为高级和低级 2 个优先级别。

1.3.2.2 知识 2：AT89S51 单片机存储器结构

存储器分为程序存储器 ROM 和数据存储器 RAM 两大类。微型计算机中，ROM 与 RAM 在物理空间上是统一编址的普林斯顿结构，而单片机中，ROM 与 RAM 在物理空间上是独立编址的哈佛结构。

单片机的存储器有内外之分，共分为片内程序存储器、片外程序存储器、片内数据存储器、片外数据存储器 4 个空间。而对其则按 3 个逻辑地址空间进行管理：

（1）片内片外统一编址的 64KB 程序存储器地址空间。

（2）片内独立编址的 256B 数据存储器地址空间。

（3）片外独立编址的 64KB 数据存储器地址空间。

A 程序存储器

AT89S51 单片机片内有 4KB 的程序存储空间，其地址范围为 0000H ~ 0FFFH，可以通过外部扩展到 64KB，其地址范围为 0000H ~ FFFFH。片内外的 ROM 是统一编址的。如果单片机的控制信号线 $\overline{EA}$ 接高电平，单片机的程序计数器 PC 先从片内 0000H ~ 0FFFH 地址范围内执行 ROM 中的程序，执行完后会自动转向片外执行 1000H ~ FFFFH 地址中的程序；若 $\overline{EA}$ 接低电平，只能寻址外部程序存储器，片外存储器可以从 0000H 开始编址，如图 1-5 所示。

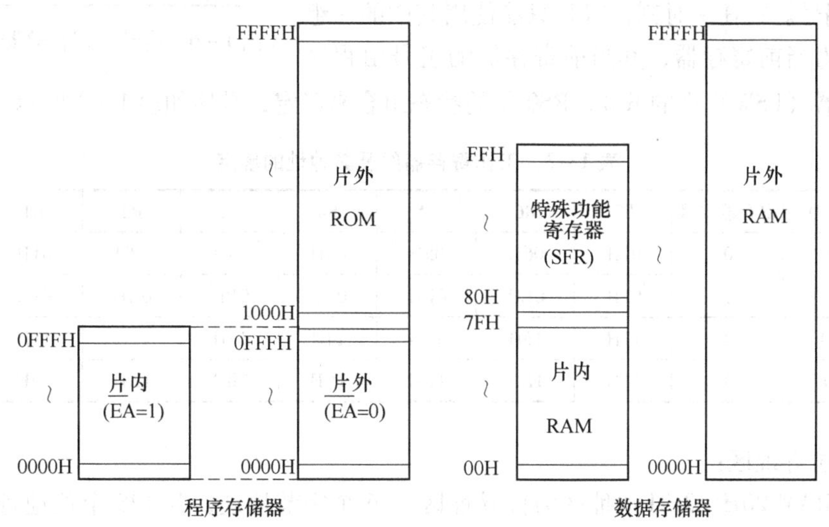

图 1-5 AT89S51 单片机的存储器配置图

在程序存储器中有一组特殊的保留地址单元 0000H ~ 002AH，使用时应特别注意。

（1）0000H ~ 0002H：系统启动单元。系统复位后，单片机从 0000H 单元开始取指令执行程序。使用时应在这 3 个单元中存放 1 条无条件转移指令，从而直接转去执行指定的程序。

（2）0003H～002AH：中断地址区。此40个单元被均匀地分为5个区间，作为5个中断源的中断地址区。

0003H～000AH　外部中断0的中断地址区；
000BH～0012H　定时器/计数器0的中断地址区；
0013H～001AH　外部中断1的中断地址区；
001BH～0022H　定时器/计数器1的中断地址区；
0023H～002AH　串行中断地址区。

B　数据存储器

AT89S51单片机片内有128B的数据存储空间，其地址范围为00H～7FH，可以通过外部扩展到64KB，其地址范围为0000H～FFFFH。片内外的RAM是独立编址的。片内、片外数据存储器的访问是通过不同的指令来实现的。数据存储器的配置图如图1－5所示。

a　内部数据存储器低128B

如图1－6所示，内部数据存储器低128B（00H～7FH）又划分为3个区域。

图1－6　内部数据存储器低128B

（1）工作寄存器区：

内部RAM 00H～1FH地址区作为工作寄存器（通用寄存器）使用，共分为4组，每组8个工作寄存器，组号为0～3，每个寄存器都是8位的，在每组中均按R7～R0编号。在任一时刻，CPU只能使用其中的一组寄存器作为当前寄存器，其当前寄存器的组号由程序状态寄存器（PSW）中的RS1、RS0位的状态组合来确定，具体如表1－3所示。

表1－3　工作寄存器组及其地址的确定

RS1	RS0	寄存器组号	R7	R6	R5	R4	R3	R2	R1	R0
0	0	0	07H	06H	05H	04H	03H	02H	01H	00H
0	1	1	0FH	0EH	0DH	0CH	0BH	0AH	09H	08H
1	0	2	17H	16H	15H	14H	13H	12H	11H	10H
1	1	3	1FH	1EH	1DH	1CH	1BH	1AH	19H	18H

（2）位寻址区：

内部RAM 20H～2FH地址区为位寻址区，16个字节地址，共128个位地址，位地址范围为00H～FFH，具体如表1－4所示。位寻址区是单片机中唯一一个既可字节寻址又可位寻址的区域。

位地址有两种表示方式：一种是以位地址的形式表示（如表1－4所示），例如位寻址区的最后一位是7FH；另一种是以字节地址加位的形式表示。例如，同样的最后一位表示为2FH.7。

（3）通用RAM区：

片内 RAM 30H～7FH 地址区域是供用户使用的通用 RAM 区，共 80B。在一般应用中常把堆栈开辟在此区中。

表 1－4 位寻址区的位地址

字节地址	位地址							
	D7	D6	D5	D4	D3	D2	D1	D0
2FH	7FH	7EH	7DH	7CH	7BH	7AH	79H	78H
2EH	77H	76H	75H	74H	73H	72H	71H	70H
2DH	6FH	6EH	6DH	6CH	6BH	6AH	69H	68H
2CH	67H	66H	65H	64H	63H	62H	61H	60H
2BH	5FH	5EH	5DH	5CH	5BH	5AH	59H	58H
2AH	57H	56H	55H	54H	53H	52H	51H	50H
29H	4FH	4EH	4DH	4CH	4BH	4AH	49H	48H
28H	47H	46H	45H	44H	43H	42H	41H	40H
27H	3FH	3EH	3DH	3CH	3BH	3AH	39H	38H
26H	37H	36H	35H	34H	33H	32H	31H	30H
25H	2FH	2EH	2DH	2CH	2BH	2AH	29H	28H
24H	27H	26H	25H	24H	23H	22H	21H	20H
23H	1FH	1EH	1DH	1CH	1BH	1AH	19H	18H
22H	17H	16H	15H	14H	13H	12H	11H	10H
21H	0FH	0EH	0DH	0CH	0BH	0AH	09H	08H
20H	07H	06H	05H	04H	03H	02H	01H	00H

b 内部数据存储器高 128B

内部数据存储器高 128B（80H～FFH）是为特殊功能寄存器（SFR）提供的，用于存放相应功能部件的控制命令、状态或数据。

AT89S51 单片机有 26 个特殊功能寄存器，比普通 51 系列单片机增加了 AUXR、AUXR1、WDTRST、DP1L、DP1H 五个特殊功能寄存器。其中，字节地址能被 8 整除的 SFR 是可位寻址，共有 11 个。它们离散的分布在 80H～FFH 的地址空间范围内，如表 1－5 所示。

表 1－5 AT89S51 特殊功能寄存器地址对照表

SFR 名称	符号	位地址/位定义								字节地址
		D7	D6	D5	D4	D3	D2	D1	D0	
B 寄存器	B	F7	F6	F5	F4	F3	F2	F1	F0	0F0H
累加器	ACC	E7	E6	E5	E4	E3	E2	E1	E0	0E0H
程序状态字	PSW	CY	AC	F0	RS1	RS0	OV	—	P	0D0H
中断优先级控制	IP	—	—	—	PS	PT1	PX1	PT0	PX0	0B8H
I/O 口 3	P3	P3.7	P3.6	P3.5	P3.4	P3.3	P3.2	P3.1	P3.0	0B0H

续表 1-5

SFR 名称	符号	位地址/位定义								字节地址
		D7	D6	D5	D4	D3	D2	D1	D0	
中断允许控制	IE	EA	—	—	ES	ET1	EX1	ET0	EX0	0A8H
看门狗复位	WDTRST									0A6H
辅助寄存器 1	AUXR1									0A2H
I/O 口 2	P2	P2.7	P2.6	P2.5	P2.4	P2.3	P2.2	P2.1	P2.0	0A0H
串行数据缓冲	SBUF									99H
串行控制	SCON	SM0	SM1	SM2	REN	TB8	RB8	TI	RI	98H
I/O 口 1	P1	P1.7	P1.6	P1.5	P1.4	P1.3	P1.2	P1.1	P1.0	90H
辅助寄存器	AUXR									8EH
定时/计数器 1 高 8 位	TH1									8DH
定时/计数器 0 高 8 位	TH0									8CH
定时/计数器 1 低 8 位	TL1									8BH
定时/计数器 0 低 8 位	TL0									8AH
定时/计数器方式选择	TMOD	GATE	$C/\overline{T}$	M1	M0	GATE	$C/\overline{T}$	M1	M0	89H
定时/计数器控制	TCON	TF1	TR1	TF0	TR0	IE1	IT1	IE0	IT0	88H
电源控制与波特率选择	PCON									87H
数据指针 1 高 8 位	DP1H									85H
数据指针 1 低 8 位	DP1L									84H
数据指针 0 高 8 位	DP0H									83H
数据指针 0 低 8 位	DP0L									82H
堆栈指针	SP									81H
I/O 口 0	P0	P0.7	P0.6	P0.5	P0.4	P0.3	P0.2	P0.1	P0.0	80H

部分寄存器简介：

（1）累加器 A（或 ACC，Accumulator）。累加器为 8 位的寄存器，主要功能有：存放操作数，存放运算的中间结果是数据传送的中转站，在变址寻址方式中作为变址寄存器使用。

（2）B 寄存器。是一个 8 位寄存器，主要用于乘除运算。乘法运算时，B 存乘数。乘法操作后，乘积的高 8 位存于 B 中；除法运算时，B 存除数。除法操作后，余数存于 B 中。此外，B 寄存器也可作为一般数据寄存器使用。

（3）程序状态字寄存器 PSW（Program Status Word）。是一个 8 位寄存器，用于存放指令执行时的状态信息。其中有些位的状态是根据指令执行结果后，由硬件自动设置的，而有些位状态则是使用软件方法设定的。一些条件转移指令将根据 PSW 中有关位的状态来进行程序转移。PSW 的各位定义如表 1-6 所示。

表1－6　PSW各位定义

位地址	PSW.7	PSW.6	PSW.5	PSW.4	PSW.3	PSW.2	PSW.1	PSW.0
位定义	CY	AC	F0	RS1	RS0	OV	—	P

除PSW.1位保留未用外，其余各位的定义及使用如下：

1）CY（或C）：进位标志位。其功能有二：一是存放算术运算的进位标志，在进行加减运算中，若操作结果的最高位有进位或借位时，CY由硬件置“1”，否则清“0”；二是在位操作中，作为位累加器使用。

2）AC：辅助进位标志位。在加减运算中，当有低4位向高4位进位或借位时，AC由硬件置“1”，否则清“0”；在进行BCD数运算调整中，要用到AC位状态进行判断。

3）F0：用户标志位。由用户自己定义，用户根据需要用软件对其进行置位或复位。

4）RS1、RS0：当前工作寄存器组选择位。其工作寄存器组号的选择方法见表1－3。

5）OV(Overflow)：溢出标志位。

在带符号数的加减运算中，OV＝1表示运算结果超出了累加器A所能表示的符号数的有效范围（－128～＋127），即产生了溢出，其运算结果是错误的；反之，OV＝0表示运算结果正确，即无溢出。

在乘法运算中，OV＝1表示乘积超过了255，即乘积分别在B与A中；反之，OV＝0，表示乘积只在A中。

在除法运算中，OV＝1表示除数为0，除法不能进行；反之，OV＝0，除数不为0，除法可进行。

6）P：奇偶标志位。ACC中内容有奇数个1时，P＝1；有偶数个1时，P＝0。

（4）串行数据缓冲器SBUF。SBUF用于存放串行通信中待发送或已接收到的数据，它实际上由两个独立的寄存器组成，一个是发送缓冲器，一个是接收缓冲器。

（5）堆栈指针SP。堆栈是在片内RAM中开辟的特殊存储区，主要是为子程序调用和中断操作而设立的，用来暂存一些重要数据和地址，其最大特点是遵循“后进先出”的原则存取数据。堆栈共有两种操作：进栈和出栈。

堆栈由堆栈指针SP来管理，因堆栈设在片内RAM中，因此SP是一个8位的指针寄存器。系统复位后，SP的内容为07H，但堆栈一般在30H～7FH单元中开辟，所以在程序设计时应注意将SP的值初始化为30H以后，以免占用宝贵的寄存器区和位寻址区。

51系列单片机的堆栈属于向上生长型堆栈，该堆栈的操作规则为：

1）进栈操作。先SP加1，后写入数据。

2）出栈操作。先读出数据，后SP减1。

（6）双数据指针DPTR0、DPTR1。AT89S51单片机有两个数据指针DPTR0与DPTR1，均为16位寄存器。当辅助寄存器1（AUXR1）中的DPS＝0时选择DPTR0，DPS＝1时选择DPTR1。每个数据指针既可以按16位寄存器使用，也可以按两个8位寄存器单独使用，即：

DP0H/DP1H：DPTR0/DPTR1高位字节。

DP0L/DP1L：DPTR0/DPTR1 低位字节。

DPTR 通常在访问外部数据存储器时作地址指针使用。由于外部数据存储器的寻址范围为 64KB，故把 DPTR 设计为 16 位。此外，在变址寻址方式中，用 DPTR 作基址寄存器，用于对程序存储器的访问。

（7）程序指针 PC。PC 是一个 16 位的计数器，寻址范围为 64KB。PC 具有自动加 1 功能，总是用来指向下一条要执行指令的 16 位地址，以实现程序的顺序执行。但在执行转移、调用、返回等指令时能自动改变其内容，从而改变程序的执行顺序。PC 本身没有地址，是不可寻址的，故 PC 不属于特殊功能寄存器。

1.3.2.3 知识 3：AT89S51 单片机并行 I/O 口

AT89S51 单片机共有 4 个 8 位的并行双向 I/O 口，分别记作 P0、P1、P2、P3。4 个 I/O 口在电路结构上是基本相同的，均具有数据输出锁存器、2 个三态输入缓冲器以及数据输出的驱动和控制电路，但它们又各具特点。

A P0 口

P0 口的电路逻辑结构图如图 1－7 所示，其特点为：

（1）控制端高电平时，属于双向口，作为低 8 位地址和 8 位数据分时复用，仅供系统扩展时使用。

（2）控制端低电平时，作通用 I/O 口使用，属于准双向口。场效应管 T1 截止，使 T2 漏极开路，需外接上拉电阻。

（3）P0 口作输入口时，具有“读引脚”和“读锁存器”两种情况。前一种情况是数据由引脚输入，此时需先向锁存器写 1，使场效应管 T1 和 T2 均截止；后一种情况是读锁存器 Q 端的状态。

（4）P0 口作输出口时，每一个引脚可驱动 8 个 TTL 门电路。

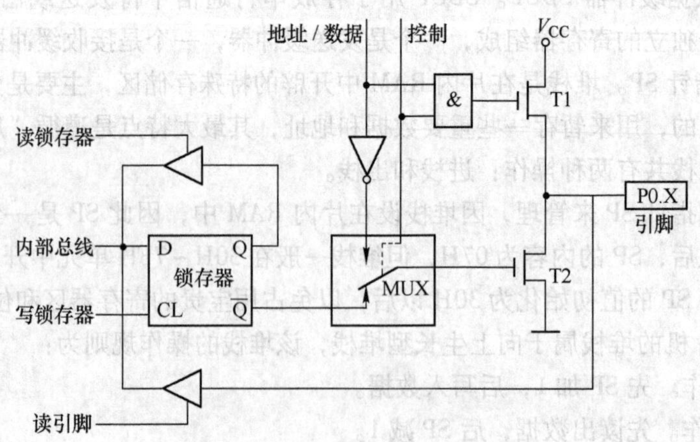

图 1－7 P0 口的电路逻辑结构图

B P1 口

P1 口的电路逻辑结构图如图 1－8 所示，其特点为：

（1）只作 I/O 口使用，属于双向口，内部用上拉电阻代替了场效应管 T1。

（2）与 P0 口一样，也有读引脚和读端口两种情况，操作方法同 P0 口。

（3）每一个引脚可驱动 4 个 TTL 门电路。

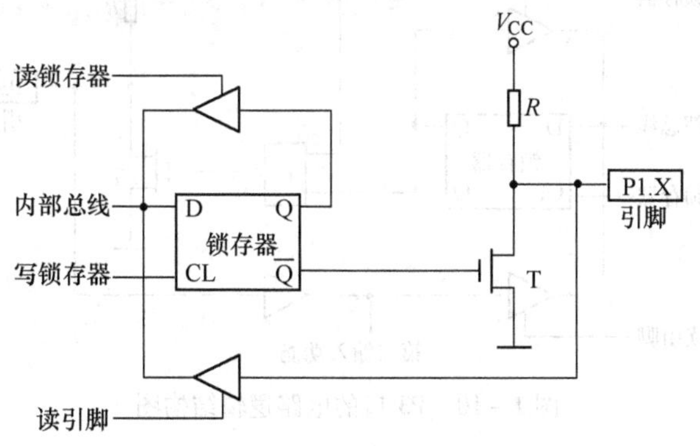

图 1-8　P1 口的电路逻辑结构图

C　P2 口

P2 口的电路逻辑结构图如图 1-9 所示，其特点为：

（1）控制端高电平时，作为高 8 位地址输出口。

（2）控制端低电平时，作通用 I/O 口使用，属于双向口。操作方法同 P0、P1 口相同。

（3）每一个引脚可驱动 4 个 TTL 门电路。

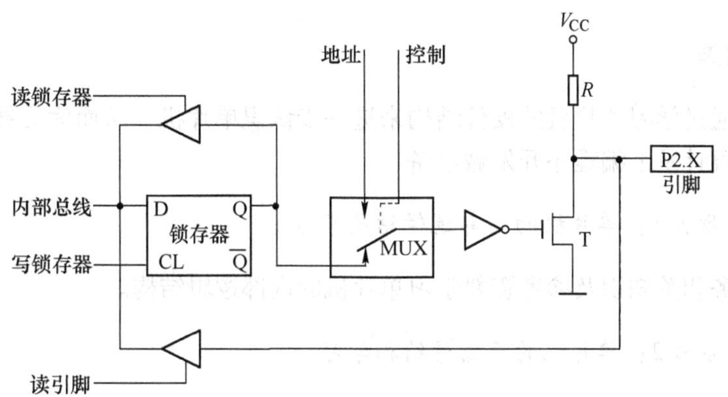

图 1-9　P2 口的电路逻辑结构图

D　P3 口

P3 口的电路逻辑结构图如图 1-10 所示，其特点为：

（1）每一个引脚均具有第二功能，如表 1-7 所示。

（2）第二功能输出端为“1”时，与非门的输出由锁存器输出端 Q 决定，P3 口作为通用输出口使用。

（3）当 P3 口作为第二功能输出使用时，锁存器输出端 Q 应置“1”，与非门的输出由第二功能输出端决定。

（4）当 P3 口作引脚或第二功能输入使用时，应将锁存器输出端 Q 及第二功能输出端均置“1”，使场效应管 T2 截止。

（5）每一个引脚可驱动 4 个 TTL 门电路。

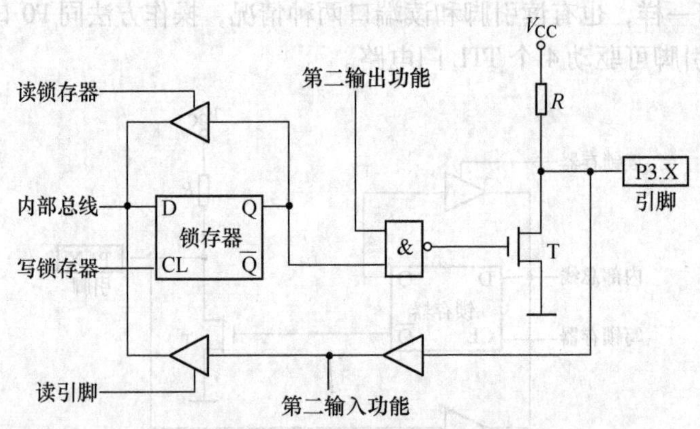

图 1-10　P3 口的电路逻辑结构图

表 1-7　P3 口的第二功能

P3 口引脚	第 二 功 能	P3 口引脚	第 二 功 能
P3.0	RXD（串行输入口）	P3.4	T0（定时器 0 外部输入）
P3.1	TXD（串行输出口）	P3.5	T1（定时器 1 外部输入）
P3.2	$\overline{\text{INT0}}$（外部中断 0）	P3.6	$\overline{\text{WR}}$（外部数据存储器写选通）
P3.3	$\overline{\text{INT1}}$（外部中断 1）	P3.7	$\overline{\text{RD}}$（外部数据存储器读选通）

1.3.3 任务实施

本任务是通过学习单片机的硬件结构来进一步认识单片机，从而为后续学习单片机应用系统的硬件设计及汇编程序开发做准备。

1.3.3.1　步骤 1：单片机的内部逻辑结构学习

通过本任务相关知识及参考资料学习单片机的内部逻辑结构。

1.3.3.2　步骤 2：单片机的存储器结构学习

通过本任务相关知识及参考资料学习单片机的存储器结构。

1.3.3.3　步骤 3：单片机的 I/O 口学习

通过本任务相关知识及参考资料学习单片机的 I/O 接口。

1.3.4 任务训练

1.3.4.1　训练 1

写出 AT89S51 单片机的存储器具体配置情况。

1.3.4.2　训练 2

撰写单片机基本知识学习总结。

1.3.5　任务小结

（1）AT89S51 单片机内部主要由中央处理器 CPU、数据存储器 RAM、程序存储器 ROM、定时/计数器、并行输入/输出接口（I/O）、串行口、中断系统等组成。

（2）AT89S51 单片机片内有 4KB(0000H ~ 0FFFH）的程序存储空间，外部可扩展至 64KB(0000H ~ FFFFH)，片内外的 ROM 是统一编址的。

（3）AT89S51 程序存储器 ROM 的 0003H ~ 002AH 地址区有特殊用途，属于其中断系统的中断地址区。

（4）AT89S51 单片机片内有 128B(00H ~ 7FH）的数据存储空间，外部可扩展至 64KB (0000H ~ FFFFH)，片内外的 RAM 是独立编址的。

（5）AT89S51 单片机内部数据存储器低 128B 空间分为 3 个地址区域，分别为工作寄存器区（00H ~ 1FH)、位寻址区（20H ~ 2FH）和通用 RAM 区（30H ~ 7FH)；内部数据存储器高 128B 空间（80H ~ FFH）为特殊功能寄存器 SFR 区。

（6）AT89S51 单片机有 4 个 8 位的并行双向 I/O 口（P0 ~ P3)。P0 口除了作为通用 I/O口使用外，还可作为低 8 位地址和 8 位数据线使用；P1 口仅作为通用 I/O 口使用；P2 口除了作为通用 I/O 口使用外，还可作为高 8 位地址线使用；P3 口除了作为通用 I/O 口使用外，其每个引脚均具有第二功能。在进行系统扩展时，P0、P2、P3 口将使用第二功能。

项目2 单片机开发环境认识

2.1 项目介绍

单片机应用系统的开发过程一般分为原理图设计、电路制作、应用程序编写、联机运行调试和脱机运行调试5个步骤。在整个开发过程中，必然要用到一些单片机开发工具，通过开发工具来建立单片机开发环境。本项目将通过项目实例来引领大家认识单片机开发环境，并在实际操作中学习单片机开发环境的使用方法。

2.2 任务1 单片机最小应用系统

2.2.1 任务描述

本任务将通过设计单片机最小应用系统硬件电路，学习AT89S51单片机芯片的引脚排列及各引脚作用、时钟电路、复位电路等，使大家初步掌握单片机最小应用系统的基本结构，并熟悉单片机的控制特点。

2.2.2 相关知识

2.2.2.1 知识1：单片机的封装与管脚排列

A AT89S51单片机的封装

AT89S51单片机具有多种封装形式，常见的有40管脚的双列直插式封装（PDIP40）、44管脚的带引线塑料芯片载体封装（PLCC44）以及44管脚的方形扁平式封装（TQFP44），如图2-1所示。

B AT89S51单片机的管脚排列

在实际使用中，经常用到PDIP40封装形式的单片机，因此这里主要介绍PDIP40封装形式的单片机的管脚排列情况，如图2-1(a)所示。

各引脚功能如下：

(1) V_{CC}(40脚)：+5V电源。

(2) V_{SS}(20脚)：数字地。

(3) P0口（39~32管脚）：既作为通用I/O口使用，又作为低8位地址线和8位数据线使用。

(4) P1口（1~8管脚）：作为通用I/O口使用。其中P1.5、P1.6、P1.7可用于对片内Flash存储器串行编程和校验，它们替换功能分别是串行数据输入（MOSI）、串行数据输出（MISO）和移位脉冲输入（SCK）。

(5) P2口（28~21管脚）：既作为通用I/O口使用，又作为高8位地址线使用。

(6) P3口（10~17管脚）：除作为通用I/O口使用外，每个管脚均具有第二功能，具体见表1-7。

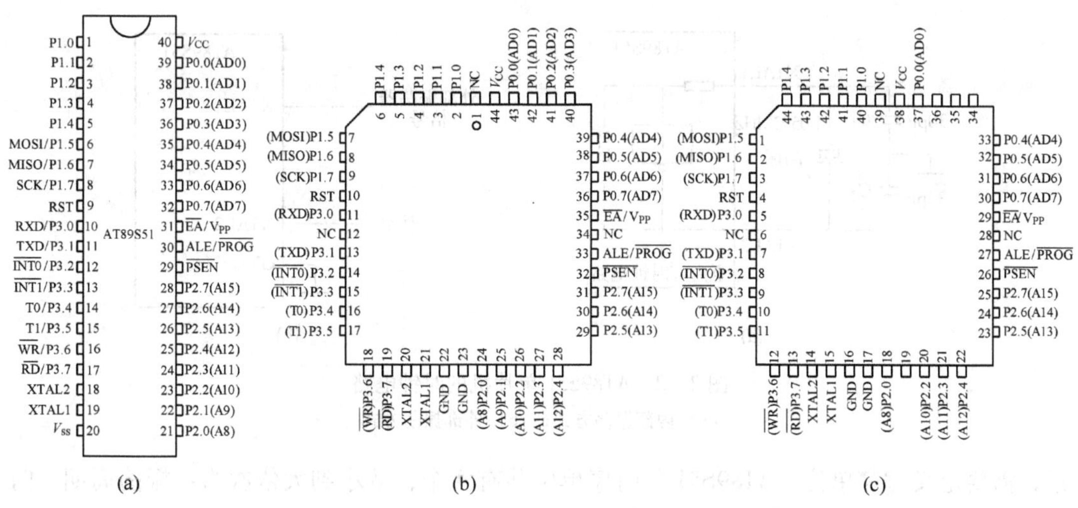

图2-1　AT89S51单片机的封装及管脚排列

(a) PDIP40；(b) PLCC44；(c) TQFP44

（7）RST（9脚）：复位信号输入。

（8）XTAL1（19脚）：振荡器反向放大器输入端和片内时钟发生器的输入端。

（9）XTAL2（18脚）：振荡器反向放大器输出端。

（10）$\overline{EA}/V_{PP}$（31脚）：第一功能，外部程序存储器访问允许控制端。$\overline{EA}=1$，由内至外读取程序存储器中内容，$\overline{EA}=0$，仅读取片外程序存储器中内容。第二功能，对片内Flash编程，接12V编程电压。

（11）ALE/$\overline{PROG}$（30脚）：第一功能，为CPU访问外部程序存储器或外部数据存储器提供地址锁存信号，将低8位地址锁存在片外的地址锁存器中。此外，单片机正常运行时，ALE端一直有正脉冲信号输出，此频率为时钟振荡器频率f_{osc}的1/6，可用作外部定时或触发信号。第二功能，对片内Flash编程，为编程脉冲输入脚。

（12）$\overline{PSEN}$（29脚）：片外程序存储器读选通信号。

2.2.2.2　知识2：单片机时钟电路

A　时钟电路

单片机时钟电路通常有两种形式：内部振荡方式和外部振荡方式，如图2-2所示。

AT89S51单片机片内有一个用于构成振荡器的高增益反相放大器，引脚XTAL1和XTAL2分别是此放大器的输入端和输出端。把放大器与晶体振荡器连接，就构成了内部自激振荡器并产生振荡时钟脉冲。电路中的电容C_1和C_2一般取30pF左右，而晶体振荡频率范围通常为1.2～12MHz。

在由多片单片机组成的系统中，为保证各单片机之间的时钟同步，应采用外部振荡方式，即把外部已有的时钟信号直接连接到XTAL1端引入单片机内，XTAL2端悬空不用。

B　时序单位

时序是单片机执行指令的时间先后次序，为了说明指令执行中各相关信号的时间关

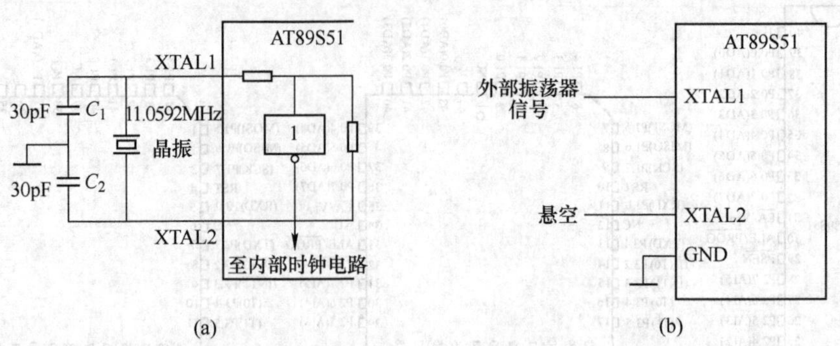

图 2－2　AT89S51 单片机的时钟电路

（a）内部振荡方式；（b）外部振荡方式

系，需要定义时序单位，AT89S51 的时序单位共有 4 个，从小到大依次为：振荡周期、时钟周期（状态周期）、机器周期和指令周期。

（1）振荡周期。为单片机提供时钟信号的振荡源的周期，是最小的时序单位，用 T_{osc} 表示。

（2）时钟周期。是振荡源信号经二分频后形成的时钟脉冲信号的周期。因此时钟周期是振荡周期的 2 倍，即一个状态周期（S 周期），状态周期包括了两个节拍：P1、P2。

（3）机器周期。是振荡源信号经十二分频后形成的信号的周期，用 T_{cy} 表示，$T_{cy}=12T_{osc}$。一个机器周期的宽度为 6 个状态 S1～S6，共 12 个节拍，分别记为 S1P1，S1P2，…，S6P2。

（4）指令周期。CPU 执行一条指令所需要的时间，是最大的时序单位。指令周期以机器周期的数目来表示，根据 AT89S51 单片机的指令不同，可包含有 1、2 或 4 个机器周期。

2.2.2.3　知识 3：单片机复位电路

A　复位信号及其产生

单片机的 RST 引脚（9 脚）是复位信号的输入端，复位信号是高电平有效，其有效时间持续 2 个机器周期以上时间便实现了复位。如：$f_{osc}=6\text{MHz}$，则复位信号持续的时间应超过 4μs 才能完成复位操作。

B　复位电路

复位操作有上电自动复位和按键手动复位两种方式。上电自动复位是通过外部复位电路的电容充电来实现的，如图 2－3(a) 所示。按键手动复位是通过使复位端经电阻与 V_{CC} 电源接通而实现的，如图 2－3(b) 所示。复位电路主要由 C 和 R 组成，合理地选择 C 和 R 的值，系统就能可靠地复位。C 的值一般取 10μF，R 的值一般取 1～10kΩ。

C　复位后各寄存器值

完成复位后，不仅使单片机从 0000H 单元开始执行程序，而且还会影响其他一些寄存器的初始状态，其复位后各寄存器的值如表 2－1 所示。

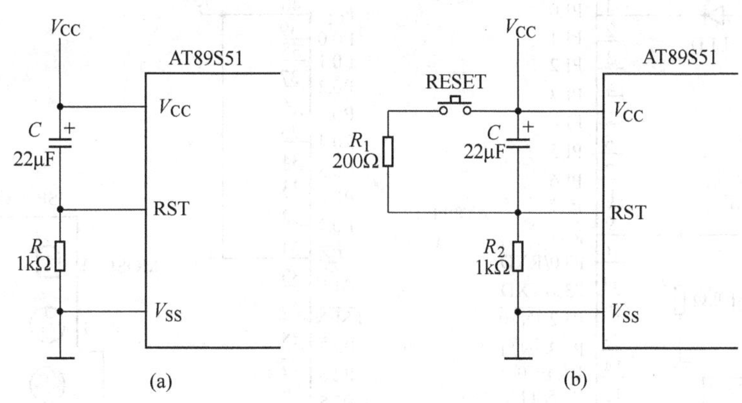

图2-3　AT89S51单片机的复位电路
（a）上电复位；（b）按键手动复位

表2-1　各寄存器的复位值

寄存器名	复位值	寄存器名	复位值	寄存器名	复位值
PC	0000H	P0 ~ P3	FFH	TL0	00H
ACC	00H	IP	XXX0 0000B	TH1	00H
B	00H	IE	0XX0 0000B	TL1	00H
PSW	00H	TMOD	00H	SCON	00H
SP	07H	TCON	00H	SBUF	XXXX XXXXB
DPTR	0000H	TH0	00H	PCON	0XXX 0000B

2.2.2.4　知识4：单片机最小应用系统

单片机的最小应用系统指的是单片机可以正常工作的最简单电路，包含4个电路部分，如图2-4所示。

（1）电源电路。引脚V_{CC}(40脚）接+5V电源，引脚GND(20脚）接地线。为提高电路的抗干扰能力，一个0.1μF（器件标注为104）的瓷片电容和一个10μF的电解电容通常被接在引脚V_{CC}和接地线之间。

（2）程序存储器选择电路。单片机应用电路中引脚（31脚）可以总是接高电平，单片机在复位后从内部ROM的0000H开始执行。

（3）时钟电路。AT89S51芯片的时钟频率可以在0~33MHz范围。单片机内部有一个可以构成振荡器的放大电路。在这个放大电路的对外引脚XTAL2(18脚）和XTAL1(19脚）接上晶体和电容就可以构成单片机的时钟电路。

（4）复位电路。如果引脚RST(9脚）保持24个时钟周期的高电平，单片机就可以完成复位。当引脚RST从高电平变为低电平时，单片机退出复位状态，从程序空间的0000H地址开始执行用户程序。常用复位电路有上电自动复位和手动复位等方式。

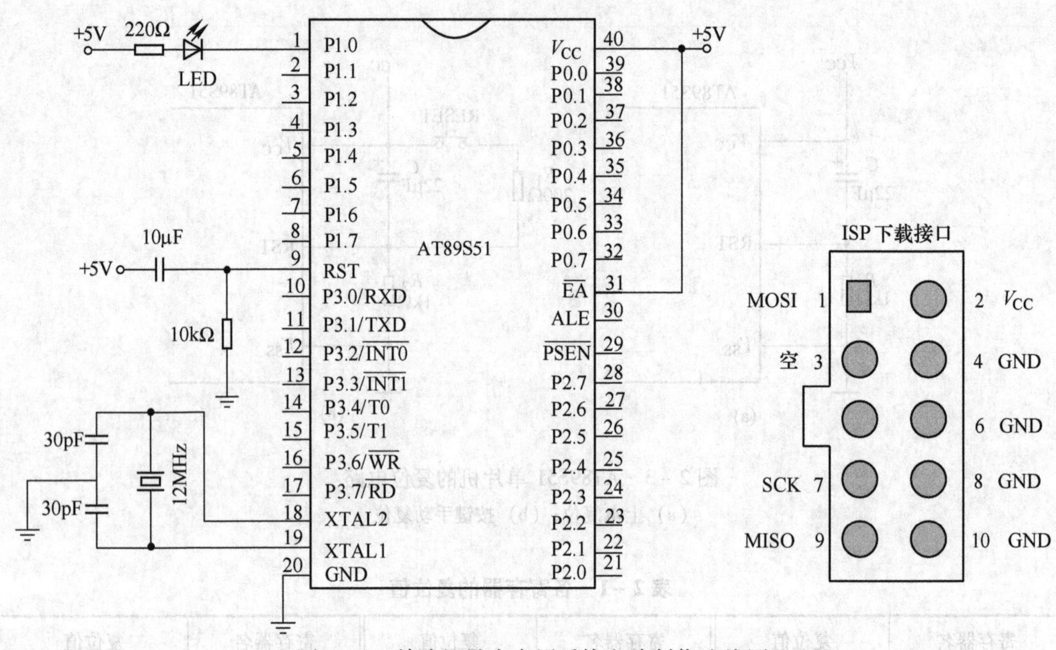

图 2-4 单片机最小应用系统电路制作连线图

2.2.3 任务实施

本任务是运用单片机的电源电路、时钟电路、复位电路等来完成单片机最小应用系统——“点亮 LED 灯”的硬件电路设计与制作。

2.2.3.1 步骤 1：最小应用系统硬件电路设计

+5V 电源接 USB 电源。时钟电路中的晶体选用 12MHz，频率微调电容选用 30pF。复位电路采用按键手动复位方式，复位用电容选用 22μF。单片机 P1.0 接一支发光二极管。具体设计如图 2-4 所示。

2.2.3.2 步骤 2：元器件准备及电路制作

（1）完成本任务所需的元器件清单如表 2-2 所示。

表 2-2 最小应用系统元器件清单

元器件名称	参 数	数 量	元器件名称	参 数	数 量
IC 插座	DIP40	1	电阻	1kΩ	2
单片机	AT89S51	1	电解电容	22μF	1
晶振器	12MHz	1	瓷片电容	30pF	2
按键		1	发光二极管	红色	1
电阻	200Ω	1	ISP 下载接口	DC3-10P 牛角座	1

（2）元器件准备好后，按照图 2-4 所示的电路图在万能板上焊接元器件，完成最小应用系统——“点亮 LED 灯”的电路板制作。

2.2.4　任务训练

2.2.4.1　训练1

理解“复位”的含义是什么？AT89S51单片机常用的复位电路有哪些？复位后各寄存器的值分别为多少？

2.2.4.2　训练2

通过参考学习资料，自制单片机ISP下载线。

2.2.5　任务小结

（1）单片机时钟电路通常有内部振荡方式和外部振荡方式两种形式。若控制系统中仅有一片单片机，则采用内部振荡方式；若控制系统中有多片单片机，则采用外部振荡方式。

（2）单片机的时序单位有振荡周期、时钟周期（状态周期）、机器周期和指令周期4种。时钟周期是振荡周期的2倍，机器周期是振荡周期的12倍，指令周期可包含有1、2或4个机器周期。

（3）单片机的复位操作有上电自动复位和按键手动复位两种方式。只要单片机的RST引脚高电平持续2个机器周期以上时间便实现了复位。

（4）单片机最小应用系统是单片机可以工作的最简单电路，它包含了电源电路、程序存储器选择电路、时钟电路、复位电路4个部分。

2.3　任务2　开发工具使用

2.3.1　任务描述

单片机应用系统的开发设计必须是基于一个开发环境才能完成。本任务将从单片机系统开发环境组成入手，着重介绍单片机的开发过程所需的两个重要的开发软件，并结合任务1的单片机最小应用系统，一步一步完成最小应用系统的虚拟仿真和硬件实作。

2.3.2　相关知识

2.3.2.1　知识1：单片机应用系统开发环境构成

单片机用户目标系统设计完成后，还需要应用软件的支持，用户目标系统才能成为一个满足用户要求的单片机应用系统。但该用户目标系统不具备自开发能力，需要借助于单片机开发系统完成该项工作。

一个典型的单片机系统开发环境组成如图2－5所示，它主要由PC机、在线仿真器、开发工具软件等组成。若单片机开发系统具备固化程序的功能，可直接将调试好的程序代码下载到单片机应用系统的程序存储器中（如AT89S51单片机系统），若开发系统不具备固化程序的功能，则需配备专用的编程器。

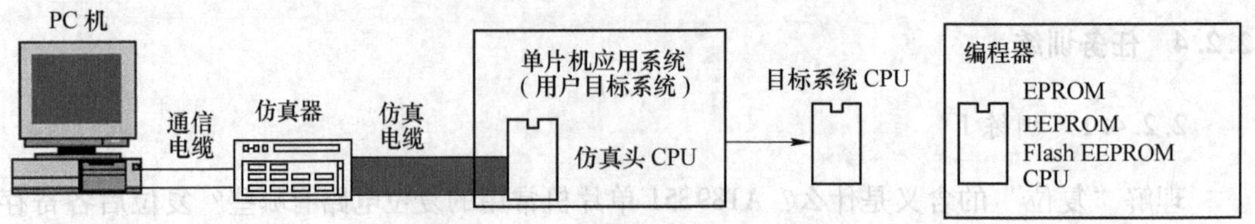

图 2－5　单片机系统开发环境组成

2.3.2.2　知识 2：Keil C51 编译调试软件使用

Keil C51 编译调试软件是目前最流行的单片机开发软件，它提供了包括 C 编译器、宏汇编、连接器、库管理器和一个功能强大的仿真调试器，并通过集成开发环境（μVision）将这些部分组合在一起。下面结合任务 1 的单片机最小应用系统介绍此软件的使用过程。

A　软件启动

在桌面上双击 μVision 图标，出现如图 2－6 所示的窗口。

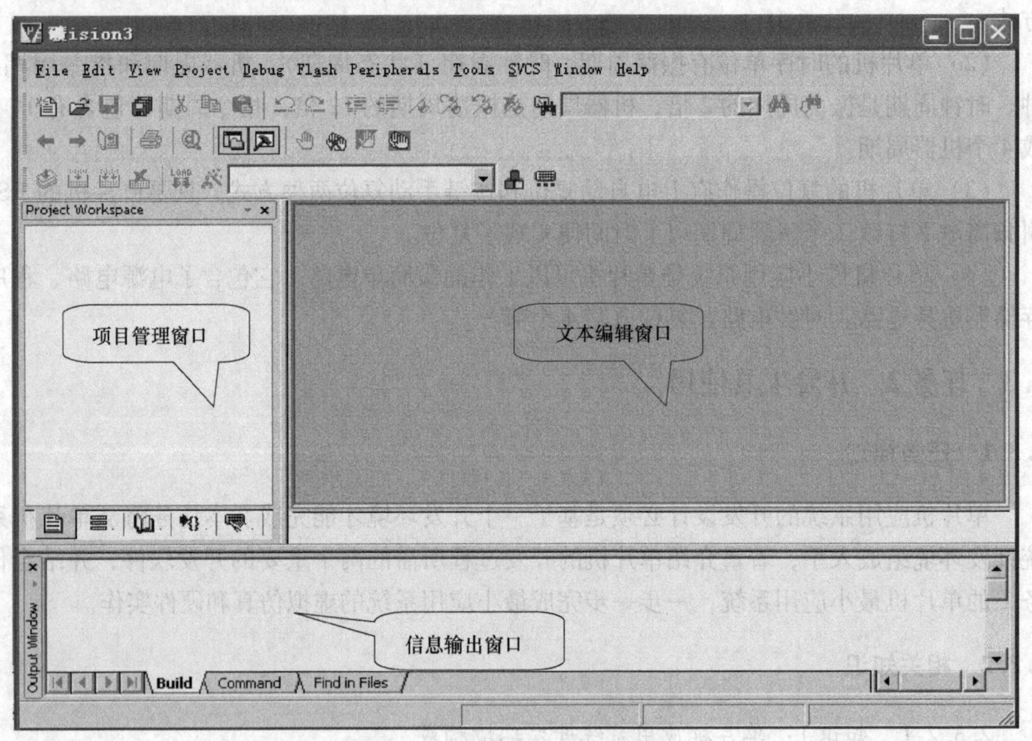

图 2－6　Keil C51 软件启动窗口

B　建立工程

在主菜单上选“Project”项，在下拉列表中选择“New Project”新建工程，如图 2－7 所示，浏览保存工程文件名为“点亮 LED 灯 . uv2”的文件，并出现如图 2－8 所示的选择目标 CPU 的窗口。

Keil C51 支持的 CPU 型号很多，单击选定生产厂商前面的“ + ”号，展开单片机型号清单，选择所用的单片机芯片型号，如 Atmel 公司的 AT89S51 芯片，然后再单击“确定”按钮，系统将返回主界面。

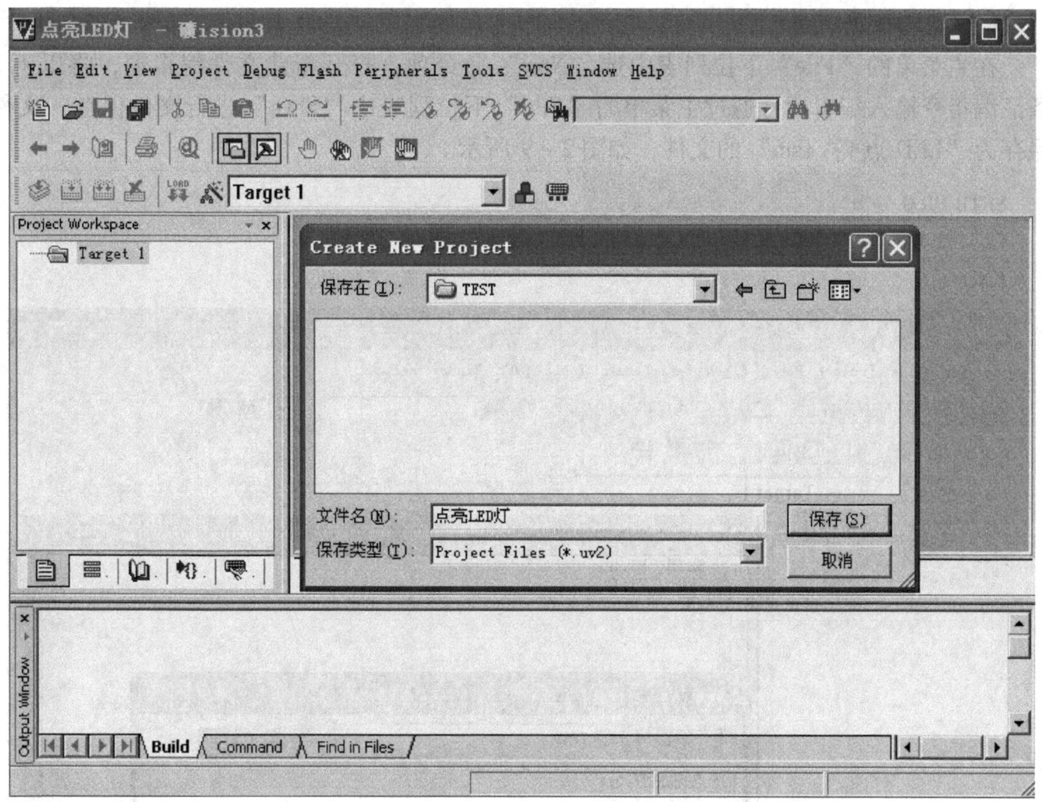

图2-7　新建工程窗口

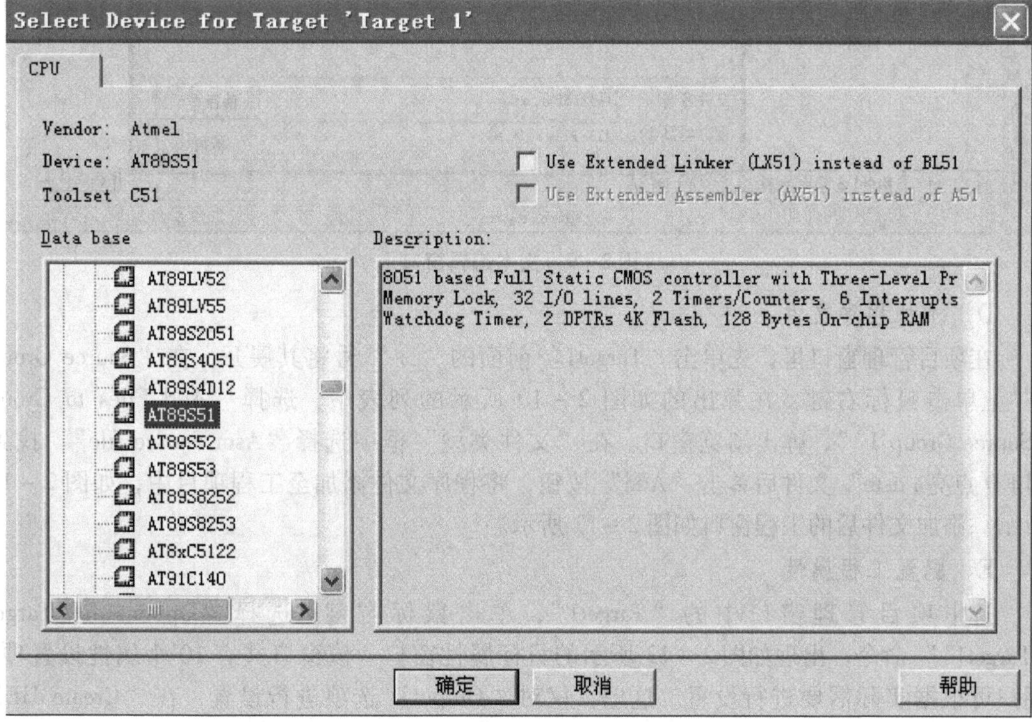

图2-8　选择目标CPU窗口

C　建立程序文件

在主菜单的“File”下拉列表中选“New”命令项，打开新建文件编辑窗，将以下3条汇编指令输入编辑后，通过主菜单的“File”下拉列表中“Save”进行文件保存。文件保存为“LED点亮.asm”的文件，如图2-9所示。

```
SETB P1.0
CLR P1.0
END
```

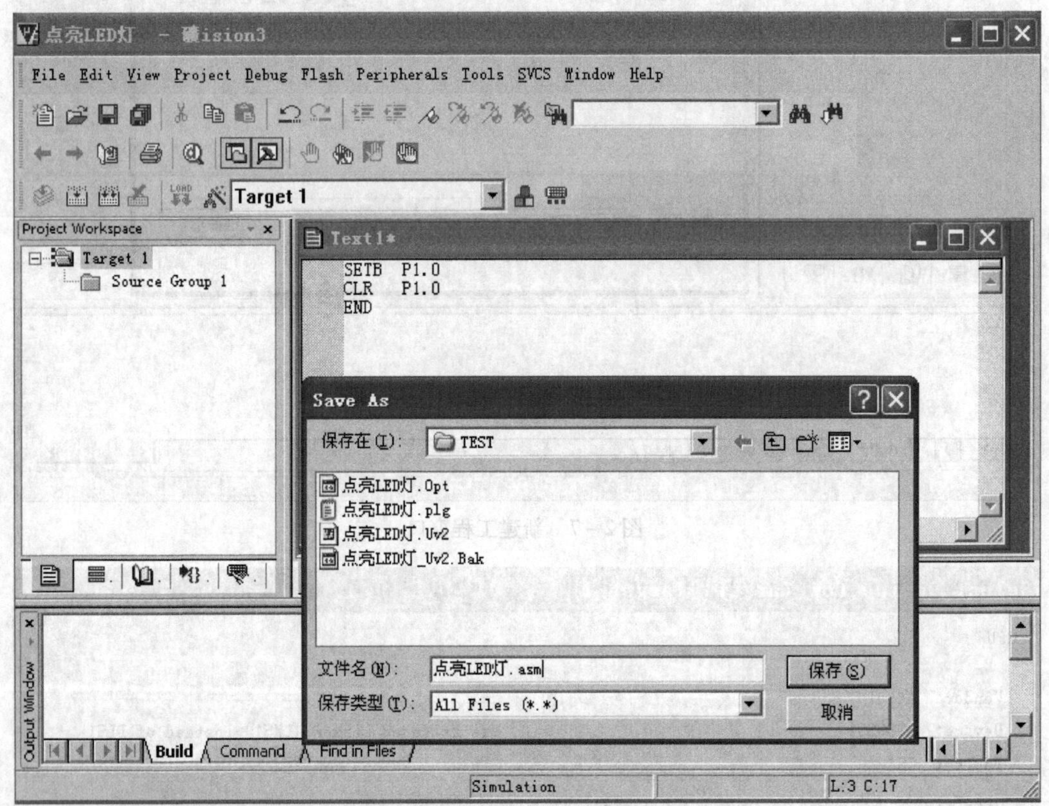

图2-9　文本编辑窗口

D　添加程序文件

在项目管理窗口里，先单击“Target1”前面的“+”号将其展开，在“Source Group 1”上单击鼠标右键，在弹出的如图2-10所示的列表中，选择“Add Files to Group ‘Source Group 1’”，弹出浏览窗口。在“文件类型”框中选择“Asm Source file”，找到“LED点亮.asm”文件后单击“Add”按钮，将程序文件添加至工程项目中，如图2-11所示。添加文件后的工程窗口如图2-12所示。

E　配置工程属性

选中项目管理窗口中的“Target1”，单击鼠标右键，选择“Options for Target ‘Target1’”命令，出现如图2-13所示的目标属性窗口。该窗口共有10个属性设置项，用户可根据实际需要进行设置。这里，仅对“Output”选项进行设置，在“Create HEX File”复选框前画上“√”，完成相应设置。

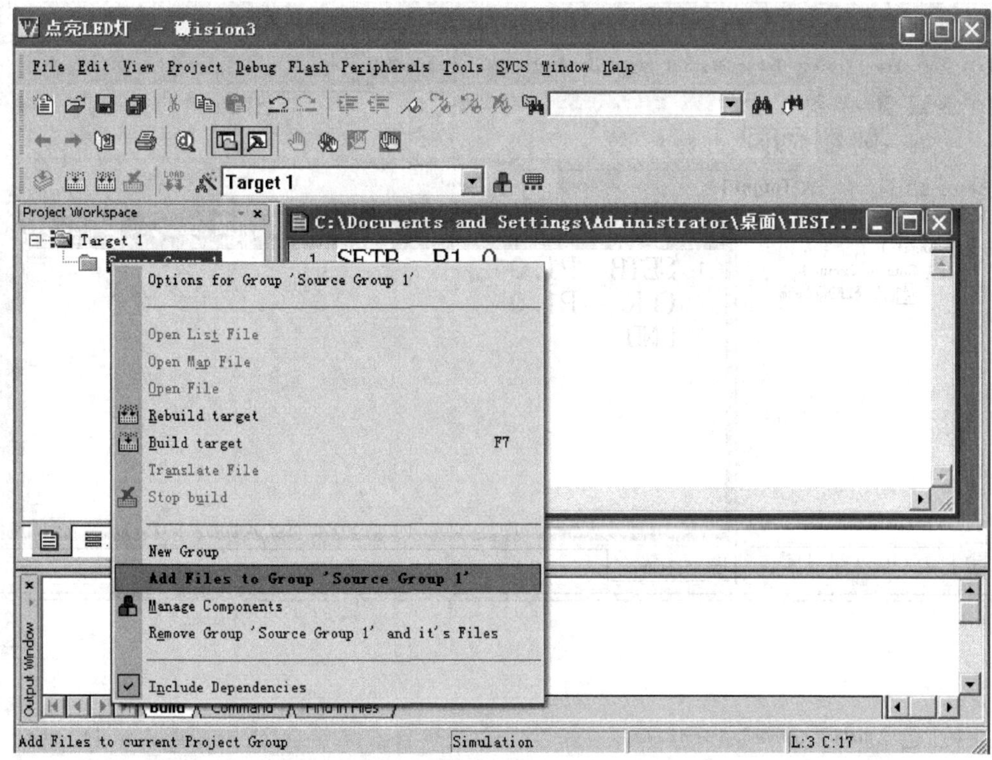

图2-10　添加文件窗口

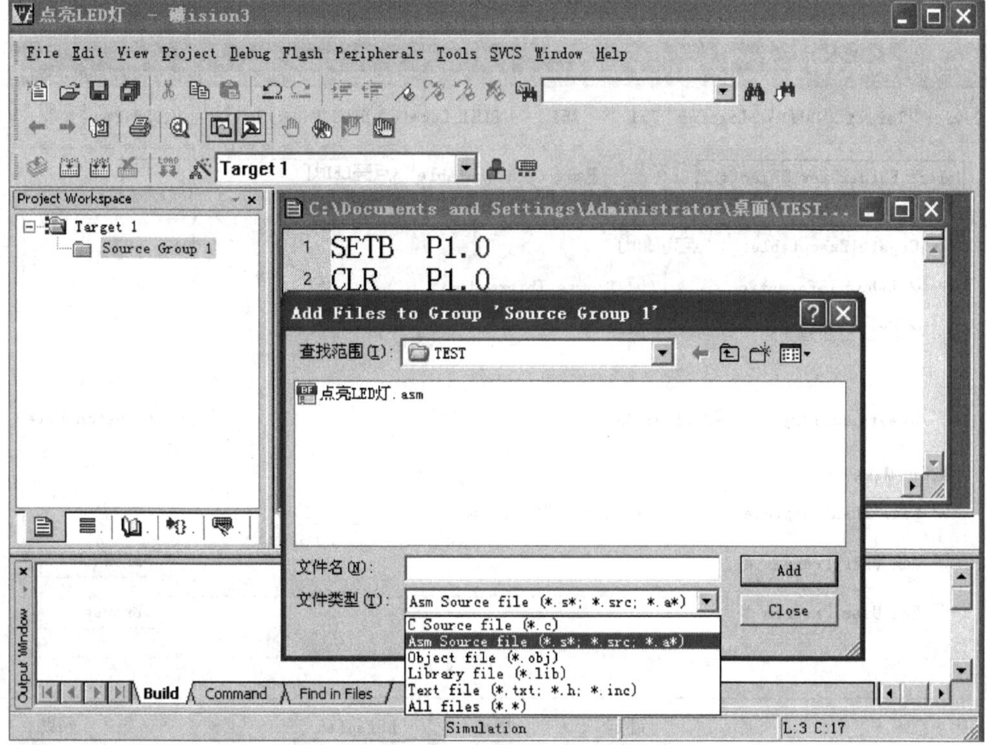

图2-11　选择文件类型

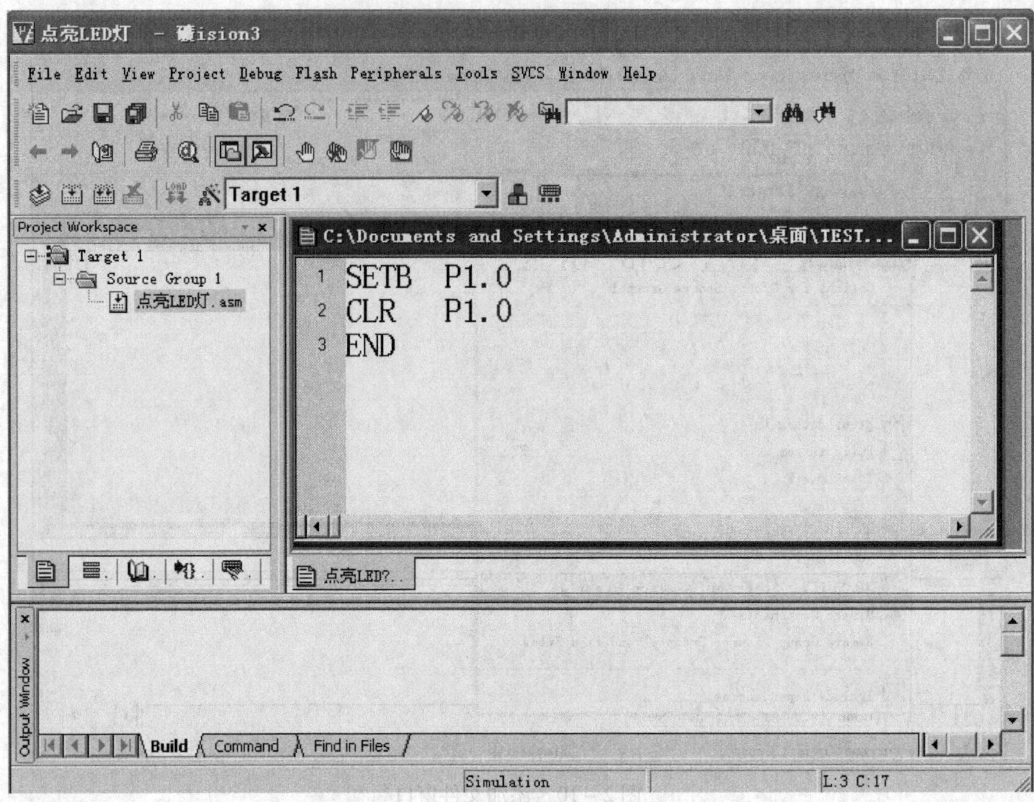

图 2-12　添加文件后的窗口

Options for Target 'Target 1'
Device | Target | Output | Listing | C51 | A51 | BL51 Locate | BL51 Misc | Debug | Utilities
Select Folder for Objects...　Name of Executable: 点亮LED灯
Create Executable: .\点亮LED灯
Debug Informatio　Browse Informati
Create HEX Fi　HEX　HEX-80
Create Library: .\点亮LED灯.LIB　Create Batch File
After Make
Beep When Complete　Start Debugging
Run User Program #1　Browse...
Run User Program #2　Browse...
确定　取消　Defaults　帮助

图 2-13　目标属性窗口

F　编译程序，生成目标代码

在工具栏 中，单击“Rebuild all target files”按钮，对程序进行编译并生成目标代码文件，若程序正确无误，则在如图2－14所示的信息输出窗口中将显示“0 Error(s) 0 Warning(s)”，若有错误请修改程序直至无误为止。

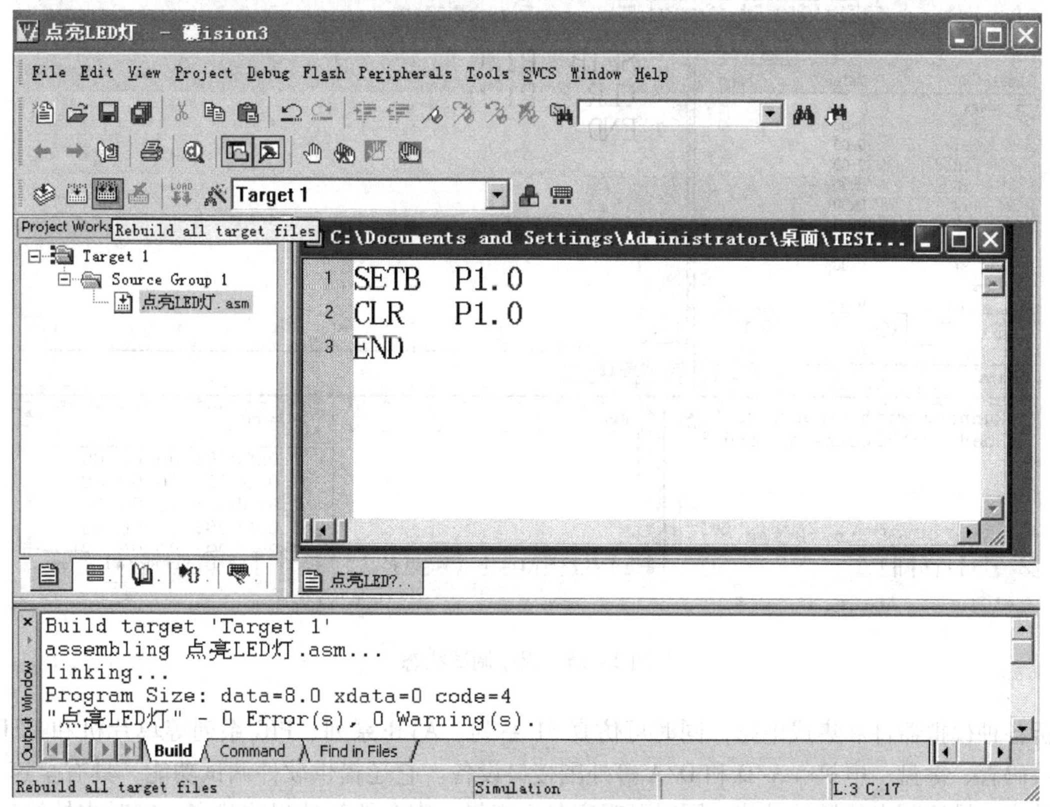

图2－14　程序编译信息

G　程序调试

在工具栏 中，点击“Start/stop Debug Session”按钮，则可以进入程序调试状态，如图2－15所示。

运用工具栏 中的单步、进入、跳出、运行到光标、全速运行等各种调试工具，可以对编写的应用程序进行调试。选择想要观察的单片机资源，如，工作寄存器、特殊功能寄存器、I/O端口等，在状态显示窗口中随时观察其内容的变化，协助分值和判断程序运行的状态和结果是否正确。

2.3.2.3　知识3：Proteus虚拟仿真软件使用

Proteus是英国Labcenter electronics公司开发的电路分析与实物仿真软件，是一种电子设计自动化软件。该软件提供可仿真数字和模拟、交流和直流等数千种元器件及多种现实存在的虚拟仪器仪表，还可提供图形显示功能，可以将线路上变化的信号，以图形的方式实时地显示出来。它提供Schematic Drawing、SPICE仿真与PCB设计功能，可以仿真、分

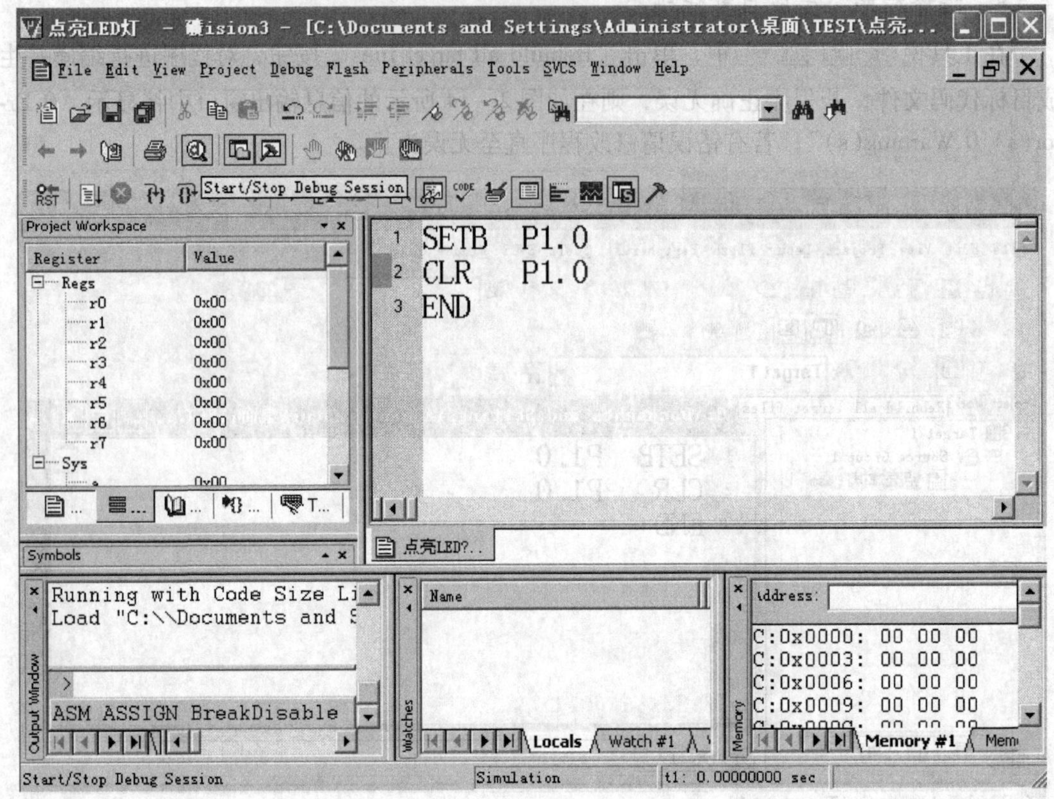

图 2－15　程序调试状态

析各种模拟器件和集成电路，同时可仿真 51 系列、AVR 系列、PIC 系列等单片机和 LED 数码管、键盘、电机、A/D 和 D/A 等外围接口设备。它还提供软件调试功能，具有全速、单步、设置断点等调试功能，同时可观察各个变量、寄存器等的当前状态，同时支持第三方软件的编译和调试环境，如 Keil C51 等软件。下面以仿真最小应用系统——“点亮 LED 灯”为例，介绍该软件的基本使用方法。

A　软件启动

在桌面上双击 ISIS 图标，出现如图 2－16 所示的窗口。

B　建立设计文件

点击菜单栏“File”，在下拉菜单中选择“New Design”，弹出“Create New Design”对话框，选择“Landscape A4”选项，如图 2－17 所示，点击“OK”，并保存设计文件名为“点亮 LED 灯 . DSN”。

C　拾取元器件

点击对象选择按钮“P”，在弹出窗口的“Keywords”框内输入绘制原理图所需的元器件的关键字，如输入“89C51”，将在元器件库中快速检索出 AT89C51 单片机（库里没有 AT89S51，所以选用 AT89C51 代替），在检索列表中双击“AT89C51”，此元器件将呈现在元器件列表区中，如图 2－18 所示。如此效仿，将剩余的元器件一一拾取至元器件列表区中。

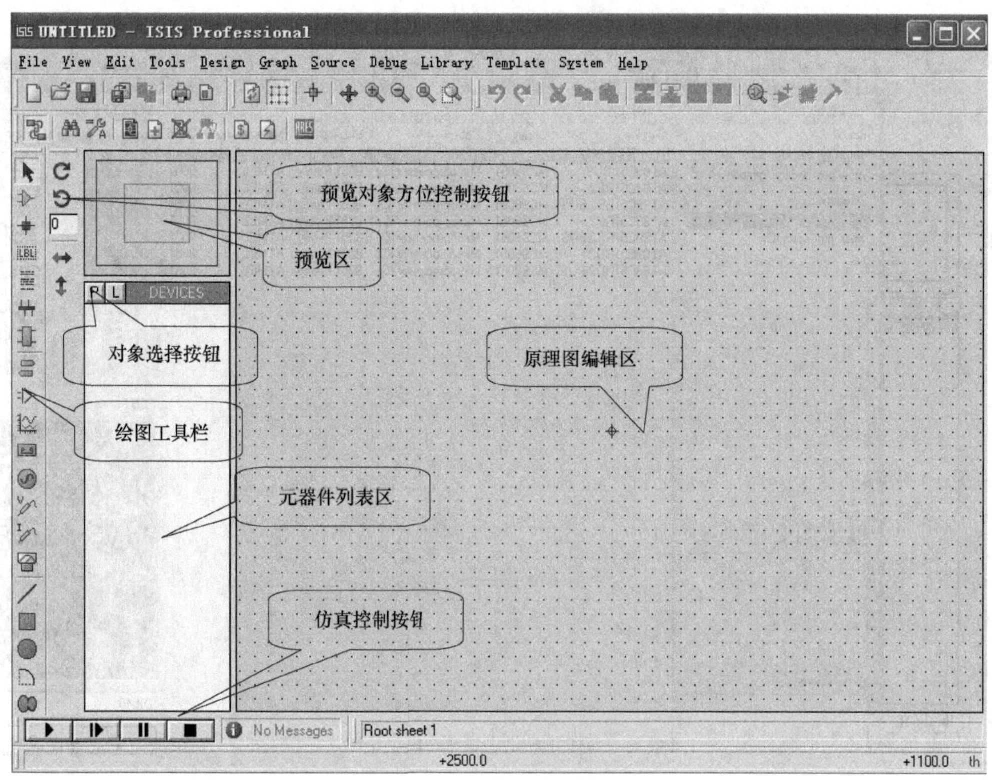

图2－16　原理图编辑界面

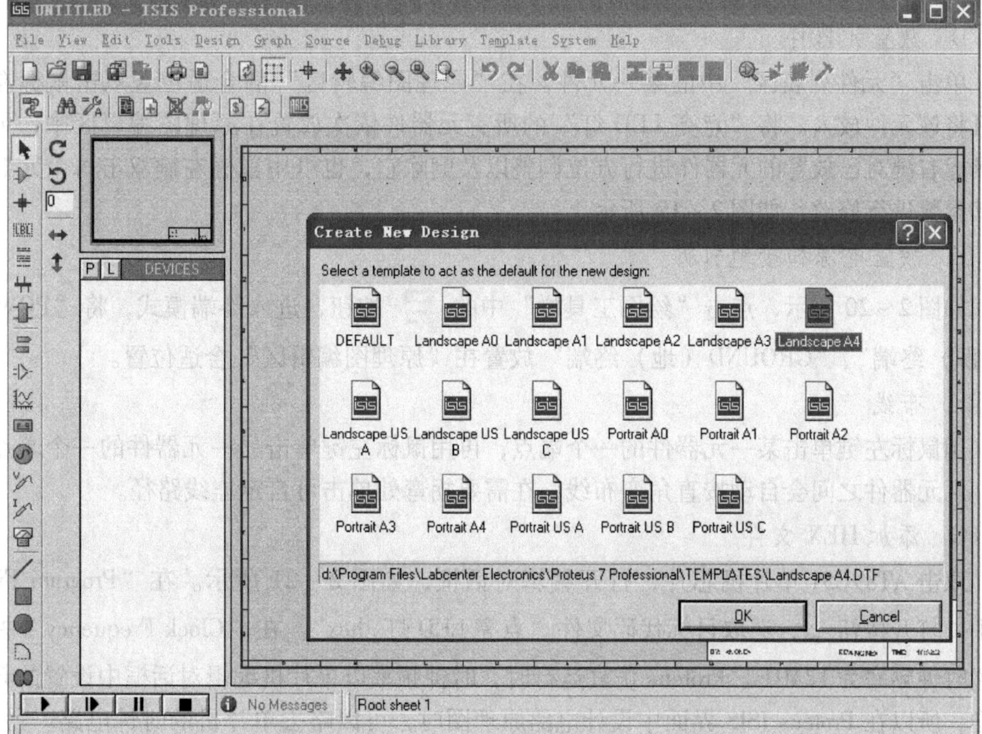

图2－17　建立设计文件

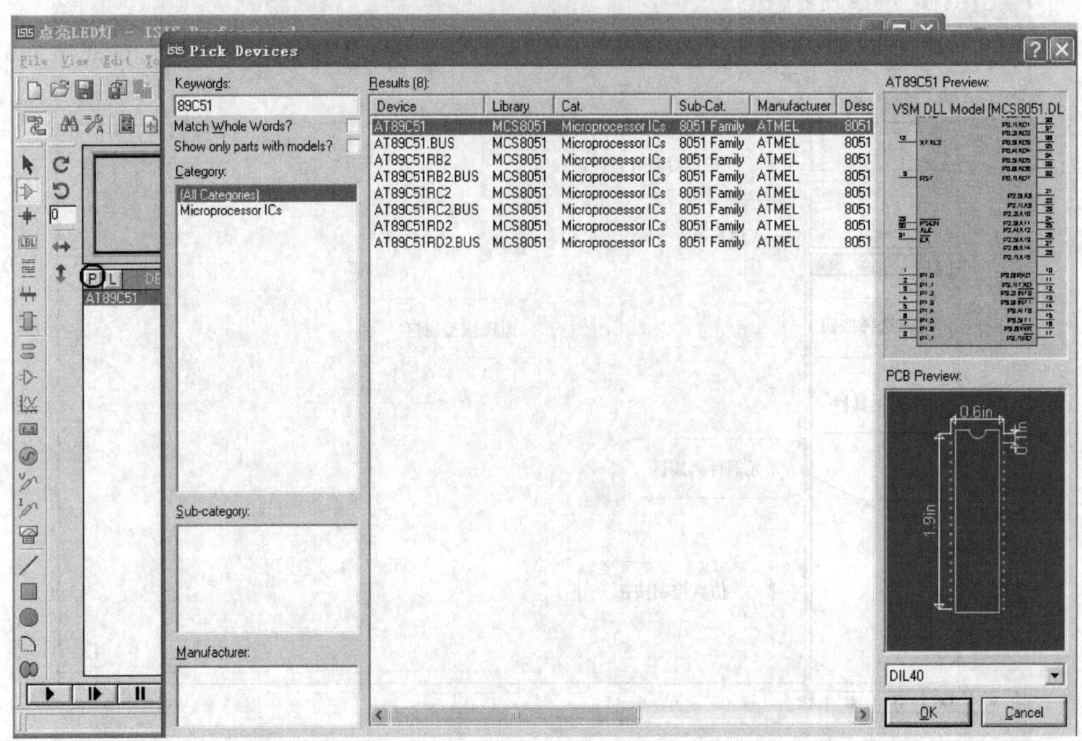

图 2－18　拾取元器件

D　放置元器件

单击“元件列表区”中的某一元件，在“原理图编辑区”的合适位置双击鼠标左键就可将该元件放入。将“点亮 LED 灯”的所有元器件依次放置在原理图编辑区中，可单击鼠标右键对已放置的元器件进行方位调整以及删除它，也可用鼠标左键双击每个元器件对其参数进行修改。如图 2－19 所示。

E　放置电源和接地引脚

如图 2－20 所示，点击“绘图工具栏”中的 按钮，进入终端模式，将“POWER（电源）终端”、“GROUND（地）终端”放置在“原理图编辑区”合适位置。

F　布线

用鼠标左键单击某一元器件的一个端点，再用鼠标左键单击另一元器件的一个端点即可。两元器件之间会自动按直角弯布线，在需要拐弯处单击可自定连线路径。

G　添加 HEX 文件

双击 AT89C51 单片机芯片，打开编辑对话框，如图 2－21 所示。在“Program File”栏中，打开按钮 ，选取目标代码文件“点亮 LED 灯 . hex”。在“Clock Frequency”栏中设置时钟频率为 12MHz。Proteus 仿真运行时，时钟频率以单片机编辑对话框中设置的频率为准，所以在 Proteus ISIS 界面中设计电路原理图时，可以略去单片机的时钟电路。另外，复位电路也可略去。

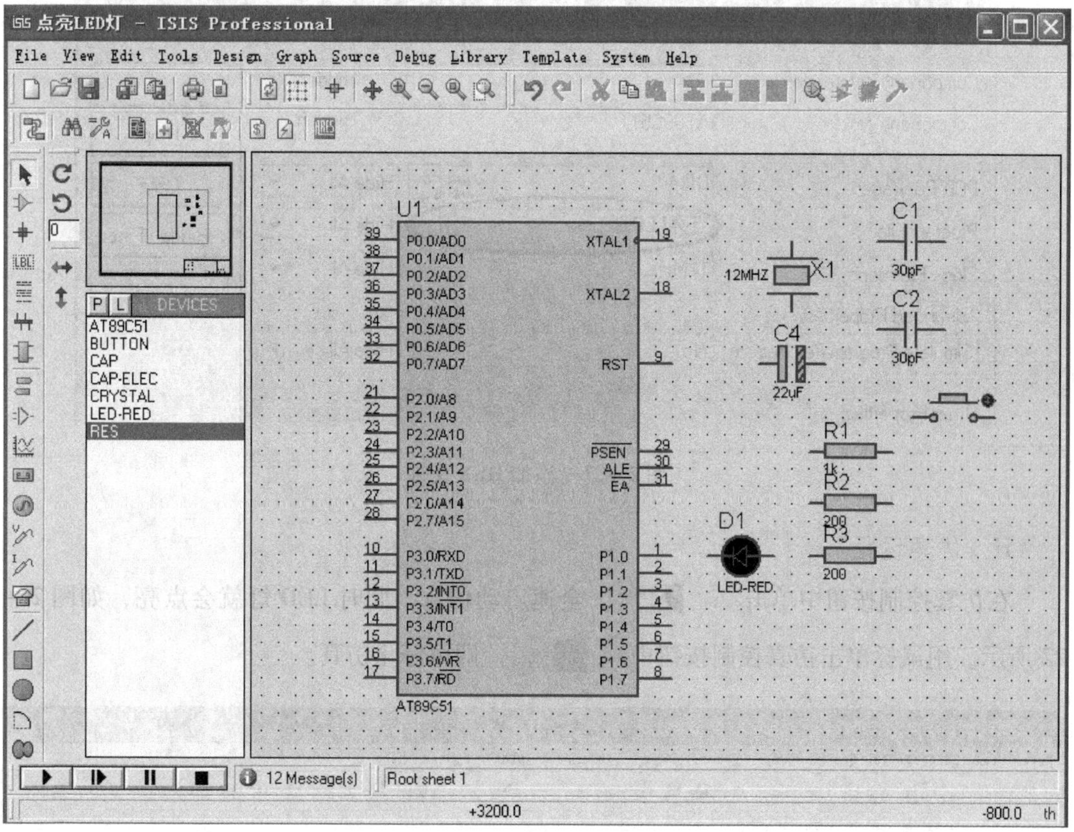

图2－19　放置元器件

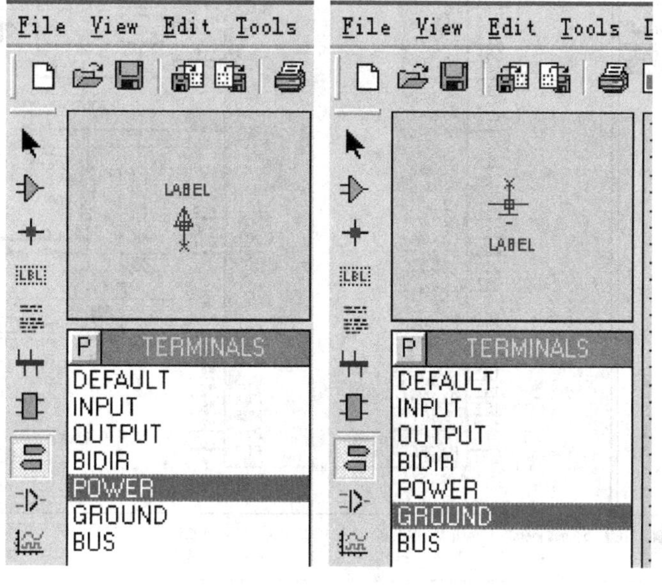

图2－20　放置电源和接地引脚

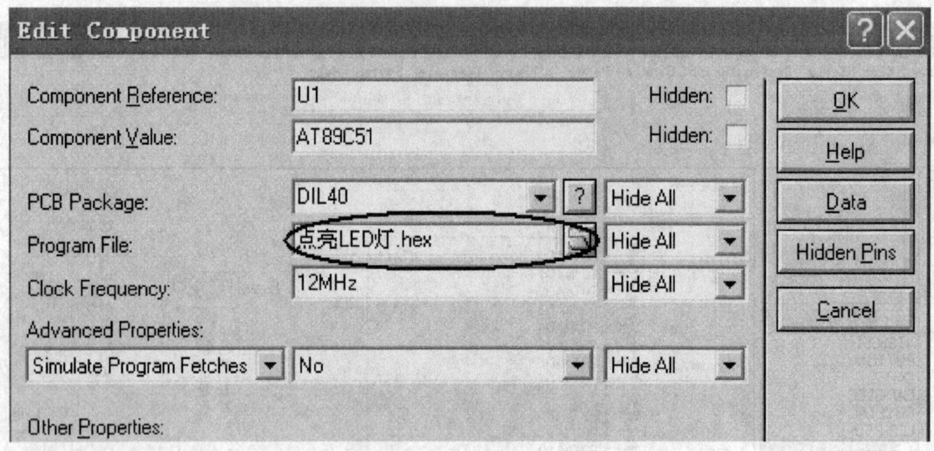

图 2-21　添加 HEX 文件

H　仿真运行

在仿真控制按钮中单击 ，全速启动仿真，此时 LED 灯就会点亮，如图 2-22 所示。用鼠标单击仿真控制按钮中 ，即可停止仿真。

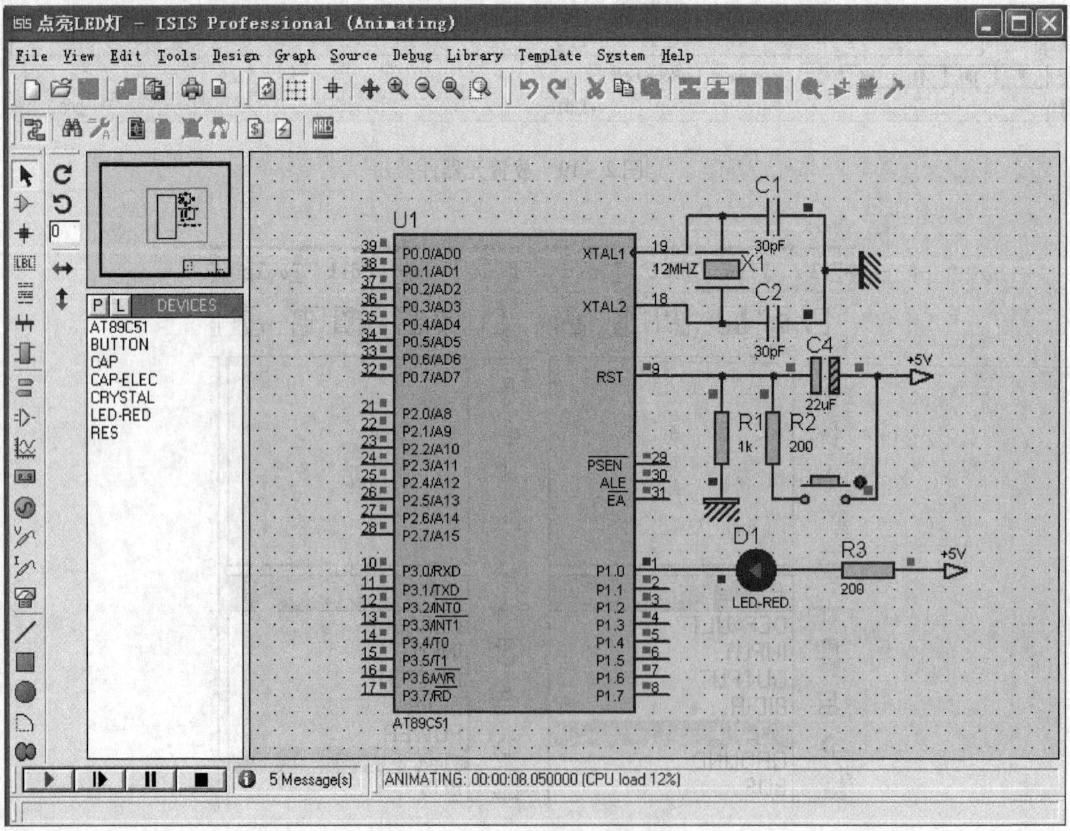

图 2-22 “点亮 LED 灯” 仿真

2.3.3　任务实施

本任务是通过 Keil C 和 Proteus 两个开发软件完成“点亮 8 盏 LED 灯”的虚拟仿真和控制电路实作。

2.3.3.1　步骤 1：硬件电路设计

参照知识 3 的相关内容，运用 Proteus 软件完成“点亮 8 盏 LED 灯”的控制原理图设计。

2.3.3.2　步骤 2：元器件准备及电路制作

（1）完成本任务所需的元器件清单如表 2－3 所示。

表 2－3　“点亮八盏 LED 灯”元器件清单

元器件名称	参　数	数　量	元器件名称	参　数	数　量
IC 插座	DIP40	1	电阻	1kΩ	2
单片机	AT89S51	1	电解电容	22μF	1
晶振器	12MHz	1	瓷片电容	30pF	2
按键		1	发光二极管	红色	8
电阻	200Ω	1	ISP 下载接口	DC3－10P 牛角座	1

（2）元器件准备好后，在任务 1“点亮 LED 灯”的电路板基础上完成“点亮 8 盏 LED 灯”的电路板制作。

2.3.3.3　步骤 3：控制程序设计

```
MOV A，#00H
MOV P1，A
END
```

2.3.3.4　步骤 4：软硬件调试

运用 Keil C 软件对控制程序进行编译，并将编译生成的目标代码文件添加至用 Proteus 软件绘制的单片机中，完成“点亮 8 盏 LED 灯”的虚拟仿真。同时，将成功虚拟仿真的目标代码文件通过 ISP 下载线以及电路板上的 ISP 下载接口下载至 AT89S51 单片机芯片中，然后拔出 ISP 下载线，观察电路板上 8 盏 LED 灯的亮灭情况。

2.3.4　任务训练

2.3.4.1　训练 1

运用单片机开发工具完成 8 盏 LED 灯中 1、3、5、7 亮，2、4、6、8 灭的仿真运行。

2.3.4.2　训练 2

思考如何使 LED 灯闪烁？

2.3.5　任务小结

（1）单片机系统开发环境主要由 PC 机、在线仿真器、开发工具软件等组成。

（2）常用的单片机开发软件有 Keil C51 编译调试软件、Proteus 虚拟仿真软件等。

（3）单片机系统的开发流程大致为：系统硬件电路设计、电路制作与调试、系统程序设计、程序编译及调试、程序代码编写、脱机运行几个环节。

端口操作篇

项目3 循环彩灯控制

3.1 项目介绍

循环彩灯控制是单片机最小系统基本应用项目之一，采用P0口为低电平直接驱动发光二极管。项目由三个任务完成，各分任务的设置由简单到复杂逐步深入。同时，在每个任务中介绍单片机程序的开发、执行过程及汇编程序编写的基本知识。

3.2 任务1 单灯闪烁控制

3.2.1 任务描述

通过本任务，介绍AT89S51单片机的指令格式、寻址方式并引入单片机编程的基本知识；结合硬件电路，使学生学会利用P0口实现对单个彩灯的控制方法，从而熟悉单片机程序开发的过程。

3.2.2 相关知识

3.2.2.1 知识1：单片机指令

指令是CPU按照人们的意图来完成某种操作的命令，是指挥单片机工作的命令，是构成单片机程序的基本单元，详见附录1。

A 机器码指令

机器码指令是计算机能直接识别和执行的指令，又称二进制编码指令，它不便于记忆与阅读。例如，MOV A，#30H；机器码指令为74H 30H；

MOV ACC，#30H；机器码指令为75H E0H 30H。

B 汇编语言指令

为了便于程序编写、阅读和记忆，用有一定含义的符号（助记符）来表示机器码指令，称为汇编语言指令。它不能被计算机硬件直接识别和执行，必须通过汇编将其翻译成机器码指令才能被计算机硬件识别。例如，MOV A，#30H即为汇编语言指令。

C 汇编语言语句格式

［标号:］助记符［操作数］［；注释］

标号：是用户自己定义的符号，它可代表指令的符号地址，并不是每条指令都必须有标号，通常是在程序分支转移处。标号由字母开始，由1~8字符组成，但不能使用保留字和指令助记符作为标号。

助记符：是汇编语言指令中必不可少的部分，它表示指令所实现的具体功能。

操作数：是指指令所操作的对象，它可以由立即数、标号、寄存器、直接地址等组成，它可以是3个，2个，1个或没有。助记符与操作数之间用空格分开，操作数之间用“,”分开。

注释：是为了便于阅读而加的说明，不参与执行，需要注释时，在注释前加“;”。

一台计算机的所有指令的集合称为计算机的指令系统，不同型号的计算机，其指令系统也不同。指令系统功能的强弱决定了计算机性能的高低。

D　单片机程序

单片机程序是按照一定目的有效组织起来的一系列指令的集合。

3.2.2.2　知识2：单片机的寻址方式

（1）寻址方式的含义。寻找操作数或指令地址的方式。详见附录1。

（2）寻址方式的分类。一般有7种，即：寄存器寻址、直接寻址、寄存器间接寻址、立即寻址、变址寻址、相对寻址和位寻址。寻址方式及对应的存储器空间见表3-1。

表3-1　寻址方式及对应的存储器空间

寻址方式	寻址空间
立即寻址	程序存储器
直接寻址	片内RAM低128字节、SFR
寄存器寻址	通用寄存器R0~R7；部分专用寄存器ACC、B、DPTR以及进位位CY
寄存器间接寻址	片内RAM：@Ri、SP；片外RAM：@Ri、@DPTR
变址寻址	程序存储器：@A+PC，@A+DPTR
相对寻址	程序存储器256字节范围内：PC+偏移量
位寻址	片内RAM20H~2FH单元的位和部分SFR的位

注意：若不特别声明，后面提到的寻址方式均指源操作数的寻址方式。

3.2.2.3　知识3：单片机程序开发过程

（1）编写汇编语言程序的原则：

程序设计简明、占用内存少、执行时间短。

（2）单片机程序开发过程：

1）分析问题，确定算法；

2）绘出程序流程图；

3）编写源程序；

4）调试程序。

注意：先输入给定的数据，运行程序并检查运行结果是否正确，若发现错误，经过分析再对源程序进行修改，再汇编，再调试，直至运行结果正确。

3.2.2.4　知识4：延时程序设计

例如：50ms 延时程序。

若晶振频率为 12MHz，则一个机器周期为 1μs。执行一条 DJNZ 指令需要 2 个机器周期，即 2μs。采用循环计数法实现延时，循环次数可以通过计算获得。程序段如下：

```
DEL：MOV R7，#200   ；1μs
DEL1：MOV R6，#123  ；1μs
      NOP           ；1μs
DEL2：DJNZ R6，DEL2；2μs，计（2×123）μs
      DJNZ R7，DEL1；2μs
      RET
```

延时时间 $t = [(2 \times 123 + 2 + 2) \times 200 + 3]\mu s = 50.003ms$

3.2.3　任务实施

本任务利用 SETB P0.0 使 P0.0 为高电平，发光二极管灭，延时一段时间；利用 CLR P0.0 使 P0.0 为低电平，发光二极管亮，再延时一段时间后，无条件跳转到开始，形成循环，使得 P0.0 连接的发光二极管能够亮灭闪烁。

3.2.3.1　步骤1：硬件电路设计

硬件电路原理图如图 3－1 所示，通过简单的程序控制 P0.0 口的发光二极管闪烁发光。

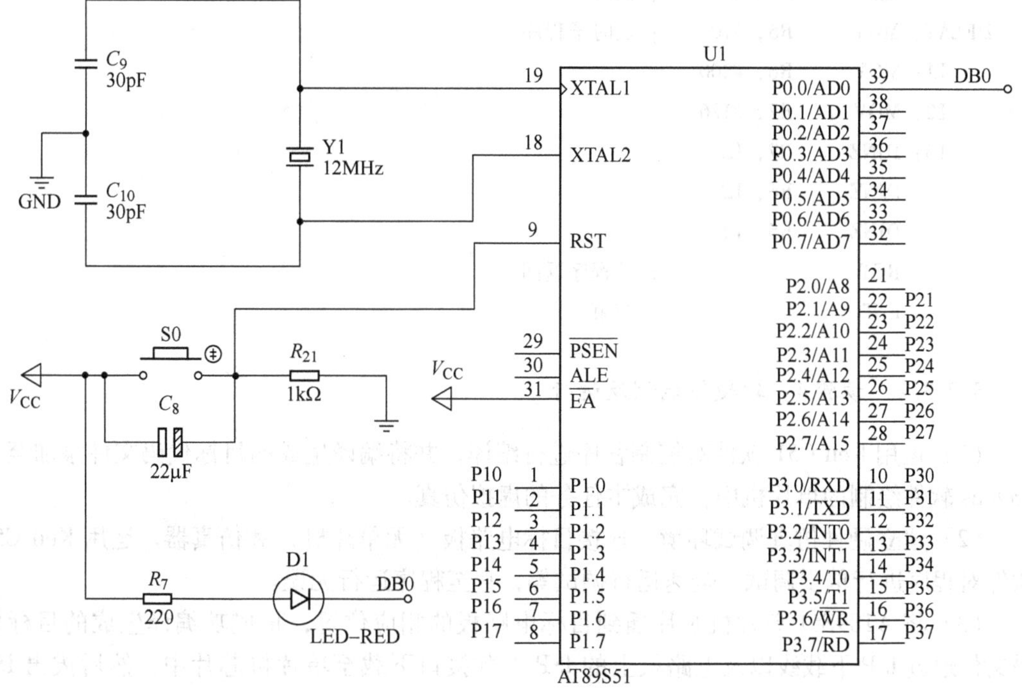

图 3－1　单灯闪烁控制电路图

3.2.3.2 步骤2：元器件准备及电路制作

（1）完成本任务所需的元器件清单如表3－2所示。

表3－2 单灯闪烁控制电路元件明细

元器件名称	参 数	数 量	元器件名称	参 数	数 量
IC插座	DIP40	1	电阻	1kΩ	1
单片机	AT89S51	1	电阻	220Ω	1
晶振器	12MHz	1	电解电容	22μF	1
按键		1	瓷片电容	30pF	2
发光二极管	红色	1			

（2）元器件准备好后，按照图3－1所示的电路在万能板上焊接元器件，完成电路板的制作。

3.2.3.3 步骤3：控制程序设计

```
        ORG     0000H       ；开始
START：SETB    P0.0        ；P0.0置1
        LCALL   DELAY       ；调用延时
        CLR     P0.0        ；P0.0清0
        LCALL   DELAY       ；调用延时
        AJMP    START       ；循环
DELAY：MOV     R5，#10     ；延时子程序
   L1：MOV     R6，#200
   L2：MOV     R7，#126
   L3：DJNZ    R7，L3
        DJNZ    R6，L2
        DJNZ    R5，L1
        RET                 ；子程序返回
        END                 ；结束
```

3.2.3.4 步骤4：软硬件调试及运行

（1）运用Keil C51软件对控制程序进行编译，并将编译生成的目标代码文件添加至用Proteus软件绘制的单片机中，完成本任务的虚拟仿真。

（2）建立硬件仿真调试环境，连接目标电路板（无单片机）和仿真器。运用Keil C51软件对程序进行单步调试、全速运行调试等，直至程序运行无误。

（3）将AT89S51单片机芯片插到目标电路板的相应位置，将成功编译生成的目标代码文件通过ISP下载线以及电路板上的ISP下载接口下载至单片机芯片中，然后拔出ISP下载线，让单片机脱机运行，观察运行结果。

3.2.4　任务训练

3.2.4.1　训练1

AT89S51指令系统主要有哪几种寻址方式？试举例说明。

3.2.4.2　训练2

若AT89S51单片机的晶振频率为6MHz，试计算延时子程序的延时时间。

```
DELAY：MOV    R5,#0F6H
   LP：MOV    R6,#0FAH
       DJNZ   R6,$
       DJNZ   R5,LP
       RET
```

3.2.4.3　训练3

请利用取反指令，每隔1s产生1次翻转，使P0.0连接的发光二极管亮、灭闪烁，并进行电路仿真。

3.2.5　任务小结

（1）单片机的指令格式：

［标号:］助记符［操作数］［；注释］

（2）单片机的寻址方式：

寄存器寻址、直接寻址、寄存器间接寻址、立即寻址、变址寻址、相对寻址和位寻址。

（3）单片机程序开发过程：

1）分析问题，确定算法；

2）绘出程序流程图；

3）编写源程序；

4）调试程序。

3.3　任务2　单灯循环控制

3.3.1　任务描述

通过本任务，介绍AT89S51单片机的部分指令、程序并引入单片机编程的基本知识；结合硬件电路，使学生学会利用P0口实现对单个彩灯循环控制的方法，从而进一步掌握单片机程序开发过程。

3.3.2　相关知识

3.3.2.1　知识1：单片机指令系统

一台计算机的CPU所能执行的全部指令的集合称为这个CPU的指令系统，指令系统功能的强弱决定了计算机性能的高低，其 MCS－51 单片机指令系统的特点为：

（1）指令执行时间短：

1 机器周期指令有 64 条，2 机器周期指令有 45 条，4 机器周期指令有 2 条。

（2）指令所占存储空间少：

单字节指令有 49 条，双字节指令有 45 条，三字节指令有 17 条。

（3）位操作指令丰富：

MCS－51 单片机内部有一个位处理器（又称布尔处理器），它有一套位变量处理的指令集，可以实现以位变量为对象的各种操作。

AT89S51 单片机的指令按功能分，可分为：

数据传送类指令 30 条，算术运算类指令 24 条，逻辑运算类指令 35 条和控制转移类指令 22 条。具体见附录 1。

3.3.2.2 知识 2：程序流程图

A 流程图及其作用

程序流程图是利用各种图形、符号和流向线组成的图形，它用来说明程序设计的过程，并且能清晰表达程序的设计思路如图 3－2 所示。

B 常用的流程图符号

清晰的流程图是正确编制应用程序的基础和条件，所以绘制一个好的流程图是程序设计的一项重要内容。

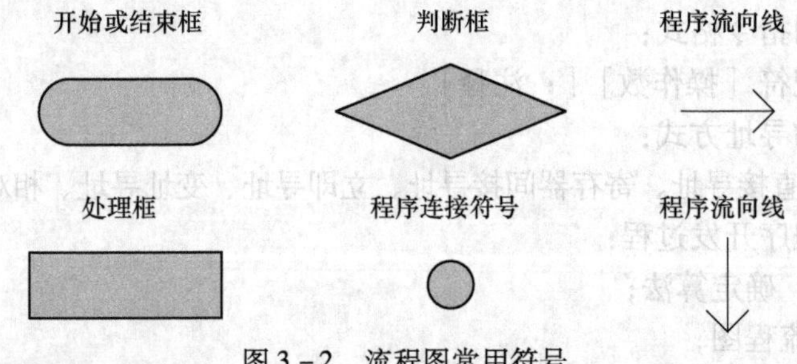

图 3－2 流程图常用符号

C 流程图的优点

流程图比较直观、容易理解、易于表达、能使程序简单明了、富有层次性和逻辑性。

D 流程图的绘制

（1）对程序进行总体构思。

（2）确定程序的结构和数据形式。

（3）勾画程序执行的逻辑顺序。

3.3.3 任务实施

将不同的立即数输出到 P0 口，程序顺序执行，然后再无条件跳转到初始处进行循环。实现从 P0.0 口到 P0.7 口的发光二极管依次循环亮、灭。

3.3.3.1 步骤 1：硬件电路设计

硬件电路原理图如图 3－3 所示，八支发光二极管的阴极端分别接至单片机的 P0.0～

P0.7，阳极端通过限流电阻接+5V电源。

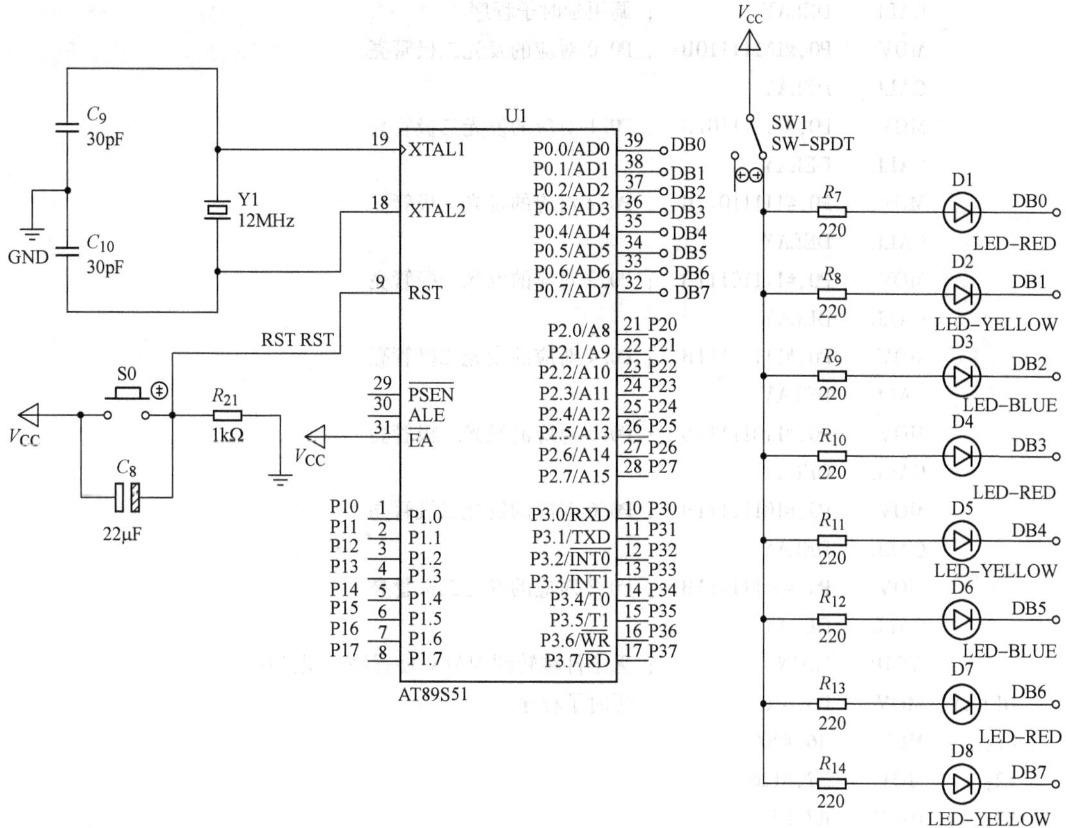

图3-3　单灯循环闪烁控制电路图

3.3.3.2　步骤2：元器件准备及电路制作

（1）完成本任务所需的元器件清单如表3-3所示。

表3-3　单灯闪烁控制电路元件明细

元器件名称	参　数	数　量	元器件名称	参　数	数　量
IC插座	DIP40	1	电阻	220Ω	8
单片机	AT89S51	1	电解电容	22μF	1
晶振器	12MHz	1	瓷片电容	30pF	2
按键		1	发光二极管		8
电阻	1kΩ	1			

（2）元器件准备好后，按照图3-3所示的电路在万能板上焊接元器件，完成电路板的制作。

3.3.3.3　步骤3：控制程序设计

A　单灯循环控制1

单灯循环闪烁1.ASM

```
MAIN:  MOV    P0,#0FFH        ; 全灭
       CALL   DELAY           ; 调用延时子程序
       MOV    P0,#11111110B   ; P0.0 对应的发光二极管亮
       CALL   DELAY
       MOV    P0,#11111101B   ; P0.1 对应的发光二极管亮
       CALL   DELAY
       MOV    P0,#11111011B   ; P0.2 对应的发光二极管亮
       CALL   DELAY
       MOV    P0,#11110111B   ; P0.3 对应的发光二极管亮
       CALL   DELAY
       MOV    P0,#11101111B   ; P0.4 对应的发光二极管亮
       CALL   DELAY
       MOV    P0,#11011111B   ; P0.5 对应的发光二极管亮
       CALL   DELAY
       MOV    P0,#10111111B   ; P0.6 对应的发光二极管亮
       CALL   DELAY
       MOV    P0,#01111111B   ; P0.7 对应的发光二极管亮
       CALL   DELAY
       AJMP   MAIN            ; 无条件跳转到 MAIN,使程序实现循环
DELAY: MOV    R5,#10          ; 延时子程序
L1:    MOV    R6,#200
L2:    MOV    R7,#126
L3:    DJNZ   R7,L3
       DJNZ   R6,L2
       DJNZ   R5,L1
       RET                    ; 子程序返回
       END                    ; 结束
```

B　单灯循环控制 2

```
       ORG    0000H           ; 开始
START: MOV    A,#0FFH         ; (A) = #0FFH
       CLR    C               ; CY 清零
       MOV    R1,#08H         ; 设左移 8 次
LOOP:  RLC    A               ; 左移一位
       MOV    P0,A            ; 输出到 P0
       LCALL  DELAY           ; 调用延时
       DJNZ   R1,LOOP         ; 左移 7 次
       MOV    R1,#07H
LOOP1: RRC    A               ; 右移一位
       MOV    P0,A            ; 输出到 P0
       LCALL  DELAY           ; 调用延时
       DJNZ   R1,LOOP1        ; 右移 7 次
       AJMP   START           ; 循环
```

```
DELAY: MOV    R5,#10      ; 延时子程序
L1:    MOV    R6,#200
L2:    MOV    R7,#126
L3:    DJNZ   R7,L3
       DJNZ   R6,L2
       DJNZ   R5,L1
       RET                ; 子程序返回
       END                ; 结束
```

3.3.3.4　步骤4：软硬件调试及运行

（1）运用 Keil C51 软件对控制程序进行编译，并将编译生成的目标代码文件添加至用 Proteus 软件绘制的单片机中，完成本任务的虚拟仿真。

（2）建立硬件仿真调试环境，连接目标电路板（无单片机）和仿真器。运用 Keil C51 软件对程序进行单步调试、全速运行调试等，直至程序运行无误。

（3）将 AT89S51 单片机芯片插到目标电路板的相应位置，将成功编译生成的目标代码文件通过 ISP 下载线以及电路板上的 ISP 下载接口下载至单片机芯片中，然后拔出 ISP 下载线，让单片机脱机运行，观察运行结果。

3.3.4　任务训练

3.3.4.1　训练1

绘制任务2中单灯循环控制1和2中的流程图。

3.3.4.2　训练2

修改“单灯循环控制2”的程序，实现单灯左循环2次，再右循环2次的控制。

3.3.5　任务小结

（1）AT89S51 单片机的指令系统共有111条指令，其特点：

指令执行时间短、指令所占存储空间少和位操作指令丰富。

（2）AT89S51 单片机的指令按功能可分为：数据传送类指令30条、算术运算类指令24条、逻辑运算类指令35条、控制转移类指令22条。

（3）程序流程图是利用各种图形、符号和流向线组成的图形，它用来说明程序设计的过程，并且能清晰表达程序的设计思路。

3.4　任务3　多灯花样控制

3.4.1　任务描述

利用查表方式使 P0 口实现彩灯闪烁、循环方式的控制，通过仿真电路使学生熟练掌握 P0 口作为输出口使用的方法；结合本任务中的程序了解单片机的汇编语言程序结构，掌握流程图的作用及其画法，熟悉单片机汇编语言编程的方法。

3.4.2　相关知识

3.4.2.1　知识1：程序编制步骤

（1）预完成任务的分析。

1）深入分析——明确任务、功能要求及技术指标；

2）分析硬件资源及工作环境。

（2）进行算法的优化。利用数学方法或数学模型将实际问题转化为由计算机进行处理的问题。

（3）画程序流程图。

3.4.2.2　知识2：程序的结构

A　顺序程序

指按顺序依次执行的程序，也称为简单程序或直线程序。顺序程序结构虽然比较简单，但也能完成一定的功能任务，是构成复杂程序的基础。

例如：内部 RAM 的 31H～35H 单元中存储的数据如图 3－4 所示，试编写程序实现图示的数据传送结果。

方法一：

```
MOV    A，35H       ；2字节，1个机器周期
MOV    35H，34H     ；3字节，2个机器周期
MOV    34H，33H     ；3字节，2个机器周期
MOV    33H，32H     ；3字节，2个机器周期
MOV    32H，#00H    ；3字节，2个机器周期
```

方法二：

```
CLR    A            ；1字节，1个机器周期
XCH    A，2BH       ；2字节，1个机器周期
XCH    A，2CH       ；2字节，1个机器周期
XCH    A，2DH       ；2字节，1个机器周期
XCH    A，2EH       ；2字节，1个机器周期
```

ACC	
3EH	78H
3DH	56H
3CH	34H
3BH	12H
3AH	00H

ACC	78H
3EH	56H
3DH	34H
3CH	12H
3BH	00H
3AH	00H

图 3－4　31H～35H 单元中存储的数据

问题：以上哪种方法好？

B　分支程序

根据不同条件转向不同的处理程序，这种结构的程序称为分支程序。AT89S51 指令系统中的条件转移指令、比较转移指令和位转移指令，可以实现分支程序。

例：求单字节有符号数的二进制补码（设有一个单字节二进制数存于 A 中）。

```
START：JNB    ACC.7，YES    ；（A）>0，无需转换
       MOV    C，ACC.7      ；
       MOV    A，@R1        ；
       CPL    A             ；取补
```

```
        ADD    A, #1;
        MOV    ACC.7, C      ;存符号位
YES:    RET
```

C　循环程序

循环程序一般包括以下几个部分：

（1）循环初值。

（2）循环体。

（3）循环修改。

（4）循环控制。

以上4部分可以有两种组织形式，其结构如图3－5所示。

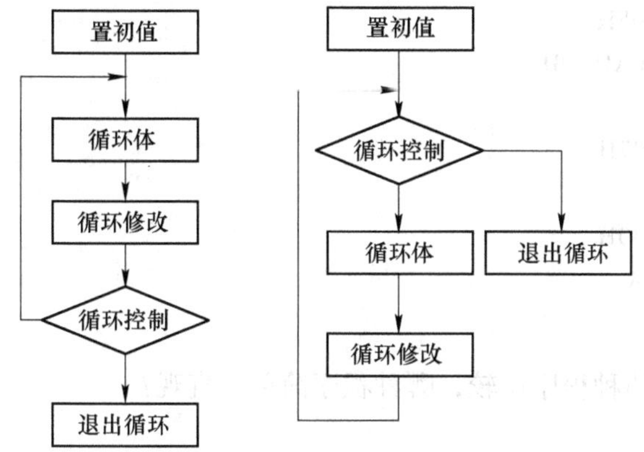

图3－5　循环程序组织形式

例如：延时程序。

D　子程序及其调用

（1）子程序的调用：对于通用性的问题，例如，数值转换、数值计算等，往往要使用多次，则将其设计成子程序。

子程序在执行时需要由其他程序来调用，使用调用指令LCALL或ACALL。

（2）子程序的返回：子程序执行完后需要把执行流程返回到调用的主程序，用返回指令RET。

（3）子程序的嵌套：在编制比较复杂的子程序中，往往可能再调用另一个子程序，这种子程序再次调用子程序，称为子程序的嵌套。

E　查表程序

在AT89S51型单片机应用系统中，查表程序用来完成数据计算及转换等功能，它具有程序简单、使用便捷和执行速度快等特点。通常数据表格存放在程序存储器ROM中，在编制程序时，可以用DB伪指令将表格中内容存入ROM，使用查表指令完成。查表指令见附录1。

例：将一位十六进制数转换为ASCII码，要求一位十六进制数存放在R1的低4位，转换后的ASCII码仍送回R1中。

方法一：

```
        ORG     1000H
        MOV     A, R1
        ANL     A, #0FH
        MOV     DPTR, #TAB
        MOVC    A, @A+DPTR
        MOV     A, R1
        SJMP    $
TAB:    DB      30H, 31H, 32H, 33H, 34H, 35H, 36H, 37H, 38H, 39H   ; 0~9ASCII码
        DB      41H, 42H, 43H, 44H, 45H, 46H                       ; A~FASCII码
```

方法二：

```
        MOV     A, R1
        ANL     A, #0FH
        CJNE    A, #0AH, BJ
BJ:     JC      BJ1
        ADD     A, #37H
        SJMP    BJ2
BJ1:    ADD     A, #30H
BJ2:    MOV     R1, A
        SJMP    $
```

问题：通过上述两种程序比较，哪种程序简单、直观？

3.4.3　任务实施

利用查表程序实现彩灯的花样控制，实现多种花样周期性的闪烁。并判断查表是否结束，同时将查表取得的数据送到 P0 口线上实现输出，使连接的发光二极管能够忽明忽暗，闪烁，形成彩灯花样。程序流程图如图 3-6 所示。

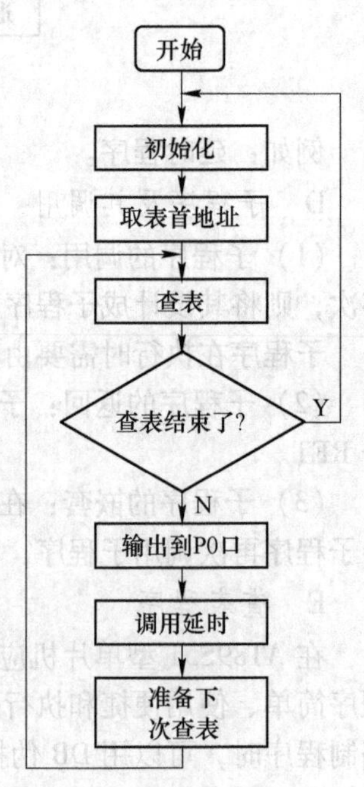

图 3-6　查表控制彩灯程序流程图

3.4.3.1　步骤 1：硬件电路设计

硬件电路原理图如图 3-3 所示。

3.4.3.2　步骤 2：元器件准备及电路制作

（1）完成本任务所需的元器件清单，如表 3-3 所示。

（2）元器件准备好后，按照图 3-3 所示的电路在万能板上焊接元器件，完成电路板的制作。

3.4.3.3　步骤 3：控制程序设计

```
MAIN:   CLR     A               ; 初始化
        MOV     DPTR, #SHEET    ; 取表首地址
        MOV     R1, A           ; 初始化
LOOP:   MOV     A, R1           ; 准备查表
```

```
        MOVC   A, @A+DPTR      ; 查表
        CJNE   A, #01H, SHOW   ; 判断查表结束没有?
        JMP    MAIN            ; 若查表结束，重新开始
SHOW:   MOV    P0, A           ; 输出到P0口
        LCALL  DELAY           ; 调用延时子程序
        INC    R1              ; 准备下次查表
        JMP    LOOP            ; 继续查表
DELAY:  MOV    R7, #100        ; 延时子程序
D1:     MOV    R6, #50
D2:     MOV    R5, #50
        DJNZ   R5, $
        DJNZ   R6, D2
        DJNZ   R7, D1
        RET
SHEET:  DB     0FEH, 0FDH, 0FBH, 0F7H, 0EFH, 0DFH, 0BFH, 7FH    ; 单灯流水2遍
        DB     0FEH, 0FDH, 0FBH, 0F7H, 0EFH, 0DFH, 0BFH, 7FH
        DB     0FAH, 0F5H, 0EBH, 0D7H, 0AFH, 5FH, 0BEH, 7DH     ; 双灯流水2遍
        DB     0FAH, 0F5H, 0EBH, 0D7H, 0AFH, 5FH, 0BEH, 7DH
        DB     01H                                               ; 表结束标志
```

由上述程序分析，采用查表方式建立的程序，比前面任务的程序较灵活性，想改变花样无需再重新修改程序，只需将数据表中的数据进行相应的改动即可。

3.4.4　任务训练

3.4.4.1　训练1

试编写程序，统计内RAM30H~50H单元中0FFH的个数，并将统计结果存入60H单元。

3.4.4.2　训练2

利用查表程序实现前4盏彩灯流水两遍后，后4盏彩灯流水两遍的花样控制，画出流程图，编写程序并进行仿真。

3.4.5　任务小结

(1) 程序编制步骤：
1) 预完成任务的分析；
2) 进行算法的优化；
3) 画程序流程图。
(2) 程序的结构：
1) 顺序程序；
2) 分支程序；
3) 循环程序；
4) 子程序及其调用；
5) 查表程序。

项目4　声音发生器

4.1　项目介绍

声音发生器是单片机最小系统的基本应用项目之一，根据单片机中断及定时/计数器的原理和应用，通过对单片机中断和定时/计数器的简单任务练习后，完成声音发生器项目。本项目的实现是在掌握单片机的中断及定时/计数器的基础上由简单到复杂逐步完成。

4.2　任务1　音调发生器

4.2.1　任务描述

通过本任务，利用AT89S51单片机定时/计数器定时功能和延时子程序相结合，使控制P1.3引脚所接的喇叭发出音调。

4.2.2　相关知识

AT89S51单片机的中断系统：中断是CPU与I/O设备之间数据交换的一种方式，AT89S51单片机有5个中断源、2个优先级，具备完善的中断系统。

4.2.2.1　中断的概念

中断是指计算机在执行某一程序的过程中，由于计算机系统内、外的某种原因，而必须中止原来执行的程序，转去执行相应的处理程序，待处理结束之后，再回来继续执行被中止的原程序的过程。

4.2.2.2　中断的作用

（1）分时操作。CPU可以分时为多个I/O设备服务，提高了计算机的利用率。

（2）实时响应。CPU能够及时处理应用系统的随机事件，系统的实时性大大增强。

（3）故障处理。CPU具有处理设备故障及掉电等突发性事件能力，从而使系统可靠性提高。

4.2.2.3　中断系统的结构

中断系统结构图如图4－1所示。

（1）中断源。引起CPU中断的根源，称为“中断源”：

1）$\overline{INT0}$：外部中断0中断请求，由P3.2脚输入。

2）$\overline{INT1}$：外部中断1中断请求，由P3.3脚输入。

3）TF0：定时器T0溢出中断请求。

4）TF1：定时器T1溢出中断请求。

5）RI或TI：串行口中断请求。

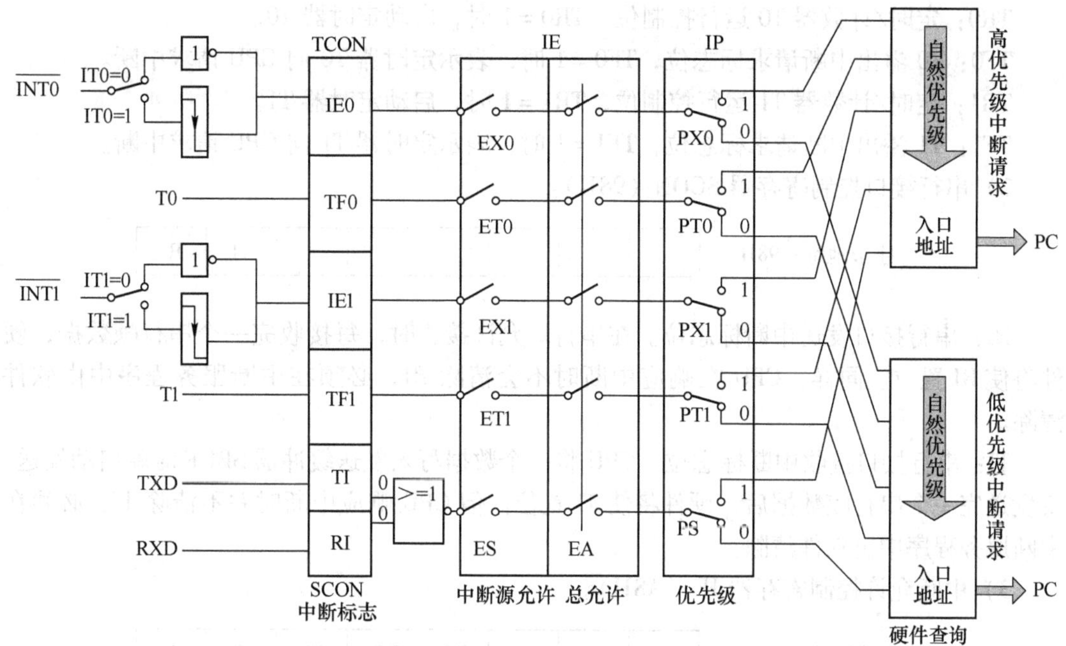

图4－1　AT89S51的中断系统结构图

（2）中断源的入口地址、中断请求标志位、自然优先级（见表4－1）：

1）中断源的入口地址：单片机相应中断后，由硬件生成程序调用指令，把当前PC的内容压入堆栈保存，将硬件生成的地址装入PC，称为中断入口地址。

2）中断请求标志位：每一个中断源对应的中断请求标志。

3）自然优先级：由硬件形成的单片机中断源在同一优先级别下的相应顺序。

表4－1　各中断源响应优先级及中断服务程序入口表

中　断　源	中断标志	中断服务入口地址	优先级顺序
外部中断0	IE0	0003H	高
定时/计数器0	TF0	000BH	↓
外部中断1	IE1	0013H	↓
定时/计数器1	TF1	001BH	↓
串行接口	RI或TI	0023H	低

（3）中断控制寄存器：

1）定时控制寄存器TCON（88H）。

字节地址：88H	TF1	TR1	TF0	TR0	IE1	IT1	IE0	IT0

IT0：外部中断0触发方式控制位，当IT0＝0时电平触发方式；当IT0＝1时边沿触发方式（下降沿有效）。

IE0：外部中断0中断请求标志位，IE0＝1时，表示外部中断0向CPU请求中断。

IT1：外部中断1触发方式控制位，IT1＝0时电平触发方式；当IT0＝1时边沿触发方式。

IE1：外部中断1中断请求标志位，IE1＝1时，表示外部中断1向CPU请求中断。

TR0：定时/计数器 T0 运行控制位，TR0 =1 时，启动定时器 T0。

TF0：T0 溢出中断请求标志位，TF0 =1 时，表示定时器 T0 向 CPU 请求中断。

TR1：定时/计数器 T1 运行控制位，TR1 =1 时，启动定时器 T1。

TF1：T1 溢出中断请求标志位，TF1 =1 时，表示定时器 T1 向 CPU 请求中断。

2）串行接口控制寄存器 SCON（98H）。

字节地址：98H								
							TI	RI

RI：串行接口发送中断标志位。在串行口允许接收时，每接收完一个串行帧数据，硬件将使 RI 置位。同样，CPU 在响应中断时不会清除 RI，必须在中断服务程序中由软件清除。

TI：串行接口接收中断标志位。CPU 将一个数据写入发送缓冲器 SBUF 时就启动发送，每发送完一个串行帧数据后，硬件将使 TI 置位。但 CPU 响应中断时并不清除 TI，必须在中断服务程序中由软件清除。

3）中断允许控制寄存器 IE（A8H）。

字节地址：0A8H								
	EA			ES	ET1	EX1	ET0	EX0

EX0：外部中断 0 中断允许位。EX0 =1，允许外部中断 0 中断；EX0 =0，禁止外部中断 0 中断。

ET0：定时/计数器 T0 中断允许位。ET0 =1，允许定时器 0 中断；ET0 =0，禁止定时器 0 中断。

EX1：外部中断 1 中断允许位。EX1 =1，允许外部中断 1 中断；EX1 =0，禁止外部中断 1 中断。

ET1：定时/计数器 T1 中断允许位。ET1 =1，允许定时器 T1 中断；ET1 =0，禁止定时器 T1 中断。

ES：串行口中断（包括串行发送、串行接收）允许位。ES =1，允许串行口中断；ES =0，禁止串行口中断。

EA：CPU 中断允许（总允许控制位）。EA =1，开放所有中断；EA =0，禁止所有中断。

4）中断优先级控制寄存器 IP（B8H）。

字节地址：0B8H								
				PS	PT1	PX1	PT0	PX0

PX0：外部中断 0 中断优先级控制位。PX0 =1，设定外部中断 0 为高优先级中断；PX0 =0，设定外部中断 0 为低优先级中断。

PT0：定时器 T0 中断优先级控制位。PT0 =1，设定定时器 T0 中断为高优先级中断；PT0 =0，设定定时器 T0 中断为低优先级中断。

PX1：外部中断 1 中断优先级控制位。PX1 =1，设定外部中断 1 为高优先级中断；PX1 =0，设定外部中断 1 为低优先级中断。

PT1：定时器T1中断优先级控制位。PT1=1，设定定时器T1中断为高优先级中断；PT1=0，设定定时器T1中断为低优先级中断。

PS：串行口中断优先级控制位。PS=1，设定串行口为高优先级中断；PS=0，设定串行口为低优先级中断。

AT89S51单片机的中断优先级三条原则：

①同时收到几个中断时，响应优先级别最高的。

②中断过程不能被同级、低优先级所中断。

③低优先级中断服务，能被高优先级中断。

4.2.2.4　中断处理过程

（1）中断请求：

在单片机执行某一程序过程中，若发现有中断请求（相应中断请求标志位为1），CPU将根据具体情况决定是否响应中断，这主要由中断允许寄存器来控制：

1）中断总允许控制位EA=1。

2）申请中断的中断源允许位为1。

满足以上基本条件，CPU一般会响应中断，如果有下列任何一种情况存在，那么中断响应会受到阻断。

①CPU正在响应同级或高优先级的中断。

②当前指令未执行完。

③正在执行RETI中断返回指令或访问专用寄存器IE和IP的指令。

（2）中断响应：

若中断请求符合响应条件，则CPU将响应中断请求。首先，中断系统通过硬件自动生成长调用指令（LACLL），该指令将自动把断点地址压入堆栈保护，然后，将对应的中断入口地址装入程序计数器PC，使程序转向该中断入口地址，执行中断服务程序。AT89S系列单片机各中断源的入口地址由硬件事先设定。

（3）中断服务：

中断服务程序从中断入口地址开始执行，到返回指令“RETI”为止。一般包括两部分内容：一是保护现场，二是完成中断源请求的服务。

保护现场：主程序和中断服务程序都会用到累加器A、状态寄存器PSW及其他一些寄存器，当CPU进入中断服务程序用到上述寄存器时，会破坏原来存储在寄存器中的内容，一旦中断返回，将会导致主程序的混乱，因此，在进入中断服务程序后，一定要先保护现场。

恢复现场：保护现场后，执行中断服务程序，在中断返回之前进行恢复现场。

（4）中断返回：

中断返回通常是指中断服务完成以后，计算机返回原来断开的位置（即断点），继续执行原来的程序。中断返回由中断返回指令RETI来实现。这条指令的功能是把断点地址从堆栈中弹出，送回到程序计数器PC，此外，还通知中断系统已完成中断处理，并同时清除优先级状态触发器。特别要注意不能用“RET”指令代替“RETI”指令。

4.2.2.5　中断系统应用

(1) 中断初始化:

1) 设置堆栈指针 SP, 通常可设置 SP = 60H 或 50H;

2) 定义中断优先级;

3) 定义外中断触发方式;

4) 开放中断。

(2) 中断服务主程序。中断服务程序内容为:

1) 中断服务入口地址设置一条跳转指令, 转移到中断服务程序的实际入口地址;

2) 根据所需来保护现场;

3) 中断源请求中断服务要求的运行, 这是中断服务程序的主体;

4) 如果是外中断电平触发方式, 应有中断信号撤除操作。如果是串行中断, 应有对 RI、TI 清 0 指令;

5) 恢复现场。与保护现场相对应, 注意先进后出, 后进先出的操作顺序;

6) 在中断返回时, 最后一条指令必须是 RETI。

4.2.3　任务实施

4.2.3.1　步骤 1: 硬件电路设计

音调发生器的硬件电路, 如图 4－2 所示。

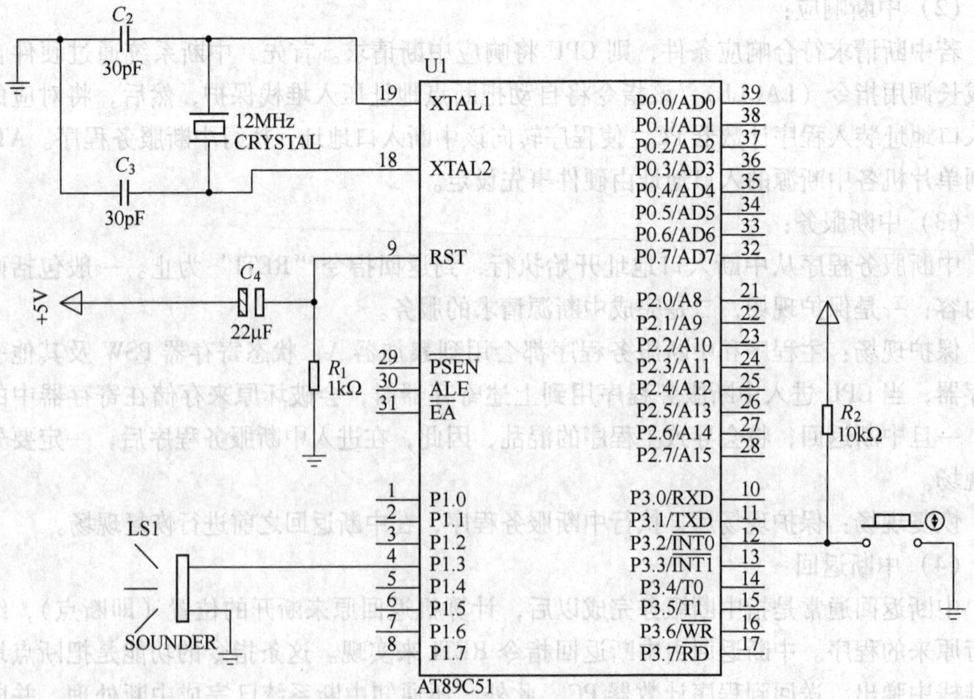

图 4－2　音调发生器的硬件电路

4.2.3.2　步骤2：元器件准备及电路制作

（1）完成本任务所需的元器件清单如表4－2所示。

表4－2　音调发生器元器件清单

元器件名称	参　数	数　量	元器件名称	参　数	数　量
IC插座	DIP40	1	电解电容	22μF	1
单片机	AT89S51	1	瓷片电容	30pF	2
晶振器	12MHz	1	按键		1
电阻	10kΩ	1	喇叭		1
电阻	1kΩ	1			

（2）元器件准备好后，按照图4－2所示的电路图在万能板上焊接元器件，完成电路板的制作。

4.2.3.3　步骤3：控制程序设计

```
        ORG     0000H
        AJMP    MAIN
        ORG     0003H       ；外中断0中断服务程序入口地址
        AJMP    INT_0
        ORG     0100H
MAIN：  CLR     IT0         ；外中断0初始化
        SETB    EX0
        SETB    EA
        SJMP    $
INT_0： CLR     P1.3
        LCALL   DELAY       ；延时时间决定方波的周期（频率）
        SETB    P1.3
        LCALL   DELAY
        RETI                ；中断服务程序返回
DELAY： MOV     R5，#2
DY1：   MOV     R6，#0F0H
DY2：   MOV     R7，#0F0H
DY3：   DJNZ    R7，DY3
        DJNZ    R6，DY2
        DJNZ    R5，DY1
        RET                 ；延时子程序返回
        END
```

4.2.3.4　步骤4：软硬件调试及运行

（1）运用Keil C51软件对控制程序进行编译，并将编译生成的目标代码文件添加至用

Proteus 软件绘制的单片机中，完成本任务的虚拟仿真。

（2）建立硬件仿真调试环境，连接目标电路板（无单片机）和仿真器。运用 Keil C51 软件对程序进行单步调试、全速运行调试等，直至程序运行无误。

（3）将 AT89S51 单片机芯片插到目标电路板的相应位置，将成功编译生成的目标代码文件通过 ISP 下载线以及电路板上的 ISP 下载接口下载至单片机芯片中，然后拔出 ISP 下载线，让单片机脱机运行，观察运行结果。

4.2.4 任务训练

4.2.4.1 训练 1

请说出 AT89S51 单片机的中断处理过程。

4.2.4.2 训练 2

用一条指令实现下列要求：

（1）外部中断 1 和 T0 开中断，其余禁止中断。

（2）T1 和串行开中断，其余禁中断。

（3）全部开中断。

（4）全部禁中断。

（5）外部中断 0 和 T0 开中断，其余保持不变。

（6）外部中断 1 和 T1 开中断，其余保持不变。

4.2.5 任务小结

（1）中断的概念。中断是指计算机在执行某一程序的过程中，由于计算机系统内、外的某种原因，而必须中止原来执行的程序，转去执行相应的处理程序，待处理结束之后，再回来继续执行被中止的原程序的过程。

（2）中断的作用。分时操作；实时响应；故障处理。

（3）中断系统的 5 个中断源。外部中断 0、外部中断 1、定时器中断 T1、定时器中断 T2、串行口中断。

（4）中断控制寄存器：

1）定时控制寄存器 TCON；

2）串行接口控制寄存器 SCON；

3）中断允许控制寄存器 IE；

4）中断优先级控制寄存器 IP。

（5）中断处理过程：

1）中断请求；

2）中断响应；

3）中断服务；

4）中断返回。

（6）中断系统应用：

1）中断初始化；

2）中断服务主程序。

4.3　任务2　铃声发生器

4.3.1　任务描述

通过本任务，利用AT89S51单片机内部2个16位的定时/计数器的功能，实现电话铃声，每鸣叫1s，静音2s，并不断循环。

4.3.2　相关知识

4.3.2.1　知识1：单片机定时/计数器结构

AT89S51单片机片内集成有两个可编程的定时/计数器：T0和T1。它们既可工作于定时模式，也可工作于外部事件计数模式。

A　定时/计数器的结构和工作原理

a　定时/计数器的结构

AT89S51单片机片内部设有2个16位可编程的定时/计数器，即T0和T1计数器，它们分别由两个8位专用寄存器组成：定时器0由TH0和TL0组成，定时器1由TH1和TL1组成，如图4－3所示。

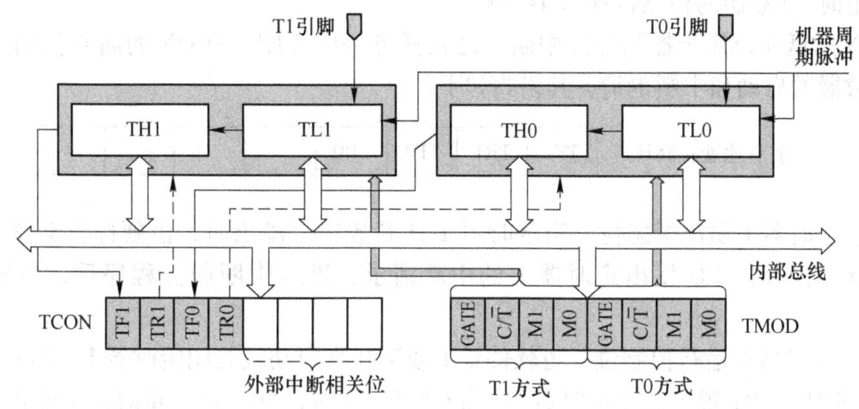

图4－3　定时/计数器的结构框图

b　定时/计数器的工作原理

当每来一个脉冲，计数器加1，当加到计数器全“1”时，再输入一个脉冲，就使计数器回零，且计数器的溢出使控制寄存器TCON中TF0或TF1置“1”，向CPU发出中断请求。若定时/计数器工作于定时模式，则表示定时时间到；若工作于计数模式，则表示计数值已满。

当定时/计数器对外部事件进行计数时，做计数器使用；当定时/计数器对内部固定频率的机器周期进行计数时，做定时器使用。

B　定时/计数器的控制

a　定时/计数器工作方式控制寄存器TMOD

工作方式寄存器 TMOD 用于设置定时/计数器的工作方式，低 4 位用于 T0，高 4 位用于 T1，它们的含义完全相同。其格式如下：

字节地址：89H	GATE	C/$\overline{T}$	M1	M0	GATE	C/$\overline{T}$	M1	M0

GATE：门控位。当 GATE =0 时，软件控制位 TR0 或 TR1 置 1，即可启动定时器；当 GATE =1 时，软件控制位 TR0 或 TR1 须置 1，同时还须使（P3.2）或（P3.3）为高电平时才能启动定时器，即允许外中断、启动定时器。

C/$\overline{T}$：定时/计数模式选择位。当其等于 0 时，设置为定时器工作方式，对片内机器周期脉冲计数，用作定时器；其等于 1 时，设置为计数器工作方式，对外部事件脉冲计数，负跳变脉冲有效。

M1M0：工作方式设置位。设置如表 4 -3 所示。

表 4 -3　定时/计数器工作方式设置

M1	M0	工作方式	说　明
0	0	方式 0	13 位定时/计数器
0	1	方式 1	16 位定时/计数器
1	0	方式 2	8 位自动重装定时/计数器
1	1	方式 3	T0 分成两个独立的 8 位定时/计数器；T1 此方式停止计数

b　定时/计数器的控制寄存器 TCON

TCON 的低 4 位用于控制外部中断，已在任务一中介绍。TCON 的高 4 位用于控制定时器/计数器的启动和中断申请，其格式如下：

字节地址：88H	TF1	TR1	TF0	TR0				

TF1：定时器 1 溢出标志位。当定时器 1 计满数产生溢出时，由硬件自动置 TF1 =1。在中断允许时，向 CPU 发出定时器 1 的中断请求，进入中断服务程序后，由硬件自动清 0。

TR1：定时器 1 运行控制位。由软件置 1 或清 0 来启动或关闭定时器 1。当 GATE =1，且为高电平时，TR1 置 1 启动定时器 1；当 GATE =0 时，TR1 =0，定时器 1 停止。

TF0：定时器 0 溢出标志位。其功能及操作情况同 TF1。

TR0：定时器 0 运行控制位。其功能及操作情况同 TR1。

4.3.2.2　知识 2：定时器/计数器的工作方式

AT89S51 单片机定时/计数器 T0 有 4 种工作方式（方式 0、1、2、3），T1 有 3 种工作方式（方式 0、1、2）。前 3 种工作方式，T0 和 T1 除所使用的寄存器、有关控制位、标志位不同外，其他操作完全相同。

A　方式 0

当 M1M0 =00 时，定时器/计数器工作在工作方式 0，构成一个 13 位定时/计数器，由 TL0 的低 5 位和 TH0 的 8 位组成，如图 4 -4 所示。TH0 溢出时，置位 TF0 标志，向 CPU

发出中断请求。

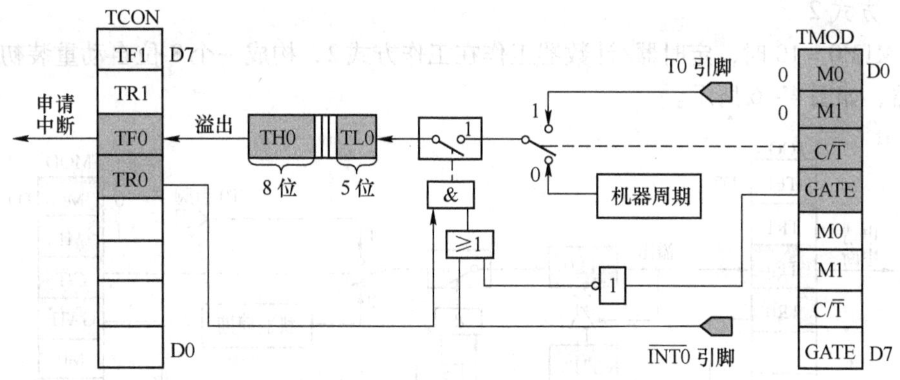

图4-4　T0方式0的逻辑结构

C/$\overline{T}$=0时为定时器模式，且有

$$N = t/T_{cy}$$

式中，t为定时时间；N为计数个数；T_{cy}为机器周期。

计数初值：　　$X = 2^{13} - N$

C/$\overline{T}$=1时为计数模式，计数脉冲是T0引脚上的外部脉冲。

B　方式1

当M1M0=01时，定时器/计数器工作在工作方式1，构成一个16位定时/计数器，由TL0的低8位和TH0的8位组成，如图4-5所示。其电路结构和操作方法与方式0基本相同。

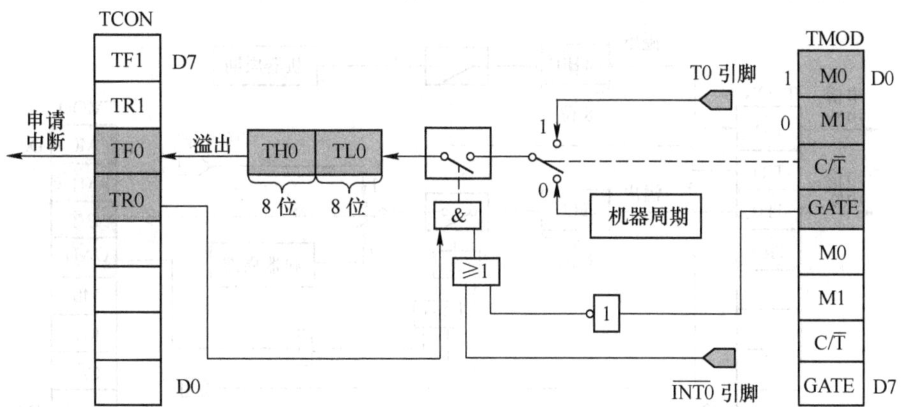

图4-5　T0方式1的逻辑结构

计数个数与计数初值的关系：

$$X = 2^{16} - N$$

例：若要求定时器T0工作于方式1，定时时间为1ms，当晶振频率为6MHz时，求：送入TH0和TL0的计数初值各为多少？

解：由于晶振为6MHz，所以机器周期T_{cy}为2μs。所以：

$$N = t/T_{cy} = 1\times10^{-3}/2\times10^{-6} = 500$$

$$X = 2^{16} - N = 65536 - 500 = 65036 = 0FE0CH$$

即，应将 0FEH 送入 TH0，0CH 送入 TL0 中。

C　方式 2

当 M1M0 = 10 时，定时器/计数器工作在工作方式 2，构成一个 8 位自动重装初值定时/计数器，如图 4－6 所示。

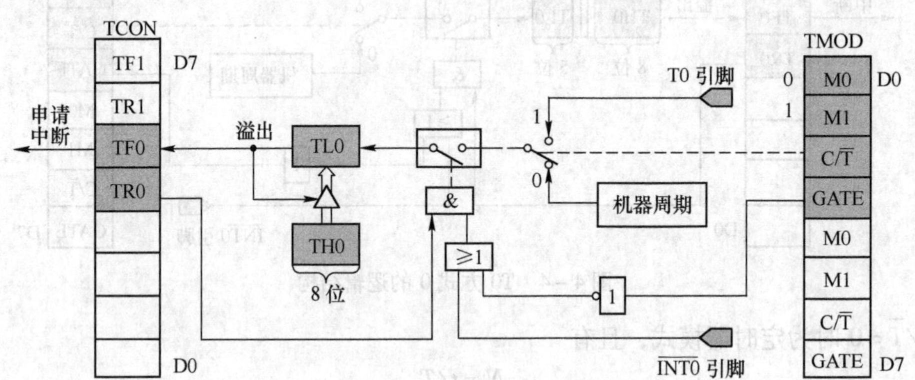

图 4－6　T0 方式 2 的逻辑结构

计数个数与计数初值的关系：

$$X = 2^8 - N$$

注：自动重装初值的 8 位计数方式，适合于用作较精确的脉冲信号发生器。

D　方式 3

当 M1M0 = 11 时，定时器/计数器工作在工作方式 3，T0 分成两个独立的 8 位计数器 TL0 和 TH0，如图 4－7 所示，T1 处于方式 3 时停止计数，即 TR1 = 0。

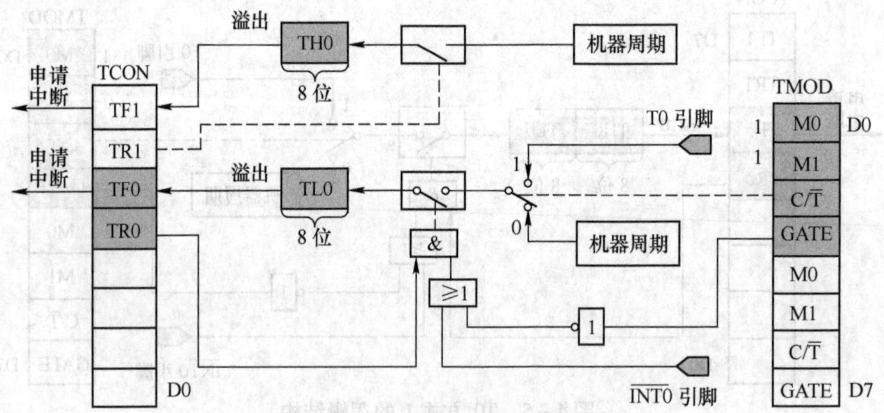

图 4－7　T0 方式 3 的逻辑结构

4.3.2.3　知识 3：定时/计数器初始化程序

AT89S51 单片机的定时/计数器是可编程的，所以，在使用定时器/计数器进行定时或计数之前，先要通过软件对它进行初始化，步骤如下：

（1）对 TMOD 赋值，以确定 T0 和 T1 的工作方式。

（2）计算初值，并将其写入 TH0、TL0 或 TH1、TL1。

（3）中断方式时，对IE赋值，开放中断。

（4）使TR0或TR1置位，启动定时/计数器开始定时或计数。

4.3.3　任务实施

本任务中铃声由320Hz和480Hz的声音组合而成，只要320Hz和480Hz交替鸣叫25ms，即可仿真电话铃声。

4.3.3.1　步骤1：硬件电路设计

本任务硬件设计，如图4－8所示。

4.3.3.2　步骤2：元器件准备及电路制作

（1）完成本任务所需的元器件清单如表4－4所示。

表4－4　铃声发生器元器件清单

元器件名称	参　数	数　量	元器件名称	参　数	数　量
IC插座	DIP40	1	电阻	1kΩ	1
单片机	AT89S51	1	电解电容	22μF	1
喇叭		1	瓷片电容	30pF	2
晶振器	12MHz	1			

（2）元器件准备好后，按照图4－8所示的电路图在万能板上焊接元器件，完成电路板的制作。

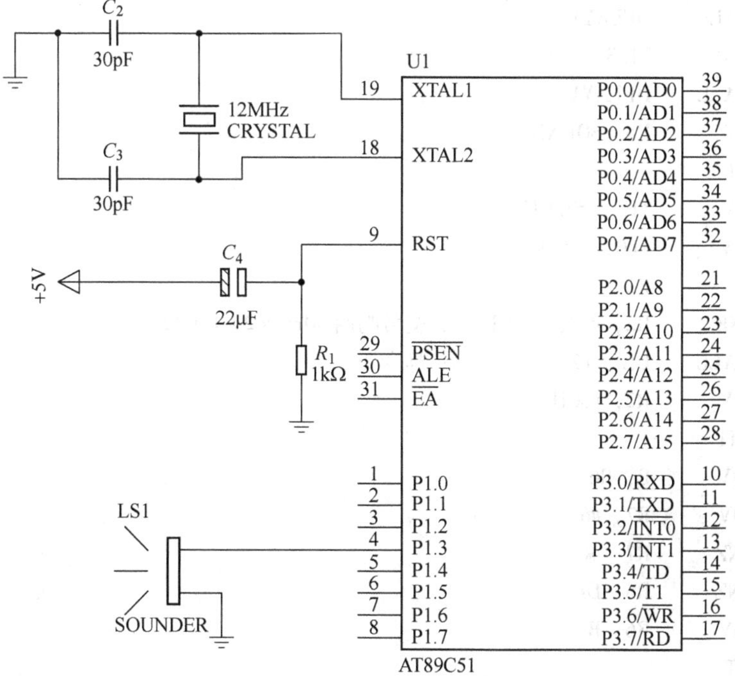

图4－8　铃声发生器的硬件电路

4.3.3.3　步骤3：控制程序设计

```
            ORG     0000H
            LJMP    MAIN
            ORG     000BH
            LJMP    T0_SERVE
            ORG     0100H
     MAIN:  MOV     TL0, #0B0H          ; 50ms定时的计数初值
            MOV     TH0, #3CH
            MOV     TMOD, #01H
            MOV     R2, #00H
            SETB    ET0
            SETB    EA
            SETB    TR0
            SJMP    $
 T0_SERVE:  MOV     R6, #104            ; 发出320Hz的声音
            MOV     R5, #8              ; 发出320Hz的声音8个周期（约25ms）
            ACALL   SOUND
            MOV     R6, #69             ; 发出480Hz的声音
            MOV     R5, #12             ; 发出480Hz的声音12个周期（约25ms）
            ACALL   SOUND
            LJMP    LOOP
    SOUND:  CLR     P1.3
            ACALL   DELAY1
            SETB    P1.3
            ACALL   DELAY1
            DJNZ    R5, SOUND
            RET
     LOOP:  MOV     TH0, #0B0H
            MOV     TL0, #3CH
            INC     R2
            CJNE    R2, #20, NEXT       ; 交替鸣叫50ms×20=1000ms=1s
            ACALL   DELAY2              ; 静音2s
            MOV     R2, #00H
     NEXT:  RETI
   DELAY1:  MOV     B, R6
       DL:  MOV     R7, #6
            DJNZ    R7, $
            DJNZ    R6, DL
            MOV     R6, B
            RET
   DELAY2:  MOV     R5, #20
```

```
DL1：MOV    R6，#250
DL2：MOV    R7，#200
DL3：DJNZ   R7，DL3
     DJNZ   R6，DL2
     DJNZ   R5，DL1
     RET
     END
```

4.3.3.4 步骤4：软硬件调试及运行

（1）运用 Keil C51 软件对控制程序进行编译，并将编译生成的目标代码文件添加至用 Proteus 软件绘制的单片机中，完成本任务的虚拟仿真。

（2）建立硬件仿真调试环境，连接目标电路板（无单片机）和仿真器。运用 Keil C51 软件对程序进行单步调试、全速运行调试等，直至程序运行无误。

（3）将 AT89S51 单片机芯片插到目标电路板的相应位置，将成功编译生成的目标代码文件通过 ISP 下载线以及电路板上的 ISP 下载接口下载至单片机芯片中，然后拔出 ISP 下载线，让单片机脱机运行，观察运行结果。

4.3.4 任务训练

4.3.4.1 训练1

试用定时/计数器 T1，编程实现延时 10S 后从 P1.0 输出高电平（已知晶振频率为 6MHz)。

4.3.4.2 训练2

请练习修改程序，使电话铃声响 10 声后自动停止。

4.3.5 任务小结

（1）单片机定时/计数器结构。AT89S51 单片机片内部设有 2 个 16 位可编程的定时/计数器，即 T0 和 T1 计数器。

（2）定时/计数器的控制寄存器：

1）定时/计数器工作方式控制寄存器 TMOD；

2）定时/计数器的控制寄存器 TCON。

（3）定时器/计数器的工作方式。AT89S51 单片机定时/计数器 T0 有 4 种工作方式：

1）方式0：构成一个 13 位定时/计数器，由 TL0 的低 5 位和 TH0 的 8 位组成。

2）方式1：构成一个 16 位定时/计数器，由 TL0 的低 8 位和 TH0 的 8 位组成。

3）方式2：构成一个 8 位自动重装初值定时/计数器。

4）方式3：定时器/计数器工作在工作方式 3，T0 分成为两个独立的 8 位计数器 TL0 和 TH0，T1 处于方式 3 时停止计数。

（4）定时/计数器初始化程序：

1）对 TMOD 赋值，以确定 T0 和 T1 的工作方式；

2）计算初值，并将其写入 TH0、TL0 或 TH1、TL1；

3）中断方式时，对 IE 赋值，开放中断；

4）使 TR0 或 TR1 置位，启动定时/计数器开始定时或计数。

4.4　任务3　八音盒

4.4.1　任务描述

通过本任务，利用 AT89S51 单片机的定时器的定时功能，通过定时器的定时和延时子程序相结合，以及音乐设计知识，完成一首音乐歌曲的编程。以《兰花草》歌曲为例，具体分析编程的技巧和方法。

4.4.2　相关知识

4.4.2.1　知识1：音乐知识

音乐主要是由音符和节拍决定的，音符对应于不同的声波频率，而节拍则表达的是声音持续的时间。通过控制定时器的定时时间可产生不同频率的方波，用于驱动喇叭发出不同的音符，然后利用延时子程序来控制发音时间的长短，即可控制节拍。把乐谱中的音符和相应的节拍变换成定时常数和延时常数，做成数据表格存放在存储器中。由程序查表得到定时常数和延时常数，用 1 个定时控制产生方波的频率，用延时程序控制发出该频率方波的持续时间。当延时时间到后再查询下 1 个音符的定时常数和延时常数，依次进行下去。

A　音频脉冲的产生

利用单片机的内部定时器，在方式 1 的定时状态下，改变定时器的计数初值来产生不同的频率。

设晶振频率为 12MHz，乐谱中的音符、频率、定时常数的关系，如表 4－5 所示。

表 4－5　C 调音符、频率、定时常数关系表

音符（低音）	频率/Hz	计数初值（X 值）	音符（中音）	频率/Hz	计数初值（X 值）	音符（高音）	频率/Hz	计数初值（X 值）
1Do	262	63628	1Do	523	64580	1Do	1046	65058
2Re	294	63835	2Re	587	64684	2Re	1175	65110
3Mi	330	64021	3Mi	659	64777	3Mi	1318	65157
4Fa	349	64103	4Fa	698	64820	4Fa	1397	65178
5So	392	64260	5So	784	64898	5So	1568	65127
6La	440	64400	6La	880	64968	6La	1760	65252
7Si	494	64524	7Si	988	65030	7Si	1967	65283

B　音乐节拍的产生

每个音符用 1B 长度表示，字节的高 4 位代表音符的高低，低 4 位代表音符的节拍，表 4－6 为节拍的时间设定，表 4－7 为节拍与节拍码对照表。具体应用方法为：如果 1 拍为0.4s，1/4拍是0.1s，以此类推，只要设定延时时间即可求得节拍。

表4-6　1/4节拍的时间设定

1/4节拍的时间设定	
曲调值	延时时间/ms
4/4	125
3/4	187
2/4	250

表4-7　节拍与节拍码对照

1/4节拍的时间设定		1/4节拍的时间设定	
节拍码	节拍数	节拍码	节拍数
1	1/4拍	6	1又1/2拍
2	2/4拍	7	1又3/4拍
3	3/4拍	8	2拍
4	1拍	9	2又1/4拍
5	1又1/4拍	A	2又1/2拍

4.4.2.2　知识2：音乐代码库的建立

（1）先找出乐曲的最低音和最高音的范围，然后确立音符表T的顺序。

（2）把T值表建立在一个表格中，编程时常常将构成发音的计数值放在程序“TABLE1”中。

（3）简谱码（音符）为高4位，节拍码（节拍数）为低4位，音符节拍码放在程序的另1个表格“TABLE”中。

（4）音符节拍码00H为音乐结束标志。

4.4.3　任务实施

本任务利用乐谱及定时常数和延时常数数值表，利用定时器T1，工作模式采用方式1，利用定时器的定时功能，将数值表制成数据表格，其中音调对应的定时常数制成表4-6，即TABLE1，乐曲中音符和节拍对应的数值制成表4-7，即TABLE2。在程序中，采用查表方式，将乐谱对应的定时常数读入计数器中，同时利用延时程序，控制乐谱的节拍，使喇叭发出音乐声。

4.4.3.1　步骤1：硬件电路设计

硬件电路原理图如图4-8所示。

4.4.3.2　步骤2：元器件准备及电路制作

（1）完成本任务所需的元器件清单如表4-4所示。

（2）元器件准备好后，按照图4－8所示的电路图在万能板上焊接元器件，完成电路板的制作。

4.4.3.3 步骤3：控制程序设计

（1）本任务根据《兰花草》歌曲乐谱设计程序，歌曲乐谱如下：

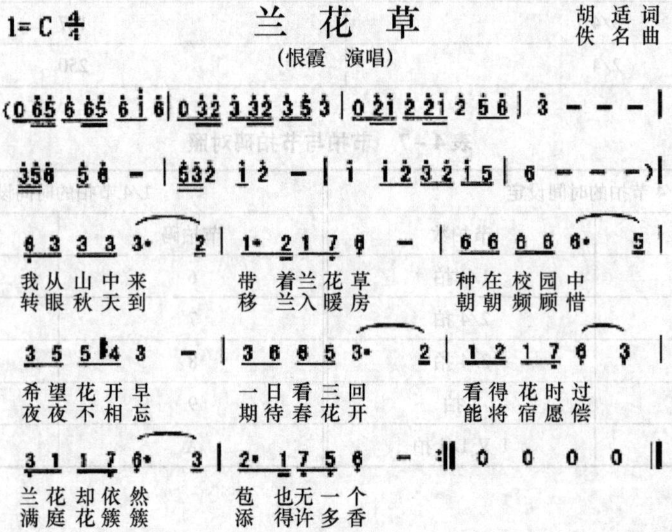

1=C 4/4

兰 花 草

胡适 词
佚名 曲

（恨霞 演唱）

我从山中来 带着兰花草 种在校园中
转眼秋天到 移兰入暖房 朝朝频顾惜
希望花开早 一日看三回 看得花时过
夜夜不相忘 期待春花开 能将宿愿偿
兰花却依然 苞也无一个
满庭花簇簇 添得许多香

（2）从《兰花草》乐曲中可看出，它的最低音是$\underset{\cdot}{3}$（低音3），最高音为6（中音6），根据音乐知识的介绍，作出其对应的简谱码和定时常数表，如表4－8所示。

表4－8 音符对应的简谱、简谱码、定时常数

简 谱	简谱码	定时常数（X）	简 谱	简谱码	定时常数（X）
3（低音 Mi）	1	64021	3（中音 Mi）	8	64777
4（低音 Fa）	2	64103	4（中音 Fa）	9	64820
5（低音 So）	3	64260	5（中音 So）	A	64898
6（低音）	4	64400	6（中音 La）	B	64968
7（低音 Si）	5	64524	7（中音 Si）	C	65030

（3）程序清单。

```
        ORG     0000H           ；主程序起始地址
        AJMP    START           ；跳至主程序
        ORG     000BH           ；中断服务地址
        AJMP    TIME0           ；跳至 TIME0 中断程序
        ORG     0100H
START：MOV      TMOD，#01H      ；设置定时器 T0 的工作方式
        MOV     IE，#82H        ；中断使能
        SETB    TR0
START1：MOV     30H，#00H       ；设简谱码指针初始值
```

```
START2: MOV   A, 30H;
        MOV   DPTR, #TABLE     ; 至TABLE取简谱码
        MOVC  A, @A+DPTR
        CJNE  A, #00H, PLAY    ; 取到的简谱码为非结束码，转PLAY执行
        AJMP  STOP             ; 是结束码，退出
PLAY:   MOV   R1, A
        ANL   A, #0FH          ; 取节拍码
        MOV   R2, A
        MOV   A, R1
        ANL   A, #0F0H         ; 取音符码
        CJNE  A, #00H, SING    ; 音符码不为0，调演奏子程序
        CLR   TR0              ; 音符码为0，不发音
        AJMP  DEL
SING:   SWAP  A
        DEC   A
        MOV   22H, A
        ADD   A, 22H
        MOV   R3, A
        MOV   DPTR, #TABLE1    ; 取相应的T值
        MOVC  A, @A+DPTR
        MOV   TH0, A
        MOV   21H, A
        MOV   A, R3
        INC   A
        MOVC  A, @A+DPTR
        MOV   TL0, A
        MOV   20H, A
        SETB  TR0
        SETB  ET0
DEL:    LCALL DELAY
        INC   30H
        LJMP  START2
STOP:   CLR   TR0
        LJMP  START1
TIME0:  PUSH  ACC
        PUSH  PSW
        CPL   P1.3
        MOV   TL0, 20H
        MOV   TH0, 21H
        POP   PSW
        POP   ACC
        RETI
DELAY:  MOV   R7, #02H
```

```
DELAY1: MOV   R6, #125
DELAY2: MOV   R5, #248
        DJNZ  R5, $
        DJNZ  R6, DELAY2
        DJNZ  R7, DELAY1
        DJNZ  R2, DELAY
        RET
TABLE1: DW    64021, 64103, 64260, 64400
        DW    64524, 64580, 64684, 64777
        DW    64820, 64898, 64968, 65030
        DW    64934
TABLE:  DB    42H, 82H, 82H, 82H, 84H, 02H, 72H
        DB    62H, 72H, 62H, 52H, 48H
        DB    0B2H, 0B2H, 0B2H, 0B2H, 0B4H, 02H, 0A2H
        DB    12H, 0A2H, 0D2H, 92H, 88H
        DB    82H, 0B2H, 0B2H, 0A2H, 84H, 02H, 72H
        DB    62H, 72H, 62H, 52H, 44H, 02H, 12H
        DB    12H, 62H, 62H, 52H, 44H, 02H, 82H
        DB    72H, 62H, 52H, 32H, 48H
        DB    00H
        END
```

4.4.3.4 步骤4：软硬件调试及运行

(1) 运用 Keil C51 软件对控制程序进行编译，并将编译生成的目标代码文件添加至用 Proteus 软件绘制的单片机中，完成本任务的虚拟仿真。

(2) 建立硬件仿真调试环境，连接目标电路板（无单片机）和仿真器。运用 Keil C51 软件对程序进行单步调试、全速运行调试等，直至程序运行无误。

(3) 将 AT89S51 单片机芯片插到目标电路板的相应位置，将成功编译生成的目标代码文件通过 ISP 下载线以及电路板上的 ISP 下载接口下载至单片机芯片中，然后拔出 ISP 下载线，让单片机脱机运行，观察运行结果。

4.4.4 任务训练

4.4.4.1 训练1

应用 AT89S51 单片机定时/计数器时，应考虑哪些问题?

4.4.4.2 训练2

选择《生日快乐歌》，按照书中的步骤进行编程，仿真编译后运行结果。

4.4.5 任务小结

完成一首音乐歌曲的编程方法：

（1）首先对歌曲进行分析，从歌曲中找出最高音、最低音，根据音乐软件的设计方法，列出其简谱对应的简谱码表、X值表和节拍数表。

（2）根据所列出的表格，编写程序。先选定产生音调的定时器及定时器的工作方式。

（3）程序初始化，设置定时器的工作方式，中断初始化设置。

（4）简谱码的取得采用查表方式，需要设置简谱码的指针初始值存于寄存器中。

（5）取得简谱码后，若不是结束码，则分别得到相应的节拍码和音符码，并根据此值取得相应的定时器的计数值，同时启动定时器计数。

（6）在定时器得到定时常数开始工作后，按得到的节拍码作为延时常数进行延时，在此期间，P1口的输出不停取反，得到一定频率的方波，发出相应的音调。

（7）在节拍时间到后，重新置定时器的计数值，同时指向下一个简谱码，直至乐曲演奏完毕。

输入显示篇

项目5　交通灯

5.1　项目介绍

交通信号灯是交通信号中的重要组成部分，是道路交通的基本语言。交通信号灯由红灯（表示禁止通行）、绿灯（表示允许通行）、黄灯（表示警示）组成。交通信号灯既可用普通电子电路装置控制，也可采用单片机控制。本项目将利用单片机技术设计一个具有三种信号灯（红、黄、绿）的十字路口交通灯控制器。本项目中：

第一个任务学习独立式键盘接口技术知识，完成键控彩灯设计。

第二个任务学习 7 段 LED 数码管、静态显示接口相关知识，完成静态计数数码显示。

第三个任务学习动态显示接口相关知识，完成动态计数数码显示。

第四个任务学习交通信号灯控制相关知识，，对交通灯进行时间控制，完成数显交通灯设计。

5.2　任务1　键控彩灯

5.2.1　任务描述

通过对按键的操作，选择彩灯的闪亮方式，若无键按下，全部彩灯忽明忽暗、闪亮，若进入某种闪亮方式后，再有键按下，就进入按键对应的闪亮方式，若无键按下则在该花样中循环闪亮。

5.2.2　相关知识

5.2.2.1　知识1：键盘工作原理

A　按键分类

按键按照结构原理可分为两类，一类是触点式开关按键，如机械式开关等；另一类是无触点式开关按键，如磁感应按键等。前者造价低，后者寿命长。目前，微机系统中最常见的是触点式开关按键。

键盘按照接口原理可分为编码键盘和非编码键盘两类。编码键盘采用硬件电路将每一次按键转换得到编码；非编码键盘没有编码用的硬件电路，它的编码采用程序实现，是由软件来识别键盘上的闭合键，它具有结构简单，使用灵活等特点，因此被广泛应用于单片机系统。

键盘从结构上可分为独立式键盘和矩阵式键盘。一般按键较少时采用独立式键盘，按键较多时采用矩阵式键盘。

B　键输入原理

在单片机应用系统中，大多按键都是以开关状态来设置控制功能或输入数据的。当所设置的功能键或数字键按下时，单片机系统应完成该按键所设定的功能，键信息输入是与软件结构密切相关的过程。

对于一组键或一个键盘，总有一个接口电路与 CPU 相连。CPU 可以采用查询或中断方式了解有无键输入，并检查是哪一个键按下，将该键号送入累加器 ACC，然后通过跳转指令转入执行该键的功能程序，执行完后再返回主程序。

C　键抖动处理

机械式按键在按下或释放时，由于机械弹性作用的影响，通常伴随有一定时间的触点机械抖动，然后其触点才稳定下来，如图 5 - 1 所示。抖动时间的长短与开关的机械特性有关，一般为 5 ~ 10ms。

在触点抖动期间检测按键的通与断状态，可能导致判断出错，即按键一次按下或释放被错误地认为是多次操作，这种情况是不允许出现的。为了克服按键触点机械抖动所致的检测误判，必须采取去抖动措施。这一点可从硬件、软件两方面予以考虑。在键数较少时，可用硬件去抖，硬件去抖动可采用在键输出端加 RS 触发器（双稳态触发器）或单稳态触发器构成去抖动电路，而当键数较多时，采用软件去抖动。

软件去抖动即在检测到有按键按下时，执行一个 10ms 左右的延时程序后，再确认该键电平是否仍保持闭合状态电平，若仍保持闭合状态电平，则确认该键处于闭合状态。同理，在检测到该键释放后，也应采用相同的步骤进行确认，从而可消除抖动的影响。

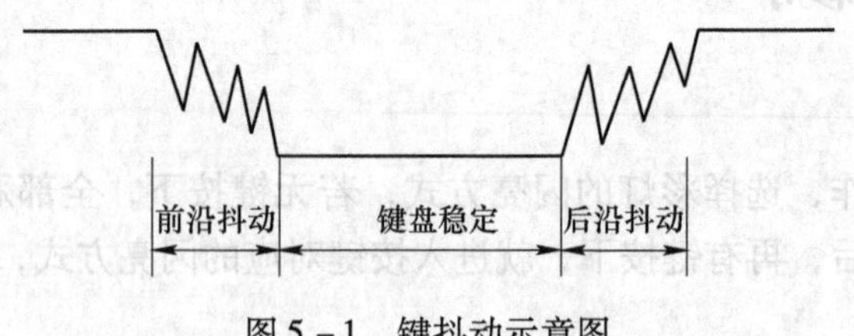

图 5 - 1　键抖动示意图

5.2.2.2　知识 2：独立式键盘接口技术

独立式键盘是直接用 I/O 口线构成的单个按键电路，其特点是每个按键单独占用一根 I/O 口线，每个按键的工作不会影响其他 I/O 口线的状态。本任务的独立式按键原理图如图 5 - 2 所示。

独立式键盘的软件设计常采用查询方式。先逐位查询每根 I/O 口线的输入状态，如某一根 I/O 口线输入为低电平，则可确认该 I/O 口线所对应的按键已按下，然后，再转向该键的功能处理程序。

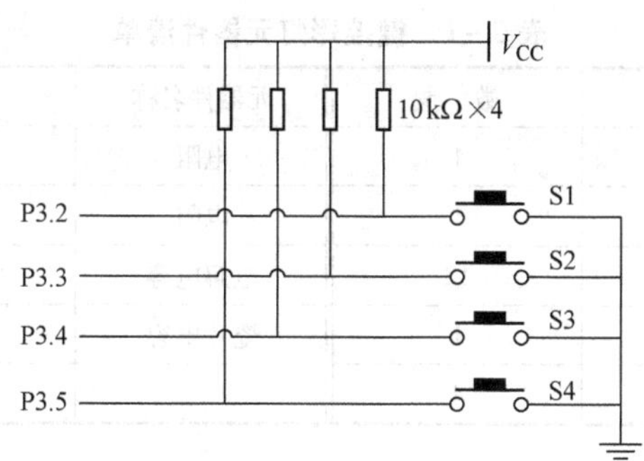

图5－2 独立式按键原理图

5.2.3 任务实施

本任务是通过4个独立式按键的控制，实现12支发光二极管的4种不同花样控制。

5.2.3.1 步骤1：硬件电路设计

如图5－3所示，12支发光二极管分别由P0.0～P0.7和P1.0～P1.3控制。4个按键S1～S4分别接至单片机的P3.2～P3.5。

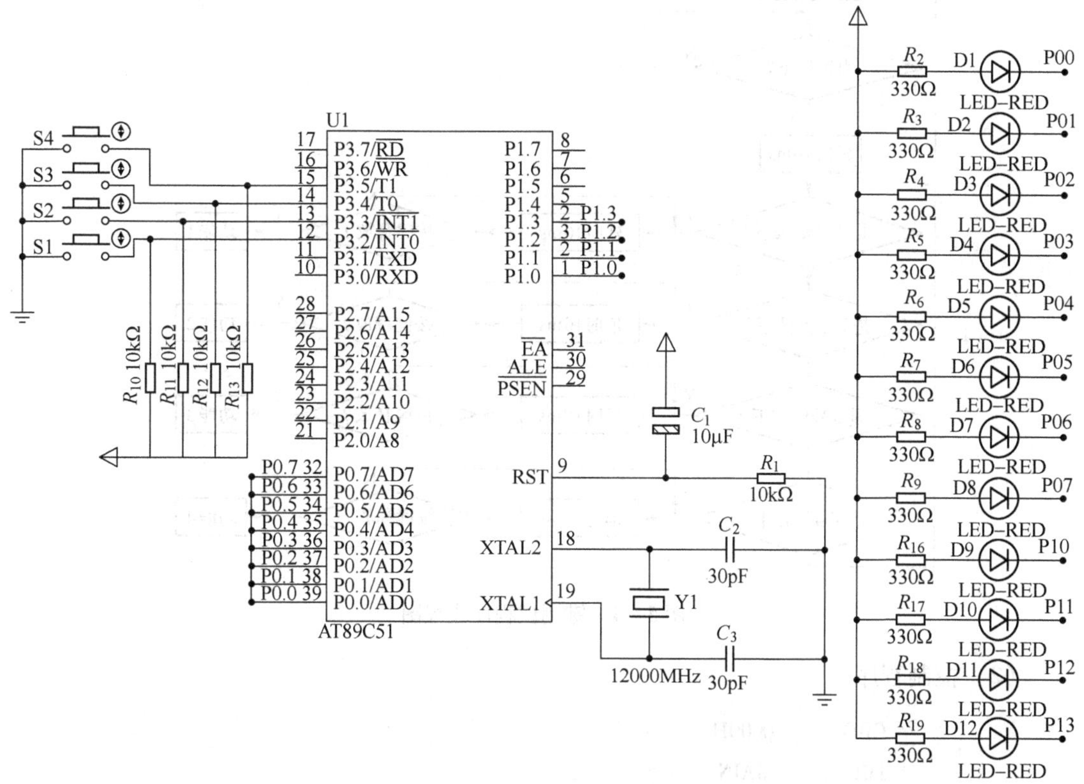

图5－3 键控彩灯电路原理图

5.2.3.2 步骤2：元器件准备及电路制作

（1）完成本任务所需的元器件清单如表5－1所示。

表 5-1　键控彩灯元器件清单

元器件名称	参　数	数　量	元器件名称	参　数	数　量
IC 插座	DIP40	1	电阻	10kΩ	4
单片机	AT89S51	1	电阻	330Ω	12
发光二极管	红色	12	电解电容	22μF	1
晶振器	12MHz	1	瓷片电容	30pF	2
按键		4			

（2）元器件准备好后，按照图 5-3 所示的电路图在万能板上焊接元器件，完成电路板的制作。

5.2.3.3　步骤 3：控制程序设计

（1）程序流程图如图 5-4 和图 5-5 所示。

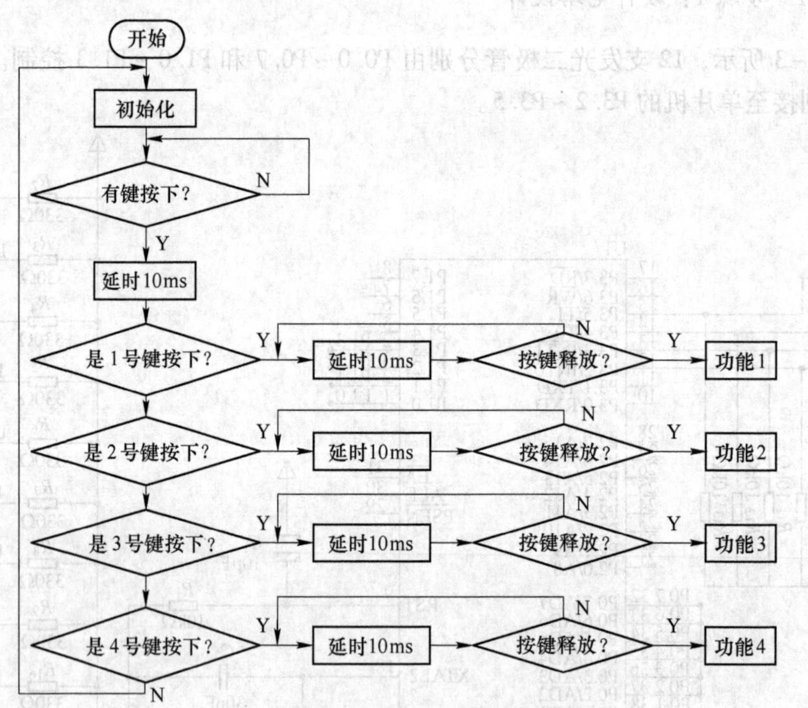

图 5-4　键测试程序流程图

（2）控制程序

```
        ORG     0000H
        JMP     MAIN
        ORG     0030H
MAIN：  MOV     P0, #0FFH
        MOV     P1, #0FFH
        MOV     P3, #0FFH
```

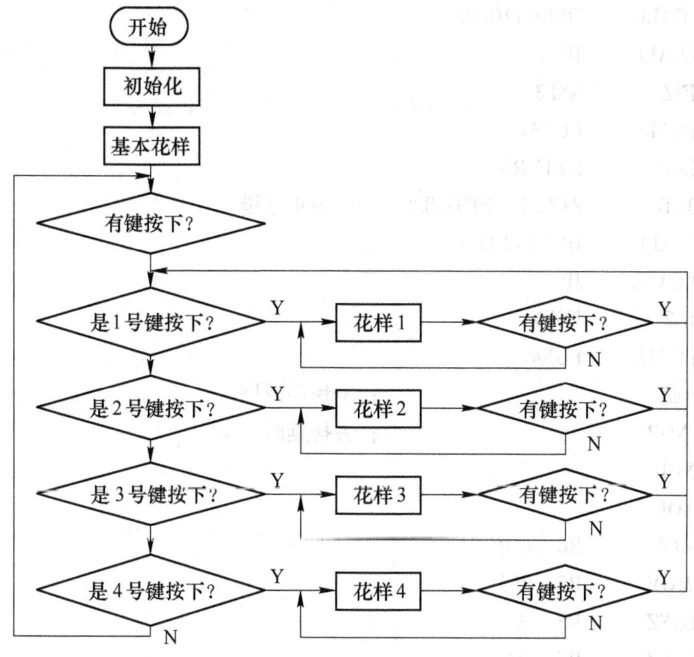

图5-5　主程序流程图

```
        MOV     P0, #00H        ; 开始运行，无键按下时全部灯闪亮
        MOV     P1, #00H
        LCALL   DELAY
        MOV     P0, #0FFH
        MOV     P1, #0FFH
        LCALL   DELAY
        LCALL   KEY             ; 调用按键查询子程序
        JMP     MAIN            ; 若无键按下，返回开始
KEY:    LCALL   JP              ; 检查有键闭合否
        JZ      RETURN          ; 无键闭合则返回
        LCALL   DELAY10MS       ; 有键闭合，延时10ms消抖动
KEY1:   JNB     ACC.2, KEY2     ; 不是1号键，查下一键
KSF1:   LCALL   DELAY10MS       ; 是1号键，调延时等待键释放
        LCALL   JP              ; 检查键释放否
        JNZ     KSF1            ; 没释放等待
        LCALL   FUN1            ; 若键已释放，执行1号键功能
        JMP     RETURN          ; 返回
KEY2:   JNB     ACC.3, KEY3     ; 检测2号键
KSF2:   LCALL   DELAY10MS
        LCALL   JP
        JNZ     KSF2
        LCALL   FUN2
        JMP     RETURN
KEY3:   JNB     ACC.4, KEY4     ; 检测3号键
```

```
KSF3: LCALL    DELAY10MS
      LCALL    JP
      JNZ      KSF3
      LCALL    FUN3
      JMP      RETURN
KEY4: JNB      ACC.5, RETURN   ; 检测4号键
KSF4: LCALL    DELAY10MS
      LCALL    JP
      JNZ      KSF4
      LCALL    FUN4
RETURN: RET                    ; 子程序返回
DELAY10MS: NOP                 ; 去抖延时
      NOP
      NOP
      MOV      R6, #50
  D3: MOV      R5, #50
      DJNZ     R5, $
      DJNZ     R6, D3
      RET
  JP: MOV      P3, #0FFH       ; P3口做输入使用的初始化
      MOV      A, P3           ; 读P3口状态
      CPL      A               ; 键按下的位为1，未按下的位为0
      ANL      A, #3CH         ; 屏蔽ACC.7、ACC.6、ACC.1、ACC.0
      RET
FUN1: MOV      P0, #0F8H       ; 花样1：P0.0～P0.3对应的发光二极管循环闪亮
      LCALL    DELAY
      MOV      P0, #0FFH
      LCALL    DELAY
      LCALL    KEY
      JMP      FUN1            ; 若无键按下，接着执行本花样
FUN2: MOV      P0, #0C7H       ; 花样2：P0.3～P0.5对应的发光二极管循环闪亮
      LCALL    DELAY
      MOV      P0, #0FFH
      LCALL    DELAY
      LCALL    KEY
      JMP      FUN2            ; 若无键按下，接着执行本花样
FUN3: MOV      P0, #03FH       ; 花样3：P0.6、P0.7、P1.0对应发光管循环闪亮
      MOV      P1, #0FEH
      LCALL    DELAY
      MOV      P0, #0FFH
      MOV      P1, #0FFH
      LCALL    DELAY
      LCALL    KEY
```

```
        JMP     FUN3            ；若无键按下，接着执行本花样
FUN4：  MOV     P1，#0F1H
        LCALL   DELAY
        MOV     P1，#0FFH
        LCALL   DELAY
        LCALL   KEY
        JMP     FUN4            ；若无键按下，接着执行本花样
DELAY： MOV     R7，#30         ；延时子程序
D1：    MOV     R6，#50
D2：    MOV     R5，#50
        DJNZ    R5，$
        DJNZ    R6，D2
        DJNZ    R7，D1
        RET
        END
```

5.2.3.4　步骤4：软硬件调试及运行

（1）运用Keil C51软件对控制程序进行编译，并将编译生成的目标代码文件添加至用Proteus软件绘制的单片机中，并调试运行，完成本任务的虚拟仿真。

（2）建立硬件仿真调试环境，连接目标电路板（无单片机）和仿真器。运用Keil C51软件对程序进行单步调试、全速运行调试等，直至程序运行无误。

（3）将AT89S51单片机芯片插到目标电路板的相应位置，将成功编译生成的目标代码文件通过ISP下载线以及电路板上的ISP下载接口下载至单片机芯片中，然后拔出ISP下载线，让单片机脱机运行，观察运行结果。

5.2.4　任务训练

5.2.4.1　训练1

改变任务中LED的显示花样，试修改程序。

5.2.4.2　训练2

将任务中S1～S4四个按键分别接至单片机的P3.0～P3.3，试修改电路和程序。

5.2.5　任务小结

（1）按键按照结构原理可分为触点式开关按键和无触点式开关按键，按照接口原理可分为编码键盘和非编码键盘，从结构上又可分为独立式键盘和矩阵式键盘。

（2）按键去抖动处理包括硬件去抖和软件去抖两种方法。硬件去抖动采用在键输出端加RS触发器实现，软件去抖是在按键按下和释放时分别执行一个10ms左右的延时程序后，再确认该键电平是否仍保持闭合状态电平和释放状态电平。

（3）独立式键盘的软件设计常采用查询方式。先逐位查询每根I/O口线的输入状态，

如某一根 I/O 口线输入为低电平，则可确认该 I/O 口线所对应的按键已按下，然后，再转向该键的功能处理程序。

5.3　任务2　静态计数数码显示

5.3.1　任务描述

这个任务是对外部中断的发生次数进行计数，并且把计数的结果用静态显示的方法显示出来。

单片机上电，CPU 开始工作。当按键按下一次时，单片机计数一个，同时将记下的“键按下总的次数”用 P0 口输出，经数据缓冲驱动数码管进行显示。数据显示方式为静态显示，显示的位数是 1 位。

5.3.2　相关知识

5.3.2.1　知识1：7 段 LED 数码管

数码管是一种半导体发光器件，其基本单元是发光二极管。

图 5－6 所示数码管按段数分为 7 段数码管和 8 段数码管，8 段数码管比 7 段数码管多一个发光二极管单元（多一个小数点显示）；所谓的段就是“笔画”。

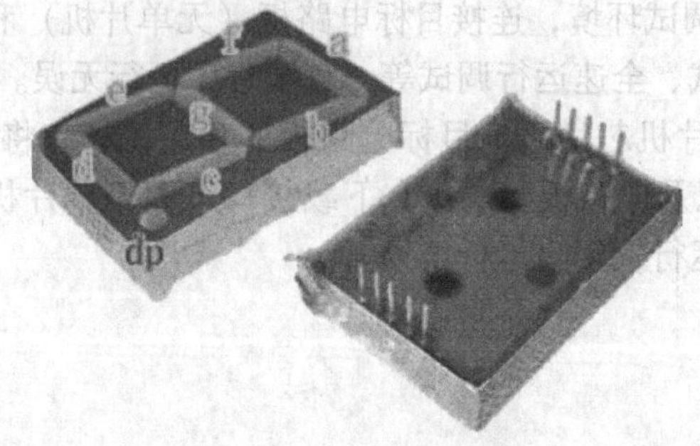

图 5－6　LED 数码管

按能显示多少个“8”可分为 1 位、2 位、4 位等数码管。

LED 数码管有单色和彩色的，单色常亮的红，黄，蓝，绿，白等，这里采用单色常亮的 LED 数码管；

4 位数码管中，第二位 8 与第三位 8 字中间的两个点，一般用于显示时钟中的秒。

按发光二极管单元连接方式分为：共阳极数码管和共阴极数码管。

共阳数码管是指将所有发光二极管的阳极接到一起形成公共阳极（COM）的数码管。共阳数码管在应用时应将公共极 COM 接到 +5V，当某一字段发光二极管的阴极为低电平时，相应字段就点亮。当某一字段的阴极为高电平时，相应字段就不亮。

共阴数码管是指将所有发光二极管的阴极接到一起形成公共阴极（COM）的数码管。共阴数码管在应用时应将公共极 COM 接到地线 GND 上，当某一字段发光二极管的阳极为高电平时，相应字段就点亮。当某一字段的阳极为低电平时，相应字段就不亮。

共阴极和共阳极两类数码管，除了它们的硬件电路有差异外，编程方法也是不同的。图5－7是共阴极和共阳极数码管的内部电路，它们的发光原理是一样的，只是它们的电源极性不同而已。

将多只LED的阴极连在一起即为共阴极式，这些阴极公用一根线路连接出来；而将多只LED的阳极连在一起即为共阳极式，这些阳极也公用一根线路（COM端）连接出来，如图5－7所示。

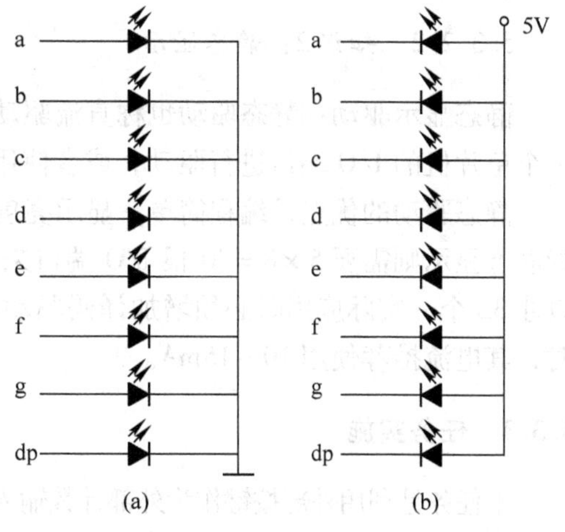

图5－7　数码管电路原理图
（a）共阴极结构；（b）共阳极结构

LED的电流通常较小，一般均需在回路中接上限流电阻。假如用共阴极数码管COM端接地，将“b”和“c”段接上正电源，其他端接地或悬空，那么“b”和“c”段发光，此时，数码管将显示数字“1”。而将“a”、“b”、“d”、“e”和“g”段都接上正电源，其他引脚悬空，此时数码管将显示“2”。其他字符的显示原理类同，读者自行分析即可。

根据7段LED数码管显示器显示某段的原理，可以推出要显示某1个字符的显示过程：根据要显示的字符，选择1个8位的代码（或称字形码），控制7段LED数码管中处于相应段的LED点亮，即可显示要显示的数据。不同类型的LED数码管字形码是不同的，表5－2列举了共阴极和共阳极数码管常用的字形码。

表5－2　7段LED数码管字形码表

显示字符	共阴极（不显示小数点）		共阳极（不显示小数点）	
	dp、g、f、e、d、c、b、a	16进制	dp、g、f、e、d、c、b、a	16进制
0	00111111B	3FH	11000000B	0C0H
1	00000110B	06H	11111001B	0F9H
2	01011011B	5BH	10100100B	A4H
3	01001111B	4FH	10110000B	B0H
4	01100110B	66H	10011001B	99H
5	01101101B	6DH	10010010B	92H
6	01111101B	7DH	10000010B	82H
7	00000111B	07H	11111000B	F8H
8	01111111B	7FH	10000000B	80H
9	01101111B	6FH	10010000B	90H
A	01110111B	77H	10001000B	88H
B	01111100B	7CH	10000011B	83H
C	00111001B	39H	11000110B	C6H
D	01011110B	5EH	10100001B	A1H
E	01111001B	79H	10000110B	86H
F	01110001B	71H	10001110B	8EH
不显示	00000000B	00H	11111111B	0FFH

5.3.2.2　知识 2：静态显示

静态显示驱动：静态驱动也称直流驱动。静态驱动是指每个数码管的每一个段码都由一个单片机的 I/O 端口进行驱动，或者使用如 BCD 码二 ~ 十进制译码器译码进行驱动。

静态驱动的优点是编程简单，显示亮度高，缺点是占用 I/O 端口多，如驱动 5 个数码管静态显示则需要 5 ×8 =40 根 I/O 端口来驱动，要知道一个 89S51 单片机可用的 I/O 端口才 32 个，实际应用时必须增加译码驱动器进行驱动，增加了硬件电路的复杂性。静态时，其电流推荐使用 10 ~15mA。

5.3.3　任务实施

本任务是利用外部按键作为外部计数输入端，并通过 LED 数码管静态显示输出按键次数。

5.3.3.1　步骤 1：硬件电路设计

如图 5 -8 所示，单片机的 P0.0 ~P0.7 分别接至总线收发器 74LS245 的输入端，缓冲器输出端分别接至 7 段 LED 数码管 a ~ g 段，数码管 COM 端由 P2.5 输出控制，若控制 P2.5 始终输出为 0，则数码管显示即为静态显示方式。按键 S7 接至单片机 P3.2，以实现外部计数输入。

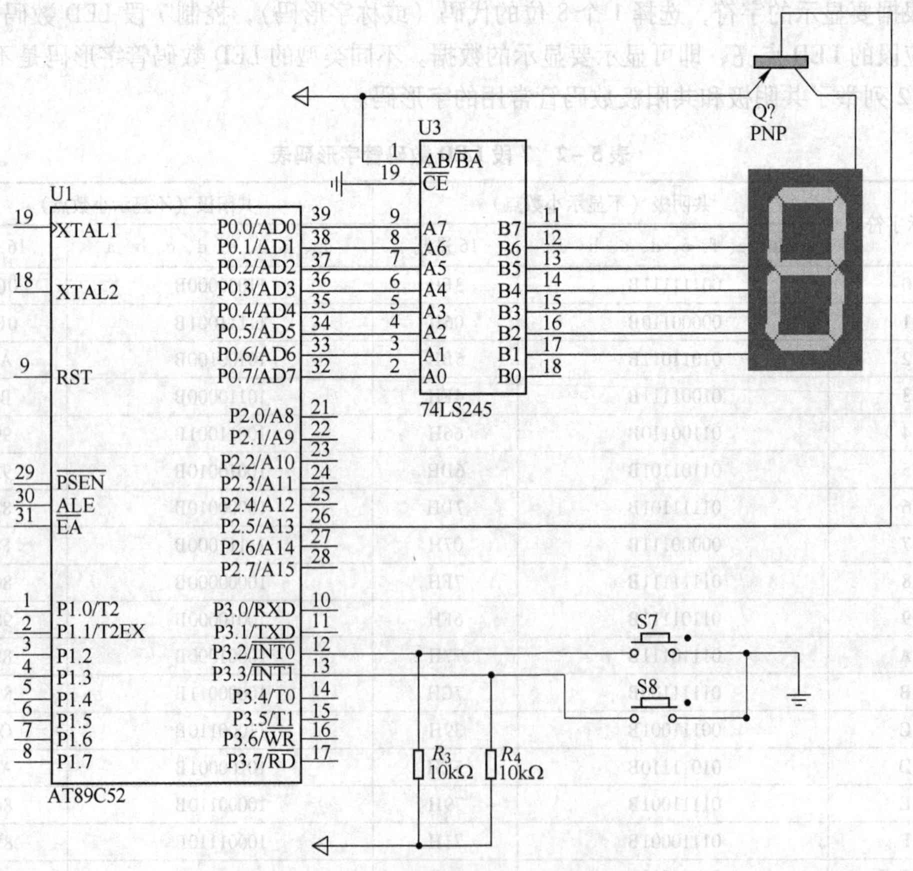

图 5 -8　静态计数数码显示电路图

5.3.3.2 步骤2：元器件准备及电路制作

（1）完成本任务所需的元器件清单如表5－3所示。

表5－3 静态计数数码显示元器件清单

元器件名称	参 数	数 量	元器件名称	参 数	数 量
IC插座	DIP40	1	电阻	10kΩ	2
单片机	AT89S51	1	总线收发器	74LS245	1
数码管	共阳极	1	三极管	PNP	1
按键		2			

（2）元器件准备好后，按照图5－8所示的电路图在万能板上焊接元器件，完成电路板的制作。

5.3.3.3 步骤3：控制程序设计

```
            ORG     0000H           ；开始
            LJMP    START
            ORG     00003H          ；INT0终端服务程序入口地址
            LJMP    INT－COUNT
START：      CLR     EA              ；关闭CPU中断
            CLR     P2.5            ；控制P2.5输出0，使数码管的COM始终接VCC
            MOV     60H，#00H        ；显示内容初始化
            MOV     61H，#00H        ；记数次数初始化
            MOV     P0，#0C0H        ；初始，数码管显示数据"0"
            SETB    IT0             ；定义INT0为边沿触发方式
            SETB    EX0             ；开外部中断0
            SETB    EA              ；开CPU中断
MAIN：       MOV     A，61H
            CJNE    A，60H，DISP      ；显示的数据与计数值不同则送显示
            AJMP    MAIN
DISP：       MOV     60HA
            MOV     DPTR，#TABLE
            MOV     A，60H
            MOV     A，@A＋DPTR       ；查表，找出要显示的字型码
            MOV     P0，A
            LJMP    MAIN
TABLE：      DB      0C0H，0F9H，0A4H，0B0H
            DB      99H，92H，82H，0F8H，80H，90H
            DB      88H，83H，0C6H，0A1H，86H，8EH
INT－COUNT： CLR     EX0
            PUSH    A               ；A压入堆栈，保护A中的数据
            INC     61H             ；按键次数加一
```

```
           MOV     A，61H
           SUBB    A，#10H
           JC      INT-END
           MOV     61H，#00H        ；比较当按键次数大于15次时清0，重新计数
INT-END：  POP     A                ；A出栈
           SETB    EX0
           RET1                     ；中断返回
           END
```

5.3.3.4　步骤4：软硬件调试及运行

(1) 运用Keil C51软件对控制程序进行编译，并将编译生成的目标代码文件添加至用Proteus软件绘制的单片机中，完成本任务的虚拟仿真。

(2) 建立硬件仿真调试环境，连接目标电路板（无单片机）和仿真器。运用Keil C51软件对程序进行单步调试、全速运行调试等，直至程序运行无误。

(3) 将AT89S51单片机芯片插到目标电路板的相应位置，将成功编译生成的目标代码文件通过ISP下载线以及电路板上的ISP下载接口下载至单片机芯片中，然后拔出ISP下载线，让单片机脱机运行，观察运行结果。

(4) 效果观察：

按一次按键S7，LED数码显示的数字增长一个，当数字达到“F”后，再按一次S7，数据变为零，又可以重新计数。

5.3.4　任务训练

5.3.4.1　训练1

试着增加一个数码管，功能计数并显示为：0-99。

5.3.4.2　训练2

按键S7为加法计数，试着增加功能：按键S8为减法计数。

(1) 数码管按段数分为7段数码管和8段数码管，8段数码管比7段数码管多一个发光二极管单元（多一个小数点显示）。

(2) LED数码管分为共阳极数码管和共阴极数码管两种。共阳极数码管是指将所有发光二极管的阳极接到一起形成公共阳极（COM）的数码管，在应用时应将COM端接到+5V；共阴极数码管是指将所有发光二极管的阴极接到一起形成公共阴极（COM）的数码管，在应用时应将COM端接到地线GND上。

(3) 静态驱动是指每个数码管的每一个段码都由一个单片机的I/O端口进行驱动，其优点是编程简单，显示亮度高，缺点是占用I/O端口多。一般仅适用于显示位数较少的应用场所。

5.3.5　任务小结

静态显示LED接口，各数码管的公共极持续地接有效电平（低），各数码管的字形控制端分别由各自的控制信号控制。LED显示亮度高，容易调节，编程容易，工作时占用

CPU 时间短。但是若直接用单片机输出各位数码管的字形信号时，占用单片机的 I/O 口线较多，或者需要增加译码电路、驱动电路。一般仅适用于显示位数较少的应用场合。

5.4　任务3　动态计数数码显示

5.4.1　任务描述

几乎所有的单片机应用系统都要用到数码显示。数码显示是一个占用 I/O 资源较多、程序设计较复杂的模块。

当多个 LED 数码管用静态方式显示时，需要相当多的引出端线，而器件的引脚由于实际加工水平和使用需求，往往仅有极为有限的引脚数。利用循环显示的方法，可以通过人眼的视觉暂留，达到使用极为有限的引脚使得多个数码管同时显示的效果。

本任务是对一个不断改变的计数数据进行显示，其结果是多位的数码，这就需要采用 LED 数码管用动态方式显示。

5.4.2　相关知识

动态显示驱动：数码管动态显示接口是单片机中应用最为广泛的一种显示方式之一。动态驱动是将所有数码管的 8 个显示笔画"a，b，c，d，e，f，g，dp"的同名端连在一起，另外为每个数码管的公共极 COM 则不连在一起，分别增加"位选通"控制电路连接这个 COM 端子，位选通由各自独立的 I/O 线控制。

当单片机输出字形码时，所有数码管都接收到相同的字形码，但究竟是哪个数码管会显示出字形，取决于单片机对位选通 COM 端电路的控制，所以我们只要将需要显示的数码管的选通控制打开，该位就显示出字形，没有选通的数码管就不会亮。

通过分时轮流控制各个数码管的 COM 端，就使各个数码管轮流受控显示，这就是动态驱动。在轮流显示过程中，每位数码管的点亮时间为 1～2ms，由于人的视觉暂留现象及发光二极管的余晖效应，尽管实际上各位数码管并非同时点亮，但只要扫描的速度足够快（每一秒钟显示 25 次以上），给人的印象就是一组稳定的显示数据，不会有闪烁感，动态显示的效果和静态显示是一样的，能够节省大量的 I/O 端口，而且功耗更低。

5.4.3　任务实施

本任务是用单片机定时/计数器 T0 进行定时产生时钟信号的小时、分钟和秒，用单片机 P0 口输出驱动 6 位数码管进行动态显示时钟信息，其中小时占两位数码管，分钟占两位数码管，秒占用两位数码管。

5.4.3.1　步骤1：硬件电路设计

数码显示电路：

LED 数码显示电路（如图 5－9 所示）实际上是由 6 个数码管（共阴极）、6 个 NPN 三极管、上拉电阻网络构成的电路。发光二极管与电阻对应串联，然后接在与之相对应的 P2 口上。通过软件编程对 P2 口输出高低电平来实现不同的位的显示。由于发光二极管的导通电压一般为 1.7V 以上，另外，他的工作电流根据型号不同一般为 1～30mA，电阻选择范围 100～3000Ω，在此选用 220Ω 的电阻。

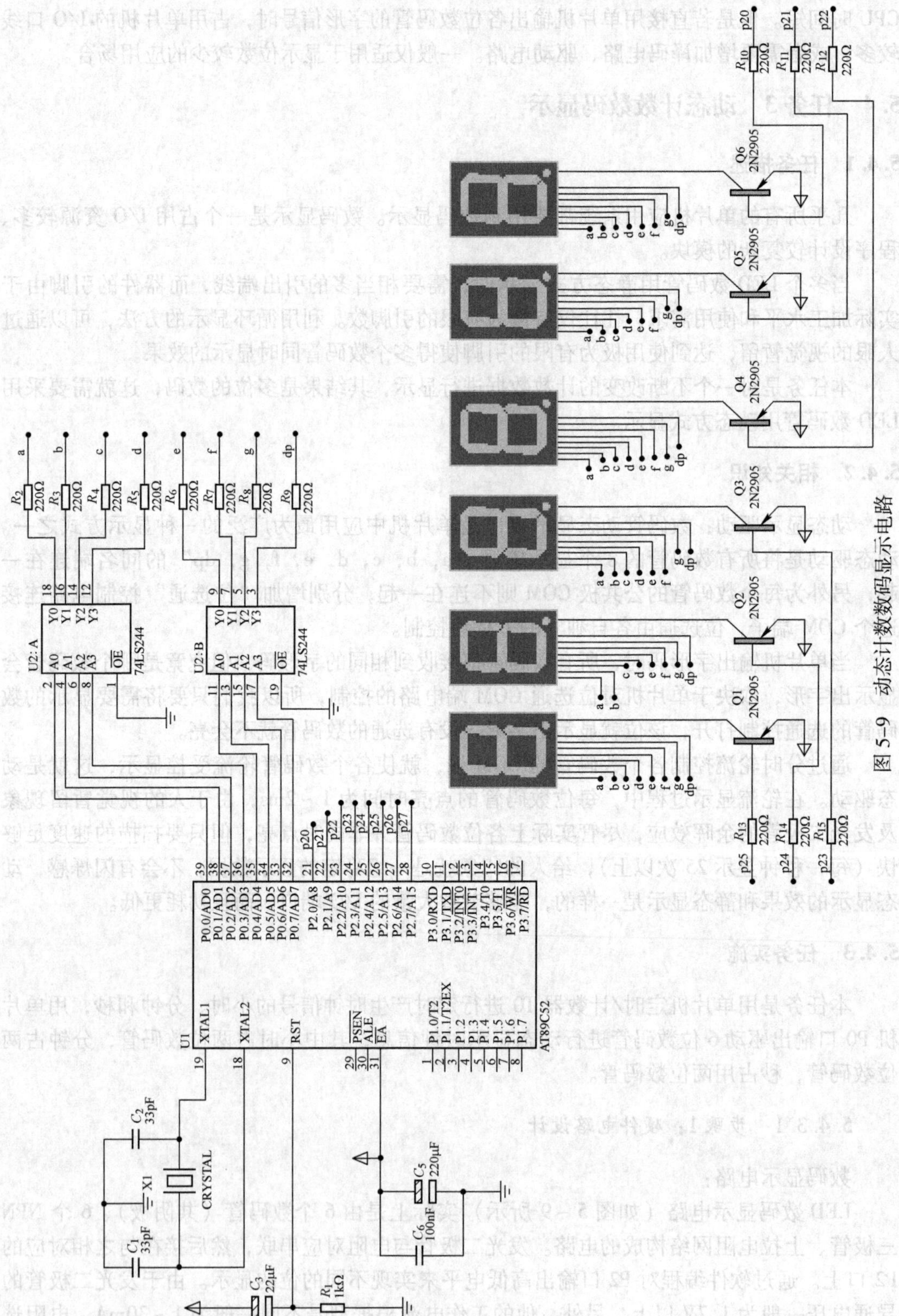

图 5-9 动态计数码显示电路

5.4.3.2　步骤2：元器件准备及电路制作

（1）完成本任务所需的元器件清单如表5－4所示。

表5－4　计数数码动态显示元器件清单

元器件名称	参　数	数　量	元器件名称	参　数	数　量
IC插座	DIP40	1	电阻	220Ω	14
单片机	AT89S51	1	电解电容	22μF	1
数码管	共阳极	6	瓷片电容	33pF	2
晶振	12MHz	1	三极管	PNP	6
缓冲器	74LS244	2			

（2）元器件准备好后，按照图5－9所示的电路图在万能板上焊接元器件，完成电路板的制作。

5.4.3.3　步骤3：控制程序设计

任务的控制程序主要包括四个部分：

（1）初始化程序START。

（2）主程序MAIN。

（3）定时器0的中断服务（计数）子程序INT_T0。

（4）定时器1的中断服务（计数）子程序INT_T1。

（5）二十进制转换子程序BIN_DEX。

（6）显示数码管处理程序INT_LEDn。

（7）显示查表译码程序MAIN1。

A　数据的产生，存储单元的安排

利用51单片机内部定时/计数器0进行定时，产生时钟信号秒、分钟，并分别用2位数码管进行显示，即秒占用2位，分钟占用2位，小时占用2位，共6位数码管进行显示。

设定56H、57H、58H三个单元分别装二进制秒、分钟、小时数据。

设定50H～55H共6个字节单元存放要显示数据的字形码。

设定40H～45H共6个字节单元存放要显示的十进制数。

B　定时器T0的初始值计算

定义定时器0工作在方式1，中断时间为50ms，设置定时器T0的初始值Y，单片机使用晶振频率为12MHz，则：

$$(2^{16}-Y)*12/f_{osc}=50\text{ms}，计算得\ Y=3CB0H$$

C　二进制数转换成十进制数

二进制小时数转换成十进制数的过程为：二进制小时数/10＝商＋余数。

此时商即为十进制数十位上的数值，余数为个位上的数值。二进制分钟数、秒数转换成十进制数的过程同二进制小时数转换成十进制数的过程。

程序清单：

```
        FLAG1  BIT   38H               ；内存位地址 27H.0
        FLAG2  BIT   39H               ；内存位地址 27H.1
        FLAG3  BIT   3AH               ；内存位地址 27H.2
        FLAG4  BIT   3BH               ；内存位地址 27H.3
        FLAG5  BIT   3CH               ；内存位地址 27H.4
        FLAG6  BIT   3DH               ；内存位地址 27H.5
        SEC    EQU   56H
        MIN    EQU   57H
        HOUR   EQU   58H
        MSEC   EQU   59H
        ORG    0000H                   ；开始
        LJMP   START
        ORG    000BH                   ；定时器 0 中断入口地址
        LJMP   INT_T0
        ORG    001BH                   ；定时器 1 中断入口地址
        LJMP   INT_T1
        ORG    0030H
START： MOV    TMOD，#00010001B        ；设置定时器 0 和 1 工作到方式 1（16 位）
        MOV    TH1，#0F2H              ；设置定时器 1 初始值
        MOV    TL1，#0FBH
        MOV    TH0，#3CH               ；设置定时器 0 初始值
        MOV    TL0，#0B0H
        SETB   TR0                     ；启动定时器 0
        SETB   TR1                     ；启动定时器 1
        MOV    R0，#20H                ；内存 20H～59H 共 58 个字节单元清零
        MOV    R1，#58
ST1：   MOV    @R0，#00H
        INC    R0
        DJNZ   R1，ST1
        MOV    27H，#00000001B         ；设置数码管从 L1 位开始显示
        MOV    MSEC，#20
        SETB   EA                      ；开中断
        SETB   ET0                     ；允许定时器 T0 中断
        SETB   ET1                     ；允许定时器 T1 中断
MAIN：  MOV    A，SEC                  ；二进制秒数转化成十进制秒数
        MOV    R0，#40H
        CALL   BIN_DEX
```

```
        MOV     A, MIN          ; 二进制的分钟数转化成十进制的分钟数
        MOV     R0, #42H
        CALL    BIN_DEX
        MOV     A, HOUR         ; 二进制小时数转化成十进制小时数
        MOV     R0, #44H
        CALL    BIN_DEX
        MOV     R2, #6          ; 查表，十进制数转化成字形码
        MOV     R1, #40H
        MOV     R0, #50H
        MOV     DPTR, #TABLE
MAIN1:  MOV     A, @R1
        MOVC    A, @A+DPTR
        MOV     @R0, A
        INC     R1
        INC     R0
        DJNE    R2, MAIN1
        JMP     MAIN
BIN_DEX: MOV    B, #10
        DIV     AB
        MOV     @R0, B
        INC     R0
        MOV     @R0, A
        RET
INT_T1: MOV     TH1, #0F2H      ; 设置定时器1初始值
        MOV     TL1, #0FBH
        JB      FLAG1, INT_LED1 ; 定时器1中断处理数码管显示
        JB      FLAG2, INT_LED2
        JB      FLAG3, INT_LED3
        JB      FLAG4, INT_LED4
        JB      FLAG5, INT_LED5
        JB      FLAG6, INT_LED6
INT_END: RETI
INT_LED1: MOV   P0, #0FFH       ; 显示L1数码管处理程序
        MOV     P2, #0FFH
        MOV     P0, 50H
        CLR     P2.0
        CLR     FLAG1           ; 显示后更换显示标志位，以便下一周期显示下一位
        SETB    FLAG2
        AJMP    INT_END
INT_LED2: MOV   P0, #0FFH       ; 显示L2数码管处理程序
        MOV     P2, #0FFH
```

```
         MOV   P0, 51H
         CLR   P2.1
         CLR   FLAG2
         SETB  FLAG3
         AJMP  INT_END
INT_LED3: MOV  P0, #0FFH        ; 显示 L3 数码管处理程序
         MOV   P2, #0FFH
         MOV   P0, 52H
         CLR   P2.2
         CLR   FLAG3
         SETB  FLAG4
         AJMP  INT_END
INT_LED4: MOV  P0, #0FFH        ; 显示 L4 数码管处理程序
         MOV   P2, #0FFH
         MOV   P0, 53H
         CLR   P2.3
         CLR   FLAG4
         SETB  FLAG5
         AJMP  INT_END
INT_LED5: MOV  P0, #0FFH        ; 显示 L5 数码管处理程序
         MOV   P2, #0FFH
         MOV   P0, 54H
         CLR   P2.4
         CLR   FLAG5
         SETB  FLAG6
         AJMP  INT_END
INT_LED6: MOV  P0, #0FFH        ; 显示 L6 数码管处理程序
         MOV   P2, #0FFH
         MOV   P0, 55H
         CLR   P2.5
         CLR   FLAG6
         SETB  FLAG1            ; 循环到数码管 L1 标志位
         AJMP  INT_END
INT_T0:  PUSH  PSW              ; 定时器 0 定时中断产生时钟信号
         PUSH  ACC
         MOV   TH0, #3CH        ; 设置定时器 0 初始值
         MOV   TL0, #0B0H
         DJNZ  MSEC, INT_T0_END
         MOV   MSEC, #20        ; 20 次 INT0 中断就是 1000ms = 1s
         INC   SEC
         MOV   A, SEC
```

```
            CLR    C
            SUBB   A, #60
            JC     INT_T0_END
            INC    MIN
            MOV    SEC, #0
            MOV    A, MIN
            CLR    C
            SUBB   A, #60
            JC     INT_T0_END
            INC    HOUR
            MOV    MIN, #0
            MOV    A, HOUR
            CLR    C
            SUBB   A, #24
            JC     INT_T0_END
            MOV    HOUR, #0
INT_T0_END: POP    ACC
            POP    PSW
            RETI
     TABLE: DB  0C0H, 0F9H, 0A4H, B0H
            DB  99H, 92H, 82H, 0F8H, 80H, 90H
            END
```

5.4.3.4 步骤4：软硬件调试及运行

（1）运用 Keil C51 软件对控制程序进行编译，并将编译生成的目标代码文件添加至用 Proteus 软件绘制的单片机中，完成本任务的虚拟仿真。

（2）建立硬件仿真调试环境，连接目标电路板（无单片机）和仿真器。运用 Keil C51 软件对程序进行单步调试、全速运行调试等，直至程序运行无误。

（3）将 AT89S51 单片机芯片插到目标电路板的相应位置，将成功编译生成的目标代码文件通过 ISP 下载线以及电路板上的 ISP 下载接口下载至单片机芯片中，然后拔出 ISP 下载线，让单片机脱机运行，观察运行结果。

（4）效果观察：该程序执行的结果是：单片机上电，定时器从 0 开始产生时钟信号，6 位数码管显示时间，前两位显示小时，中间两位显示分钟，后两位显示秒。当 60 秒到时分钟数自动加 1，秒数清零；当 60 分钟到时，小时数自动加 1，分钟数清零；当 24 小时到时，小时数自动清零。

5.4.4 任务训练

5.4.4.1 训练1

若采用共阳极的数码管去完成上述的功能，电路和程序则怎么样实现？

5.4.4.2　训练 2

增加按键 S7，利用 S7 按下来完成的所有数码的测试功能，电路和程序则怎么样实现？

5.4.4.3　训练 3

增加按键 S8，利用按键 S8 按下来完成的改变分钟的显示值，电路和程序则怎么样实现？

5.4.5　任务小结

动态数码显示是电子技术中不可缺少的技术。各位数码管的字形控制端对应地并在一起，由一组 I/O 端口进行控制，各个数位的公共极相互独立，分别由不同的 I/O 控制信号控制。用单片机控制的动态数码显示，不仅电路简单，节省 I/O 端口线，而且制作成本很低。采用动态扫描技术，可以实现多位的动态显示，从而更能显示单片机的优势。但是显示亮度不够稳定，影响因素较多；编程较复杂，占用 CPU 时间较多。

5.5　任务 4　数显交通灯

5.5.1　任务描述

本任务是设计一个交通信号灯控制电路，通过本设计了解掌握交通信号灯控制电路的工作原理，进而学习电子产品设计的技术方法。

5.5.2　相关知识

5.5.2.1　知识 1：交通灯控制原理

交通灯是城市交通中不可缺少的重要工具，是城市交通秩序的重要保障。本实例就是实现一个常见的十字路通灯功能。读者通过学习这个交通灯控制器，可以实现一个更加完整的交通灯。例如，实现实时配置各种灯的时间，手动控制各个灯的状态等。

一个十字路口的交通一般分为两个方向，每个方向具有红灯、绿灯和黄灯 3 种，另外每个方向还具有左转灯，因此每个方向具有 4 个灯。

这个交通灯还为每一个灯的状态设计了倒计时数码管显示功能。可以为每一个灯的状态设置一个初始值，灯状态改变后，开始按照这个初始值倒计时。倒计时归零后，灯的状态将会改变至下一个状态。

值得注意的是，交通灯两个方向的灯的状态是相关的。也就是说，每个方向的灯的状态影响着另外一个方向的灯的状态，这样才能够协调两个方向的车流。如果每个方向的灯是独立变化的，那么交通灯就没有了意义。

5.5.2.2　知识 2：交通灯控制的时间基准

在图 5 - 10 的交通信号灯模拟控制程序设计时，不同的时间处理过程是：让定时/计数器 T0 定时，产生一个时间基数1 秒钟，交通信号灯控制过程中的 6 个时间参数均以此 1 秒钟为时间基数进行定时。要产生 1 秒钟的时间基数，假设定时/计数器 T0 工作在方式 1（即定时器工作在 16 位方式），因为该项目使用的晶体振荡器频率 $f_{osc}=12\text{MHz}$，则使用的每个机器周期的长度是 12 个振荡器周期。因此定时器 T0 中断的最大定时时间为：

$$2^{16}\times 1\mu s = 65536\mu s = 65.536ms$$

所以需要配合软件计数。如要延时 1 秒，则需要 T0 中断 16 次，所用时间为：

$$65536\times 16 = 1048560\mu s \approx 1s$$

此时 TH0 和 TL0 的初始值均应该设置为 00H。

在 T0 的中断处理程序中，使用一个内存单元装中断的次数，每中断一次，该内存单元中加 1，接着判断中断次数是否到 16 次，若不到 16 次，返回退出中断，若到了 16 次，表示定时 1 秒钟的时间到，如图 5－10 所示。

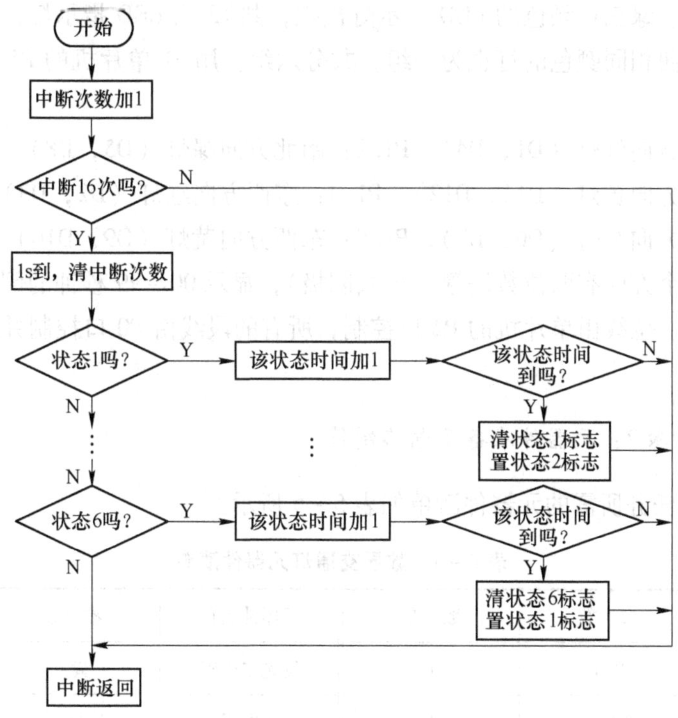

图 5－10 中断程序流程图

5.5.3 任务实施

本任务是设计一个十字路口交通信号灯控制系统，控制车辆等安全快速的通过。

为了确保车辆安全快速的通行，在十字交叉路口的每个入口处设置红，绿，黄三种信号灯，并安装数字时间显示，来达到下列的基本要求（假设十字交叉路口的流向是南北方向和东西方向）：

（1）红灯表示禁止通行，绿灯表示允许通行，黄灯亮表示未过线的车辆禁止通行。

（2）南北方向和东西方向交替通行，每次通行时间为 20 秒。

（3）每个路口指示灯由绿转黄的中间闪烁 8 秒，黄色指示灯亮 5 秒（此时另一干道上的红灯不变）。

（4）十字路口有数字显示，以方便人们直观把握时间。时间显示以秒为单位作减记数；显示用动态扫描显示。

（5）黄灯亮时，另一干道红灯按 1Hz 的频率闪烁。

（6）计时器指示现在路口灯亮的剩余时间。

（7）用定时器来实现定时，系统晶振是 12MHz。

（8）初始状态，南北开始通行。

5.5.3.1 步骤 1：硬件电路设计

本项目是对十字路口交通信号灯的模拟控制，分为东西南北方向，两个方向的指示灯各用一组红、黄、绿三种颜色的 LED 指示灯模拟，共 12 只 LED 指示灯，南和北同颜色的灯为一组，东和西相同颜色的灯也为一组，共分六组，用 51 单片机的 P1 口的 6 位分别进行控制。其中：

P1.0：南北方向红灯（D1，D4），P1.1：南北方向绿灯（D5，D8）

P1.2：南北方向黄灯（D11，D12），P1.3：东西方向红灯（D2，D3）

P1.4：东西方向绿灯（D6，D7），P1.5：东西方向黄灯（D9，D10）

东南西北每个方向有两位数码管（公共阴极），显示 00－99 秒钟的倒计时，东西为一组，南北为一组。位线由单片机的 P2 口控制，所有的段线由 P0 口控制并通过 74LS373 锁存驱动。

5.5.3.2 步骤 2：元器件准备及电路制作

（1）完成本任务所需的元器件清单如表 5－5 所示。

表 5－5 数显交通灯元器件清单

元器件名称	参 数	数 量	元器件名称	参 数	数 量
IC 插座	DIP40	1	发光二极管	黄色	4
单片机	AT89S51	1	排电阻	1kΩ×8	1
数码管	红色，共阴极	8	电解电容	22μF	1
晶振器	12MHz	1	瓷片电容	30pF	2
发光二极管	红色	4	反相器	74LS04	8
发光二极管	绿色	4	锁存器	74LS373	1

（2）元器件准备好后，按照图 5－11 所示的电路图在万能板上焊接元器件，完成电路板的制作。

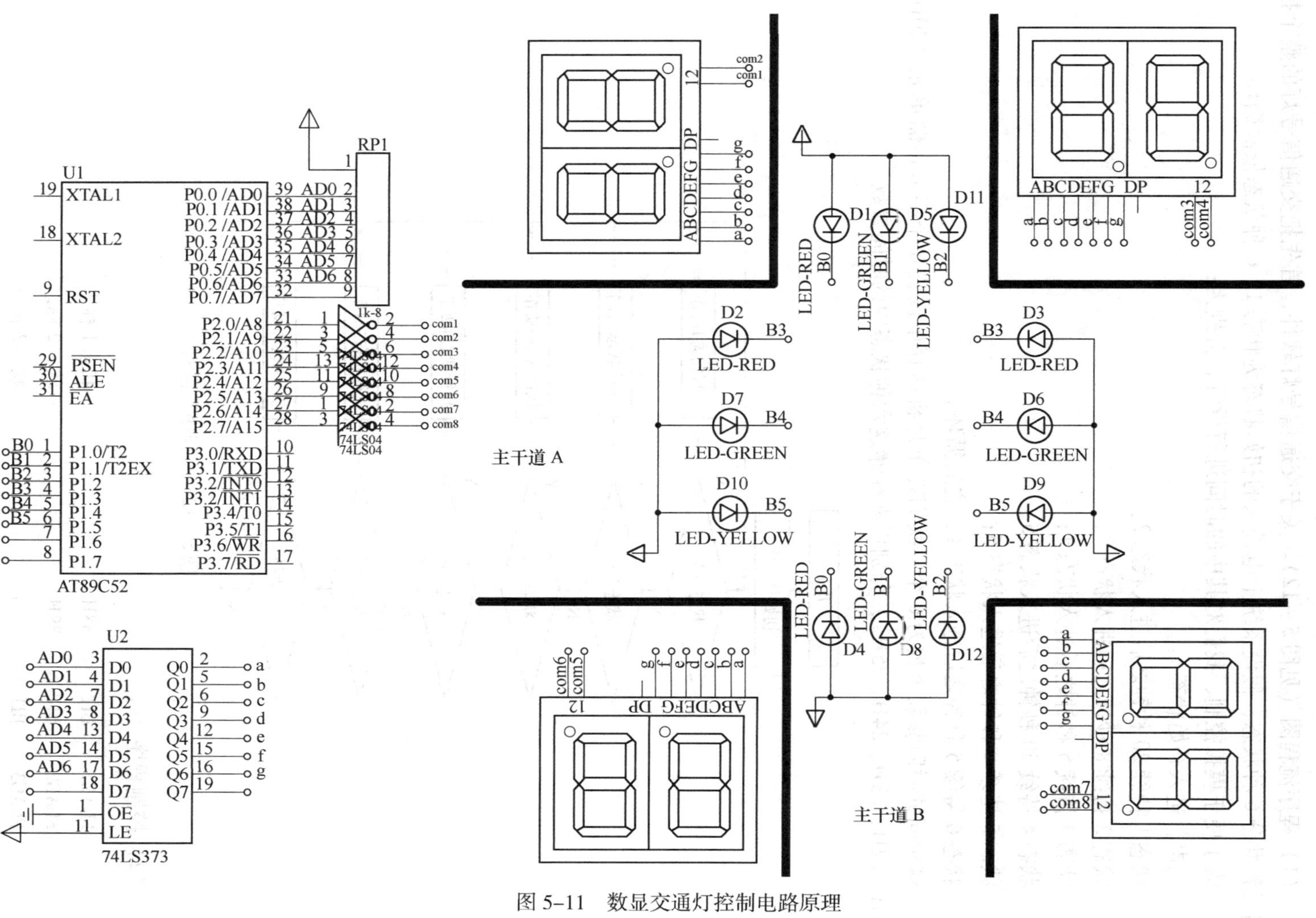

图 5-11　数显交通灯控制电路原理

5.5.3.3　步骤3：控制程序设计

（1）程序流程图（见图5－12）。关于交通信号灯软件，首先把交通信号灯的整个控制过程共分6种状态，假设系统上电进入的初始状态为状态1，6种状态依次循环。

为了便于模拟控制，我们对其中的时间进行设置，分别为：

上电，进入初始状态1。

状态1持续20秒钟之后进入状态2；

状态2持续8秒钟之后进入状态3；

状态3持续5秒钟之后进入状态4；

状态4持续20秒钟之后进入状态5；

状态5持续8秒钟之后进入状态6；

状态6持续5秒钟之后进入状态1，之后循环。

这中间的时间参数个数为6个，我们在单片机内存中设置6个字节存储单元（20H、21H、22H、23H、24H、25H），分别用来存储这六种状态中的时间参数。

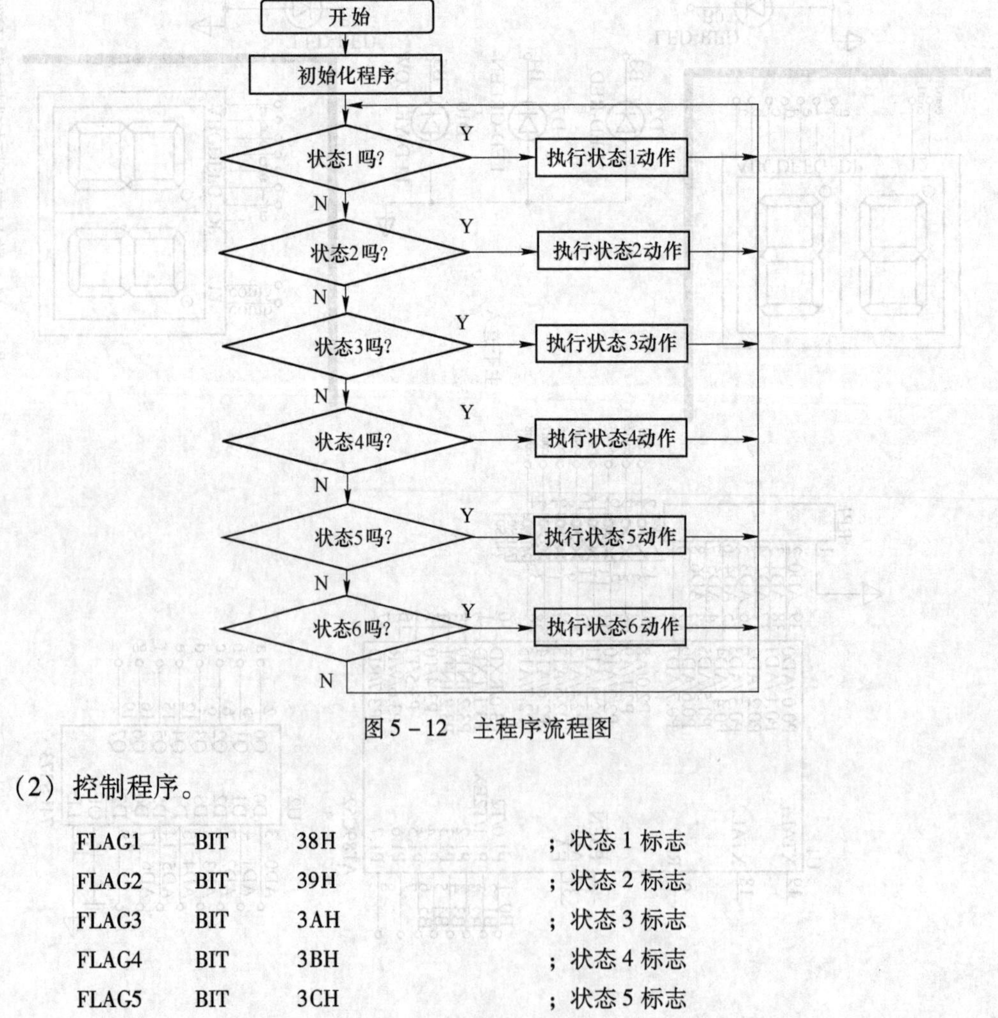

图5－12　主程序流程图

（2）控制程序。

```
FLAG1    BIT    38H        ；状态1标志
FLAG2    BIT    39H        ；状态2标志
FLAG3    BIT    3AH        ；状态3标志
FLAG4    BIT    3BH        ；状态4标志
FLAG5    BIT    3CH        ；状态5标志
```

```
FLAG6      BIT    3DH                    ；状态6标志
DISBUF01   EQU    40H                    ；待显示的数个位（16进制）
DISBUF10   EQU    41H                    ；待显示的数十位（16进制）
DISBUF     EQU    42H
WEIMA01    EQU    30H
WEIMA10    EQU    31H
           ORG    0000H                  ；开始
           LJMP   START
           ORG    0000BH                 ；定时/计数器T0中断入口地址
           LJMP   INT_T0
           ORG    0030H
START：    MOV    P1，#0FFH              ；12只灯全灭
           MOV    R1，#8                 ；初始化内存单元，20H～27H清零
           MOV    R0，#20H
START1：   MOV    @R0，#00H
           INC    R0
           DJNZ   R1，START1
           SETB   FLAG1                  ；设置初始状态为状态1
           MOV    TMOD，#00010001B       ；设置定时器T0和T1的工作在方式1（16位）
           MOV    TH0，#00H              ；设置定时器T0的初始值为0000H
           MOV    TL0，#00H
           SETB   TR0                    ；启动定时器0
           SETB   ET0                    ；允许定时器T0中断
           SETB   EA                     ；开中断
           LCALL  HUIFU
           MOV    DISBUF01，#00000000B
           MOV    DISBUF10，#00000010B
           SETB   FLAG1
           CLR    FLAG2
           CLR    FLAG3
           CLR    FLAG4
           CLR    FLAG5
           CLR    FLAG6
           NOP
；判断是否是第一种状态，是跳转到PROG_FLAG1，不是顺序执行
   MAIN：  JB     FLAG1，PROG_FLAG1
           JB     FLAG2，PROG_FLAG2      ；判断是否是第二种状态
           JB     FLAG3，PROG_FLAG3      ；判断是否是第三种状态
           JB     FLAG4，PROG_FLAG4      ；判断是否是第四种状态
           JB     FLAG5，PROG_FLAG5      ；判断是否是第五种状态
           JB     FLAG6，PROG_FLAG6      ；判断是否是第六种状态
           LJMP   MAIN                   ；跳转到MAIN循环检测是何种状态
```

```
PROG_FLAG1: MOV     P1, #00110101B          ; 状态1, 南北绿, 东西红, 其他灭
            MOV     DISBUF, 20H
            LCALL   HEXTOBCD
            MOV     WEIMA10, #10101010B
            MOV     WEIMA01, #01010101B
            LCALL   DISP
            LJMP    MAIN
PROG_FLAG2: JB      21H.0, PROG_FLAG21      ; 状态2, 南北绿闪烁, 东西红, 其他灭
            MOV     P1, #00110111B
            MOV     DISBUF, 21H
            LCALL   HEXTOBCD
            LCALL   DISP                    ; 倒计时显示
            LJMP    MAIN
PROG_FLAG21: MOV    P1, #00110101B
            MOV     DISBUF, 21H
            LCALL   HEXTOBCD
            LCALL   DISP
            LJMP    MAIN
PROG_FLAG3: MOV     P1, #00110011B          ; 状态3, 南北黄, 东西红, 其他灭
            LCALL   HEXTOBCD
            MOV     DISBUF, 22H
            LCALL   DISP
            LJMP    MAIN
PROG_FLAG4: MOV     P1, #00101110B          ; 状态4, 南北红, 东西绿, 其他灭
            MOV     DISBUF, 23H
            LCALL   HEXTOBCD
            LCALL   DISP
            LJMP    MAIN
PROG_FLAG5: MOV     DISBUF, 24H             ; 状态5, 东西绿闪烁, 南北红, 其他灭
            LCALL   HEXTOBCD
            JB      24H.0, PROG_FLAG51
            MOV     P1, #00111110B
            LCALL   DISP
            LJMP    MAIN
PROG_FLAG51: MOV    P1, #00101110B
            MOV     DISBUF, 24H
            LCALL   HEXTOBCD
            LCALL   DISP
            LJMP    MAIN
PROG_FLAG6: MOV     P0, #00011110B          ; 状态6, 南北红, 东西黄, 其他灭
            MOV     DISBUF, 25H
            LCALL   HEXTOBCD
```

```
            LCALL   DISP
            LJMP    MAIN
            NOP
            LJMP    MAIN
```

；下面四行将 A 中的一个字节的 2 进制数转换为十进制的个位（DISBUF01）和十位（DISBUF1）

```
HEXTOBCD：  PUSH    ACC
            MOV     A，DISBUF
            MOV     B，#0AH
            DIV     AB                      ；当前值除以 10
            ANL     B，#00001111B
            ANL     A，#00001111B
            MOV     DISBUF01，B             ；得出的商送给个位
            MOV     DISBUF10，A             ；得出的余数送给十位
            POP     ACC
            RET
DISP：      MOV     DPTR，#TABLE1
            MOV     A，DISBUF10
            MOVC    A，@A+DPTR              ；查表得到十位的字形码
            MOV     P2，WEIMA10
            MOV     P0，A                   ；送显示十位的字形码
            LCALL   DELAY                   ；保持显示十位的字形码一段时间
            MOV     A，DISBUF01             ；取个位的数（10 进制）；
            MOVC    A，@A+DPTR              ；查表得到个位的字形码
            MOV     P2，WEIMA01             ；关闭十位的位线，打开个位的位线
            MOV     P0，A                   ；送显示十位的字形码
            LCALL   DELAY                   ；保持显示十位的字形码一段时间
            RET
DELAY：     MOV     R6，#02H
DL0：       MOV     R5，#20H
            DJNZ    R5，$
            DJNZ    R6，DL0
            RET
TABLE1：    DB      3FH，06H，05BH，4FH，66H     ；共阴极 0－9 显示代码
            DB      6DH，7DH，07H，7FH，6FH，77H，7CH，39H，5EH，79H，71H
            DB      0FFH，0FFH，0FFH，0FFH，0FFH，0FFH，0FFH
INT_T0：    PUSH    PSW
            PUSH    ACC
            CLR     EA
            INC     26H
            MOV     R0，26H
            CJNE    R0，#16，TTT
            MOV     26H，#00H
            JB      FLAG1，INT_FLA1         ；判断是否在状态 1 过程中
```

```
          JB     FLAG2, INT_FLA2    ; 判断是否在状态 2 过程中
          JB     FLAG3, INT_FLA3    ; 判断是否在状态 3 过程中
          JB     FLAG4, INT_FLA4    ; 判断是否在状态 4 过程中
          JB     FLAG5, INT_FLA5    ; 判断是否在状态 5 过程中
          JB     FLAG6, INT_FLA6    ; 判断是否在状态 6 过程中
     TTT: LJMP   INT_RET
INT_FLA1: DEC    20H                ; 状态 1 时间值减去 1
          MOV    DISBUF, 20H
          MOV    A, 20H
          JNZ    INT_RET            ; 倒计时到零，复位 20 秒时间
          LCALL  HUIFU              ; 数据重置
          SETB   FLAG2              ; 时间到，置第二种状态标志
          CLR    FLAG1              ; 时间到，清第一种状态标志
          LJMP   INT_RET
INT_FLA2: DEC    21H                ; 状态 2 时间值减去 1
          MOV    DISBUF, 21H
          MOV    A, 21H
          JNZ    INT_RET            ; 检测状态 2 时间 8 秒钟到否
          MOV    21H, #8            ; 倒计时到零，复位 8 秒时间
          LCALL  HUIFU
          SETB   FLAG3              ; 时间到，置第 3 种状态标志
          CLR    FLAG2              ; 时间到，清第 2 种状态标志
          LJMP   INT_RET
INT_FLA3: DEC    22H                ; 状态 3 时间值减去 1
          MOV    A, 22H
          MOV    DISBUF, 22H
          JNZ    INT_RET            ; 检测状态 3 时间 5 秒钟到否
          LCALL  HUIFU              ; 倒计时到零，复位 5 秒时间
          SETB   FLAG4              ; 时间到，置第 4 种状态标志
          CLR    FLAG3              ; 时间到，清第 3 种状态标志
          LJMP   INT_RET
INT_FLA4: DEC    23H                ; 状态 4 时间值减去 1
          MOV    DISBUF, 23H
          MOV    A, 23H
          JNZ    INT_RET            ; 检测状态 1 时间 20 秒钟到否
          LCALL  HUIFU              ; 倒计时到零，复位 20 秒时间
          SETB   FLAG5              ; 时间到，置第 5 种状态标志
          CLR    FLAG4              ; 时间到，清第 4 种状态标志
          LJMP   INT_RET
INT_FLA5: DEC    24H                ; 状态 5 时间值减去 1
          MOV    DISBUF, 24H
          MOV    A, 24H
          JNZ    INT_RET            ; 检测状态 5 时间 8 秒钟到否
```

```
            LCALL   HUIFU               ；倒计时到零，复位8秒时间
            SETB    FLAG6               ；时间到，置第二种状态标志
            CLR     FLAG5               ；时间到，清第一种状态标志
            LJMP    INT_RET
INT_FLA6：  DEC     25H                 ；状态1时间值减去1
            MOV     DISBUF，25H
            MOV     A，25H
            LCALL   HEXTOBCD
            JNZ     INT_RET             ；检测状态1时间5秒钟到否
            LCALL   HUIFU               ；倒计时到零，复位时间值5秒
            SETB    FLAG1               ；时间到，置第二种状态标志
            CLR     FLAG6               ；时间到，清第一种状态标志
INT_RET：   POP     ACC
            POP     PSW
            SETB    EA
            RETI
HUIFU：     MOV     20H，#14H
            MOV     21H，#08H
            MOV     22H，#06H
            MOV     23H，#14H
            MOV     24H，#08
            MOV     25H，#06
            RET
            END
```

5.5.3.4　步骤4：软硬件调试及运行

（1）运用Keil C51软件对控制程序进行编译，并将编译生成的目标代码文件添加至用Proteus软件绘制的单片机中，完成本任务的虚拟仿真。

（2）建立硬件仿真调试环境，连接目标电路板（无单片机）和仿真器。运用Keil C51软件对程序进行单步调试、全速运行调试等，直至程序运行无误。

（3）将AT89S51单片机芯片插到目标电路板的相应位置，将成功编译生成的目标代码文件通过ISP下载线以及电路板上的ISP下载接口下载至单片机芯片中，然后拔出ISP下载线，让单片机脱机运行，观察运行结果。

5.5.4　任务训练

5.5.4.1　训练1

改变红绿灯的亮灭时间，完成上述控制。

5.5.4.2　训练2

增加手动调整红绿灯的亮灭时间功能，完成上述控制。

5.5.5　任务小结

在本项目中，时间控制、状态切换、灯光的控制、倒计时的显示是 4 个主要环节。在单片机系统中，通常用定时时间控制，如定时输出、定时检测、定时扫描等。

在本项目中，要实现时间控制功能采用单片机内部可编程定时/计数器进行定时，每一次中断产生大约 65.535ms 的延时，每一轮中断计数 16 次的记录（大约 1s），然后每一秒产生一次各个方向倒计时的时间的计数工作，并将计数的值，经过 16 进制到 BCD 码的换算，再得到要显示的 BCD 码；这些 BCD 码经过查表得到字形码，并将字形码和位码送到单片的 P0 口和 P2 口，控制动态显示，指示“交通状态”的剩余时间值。

项目6　电子时钟

6.1　项目介绍

数字电子钟是一个计时装置，与传统的机械钟相比，它具有走时准确、显示直观、无机械传动装置等优点，因而得到广泛应用。随着人们生活环境的不断改善和美化，在许多场合可以看到数字电子钟。

数字电子钟有多种设计方法，例如，采用中小规模集成电路，也可以用专用时钟芯片配以显示等外围电路组成，还可以采用单片机设计电子钟。以单片机实现电子钟，具有编程灵活，便于功能扩充等特点。

这里硬件以89S51单片机为核心，结合一款名为PCF8563的性价比极高的时钟芯片而成。时基信号在PCF8563的内部实现，年、月、日、时、分、秒的数值，均自动更新地存储在PCF8563的内部，89S51只需要将这些时间数值读出来，并送到显示处理芯片就可以了。

“时钟/日历”的基本功能包括：

（1）时间的调整；

（2）日期的调整；

（3）时间的显示：时、分、秒；

（4）日期的显示：年、月、日。

6.2　任务1　矩阵键码显示

6.2.1　任务描述

数字电子钟往往需要调整日期和时间，调整日期和时间基本上都是通过键盘来输入的，这个任务就是训练矩阵键盘的使用。

利用单片机芯片可实现对键盘行线和列线，确定是否有键按下了（消除抖动的影响），进一步确认按键是什么键，对按下的键换成编码。如果要知道直观的效果，可以把编码显示出来。

输出的要求：

扫描码显示在数码管上，至少1个数码管。

输入的要求：

如果需要对时间和日期进行调整，那么就需要增加键盘输入的功能，由多个“按键”组成一个键盘阵列。

6.2.2　相关知识

6.2.2.1　知识1：矩阵式键盘的结构及原理

在键盘中按键数量较多时，为了减少I/O口的占用，通常将按键排列成矩阵形式，如

图 6-1 所示。在矩阵式键盘中，每条水平线和垂直线在交叉处不直接连通，而是通过一个按键加以连接。这样，一个端口（如 P1 口）就可以构成 4×4=16 个按键，比之直接将端口线用于键盘多出了一倍，而且线数越多，区别越明显，比如再多加一条线就可以构成 20 键的键盘，而直接用端口线则只能多出一键（9 键）。由此可见，在需要的键数比较多时，采用矩阵法来做键盘是合理的。

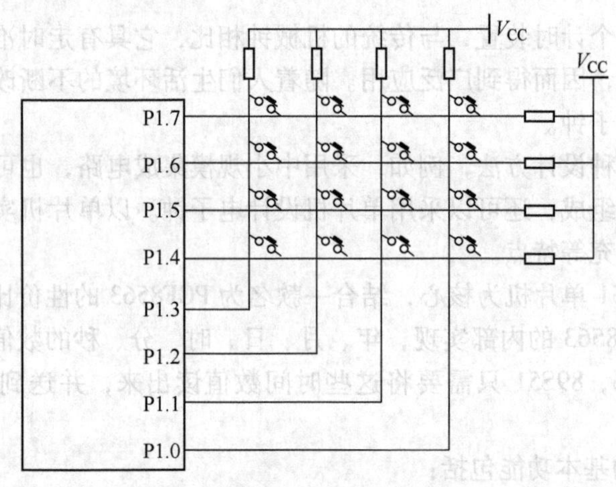

图 6-1　矩阵式键盘

矩阵式结构的键盘显然比直接法要复杂一些，识别也要复杂一些，图 6-1 中，列线通过电阻接正电源，并将行线所接的单片机的 I/O 口作为输出端，而列线所接的 I/O 口则作为输入。这样，当按键没有按下时，所有的输出端都是高电平，代表无键按下。行线输出是低电平，一旦有键按下，则输入线就会被拉低，这样，通过读入输入线的状态就可得知是否有键按下了。具体的识别及编程方法如下所述。

6.2.2.2　知识 2：矩阵式键盘的按键识别方法

确定矩阵式键盘上什么键被按下，这里介绍一种“行扫描法”。

行扫描法：行扫描法又称为逐行（或列）扫描查询法，是一种最常用的按键识别方法，如图 6-1 所示键盘，过程介绍如下：

判断键盘中有无键按下：将全部行线 Y0～Y3 输出低电平“0000”，然后读取列线的状态。若所有的列线均为高电平“1111”，则键盘中无键按下。只要有一列的电平为低（譬如 1011），则表示键盘中有键被按下，而且闭合的键位于低电平线与 4 根行线相交叉的 4 个按键之中。

判断闭合的键所在位置：在确认有键按下后，即可进入确定具体闭合键的过程。其方法是：依次设置（I/O 口输出）行线为低电平，即在置某根行线为低电平时，其他线为高电平。在确定某根行线位置为低电平后，再逐行检测各列线（I/O 口读入）的电平状态。若某列为低，则该列线与置为低电平的行线交叉处的按键就是闭合的按键。

下面给出一个具体的例子：

如图 6-1 所示。89S51 单片机的 P1 口用作键盘 I/O 口，键盘的列线接到 P1 口的低 4

位，键盘的行线接到 P1 口的高 4 位。列线 P1.0 ~ P1.3 分别接有 4 个上拉电阻到正电源 +5V,并把列线 P1.0 ~ P1.3 设置为输入线，行线 P1.4 ~ P1.7 设置为输出线。4 根行线和 4 根列线形成 16 个相“交点”（每一个交点是一个开关键）。

检测当前是否有键被按下。检测的方法是 P1.4 ~ P1.7 输出全“0”，读取 P1.0 ~ P1.3 的状态，若 P1.0 ~ P1.3 为全“1”，则无键闭合，否则有键闭合。

去除键抖动。当检测到有键按下后，延时一段时间再做下一步的检测判断。

若有键被按下，应识别出是哪一个键闭合。方法是对键盘的行线进行扫描。P1.4 ~ P1.7 按下述 4 种组合依次输出：P1.7 = 1 1 1 0，P1.6 = 1 1 0 1，P1.5 = 1 0 1 1，P1.4 = 0 1 1 1。

在每组行输出时读取 P1.0 ~ P1.3，若全为“1”，则表示为“0”这一行没有键闭合，否则有键闭合。由此得到闭合键的行值和列值，然后可采用计算法或查表法将闭合键的行值和列值转换成所定义的键值。

6.2.2.3 知识 3：键盘的编码

对于独立式按键键盘，因按键数量少，可根据实际需要灵活编码。对于矩阵式键盘，按键的位置由行号和列号唯一确定，因此可分别对行号和列号进行二进制编码，然后将两值合成一个字节，高 4 位是行号，低 4 位是列号。8 号键，它位于第 2 行，第 0 列，因此，其键盘编码应为 20H。采用上述编码对于不同行的键离散性较大，不利于散转指令对按键进行处理。因此，可采用依次排列键号的方式按排进行编码。

图 6 - 1 中的 4 ×4 键盘，可将键号编码为：01H、02H、03H、…、0EH、0FH、10H 等 16 个键号。编码相互转换可通过计算或查表的方法实现。

6.2.3 任务实施

本任务的思路：

（1）采用 4 ×4 共 16 个键，4 行 4 列分布；

（2）用单片机的一个接口的 8 根线去管理，键盘的行与列，这里使用的是 P2 口；

（3）由软件完成：确定有否按键，按下的是哪一个键，对按下的键确定一个编码；

（4）用一个 1 位数码管显示按下的键的编码；

（5）本机的程序不断扫描确定按下的键，确定按下的键编码（0 - 0F），将按下的键编码送到一个数码管显示出来；

（6）因为只是确定按下的键是什么，并不关心同一个按键是否连续按下，本任务没有使用软件防抖动措施（练习者可以自行考虑）。

6.2.3.1 步骤 1：硬件电路设计

一种矩阵键盘接口电路见图 6 - 2，该键盘是由 CPU 的 P2 口的高、低字节构成的 4 ×4 键盘。键盘的列线与 P2 口的高 4 位相连，键盘的行线与 P2 口的低 4 位相连。因此，P2.4 ~ P2.7 是键输出线，P1.0 ~ P1.3 是扫描输入线。图中输入端与各行、列线 P2 口通过上拉电阻接到 +5V 电源，提高驱动能力，保证按键判断的可靠性。

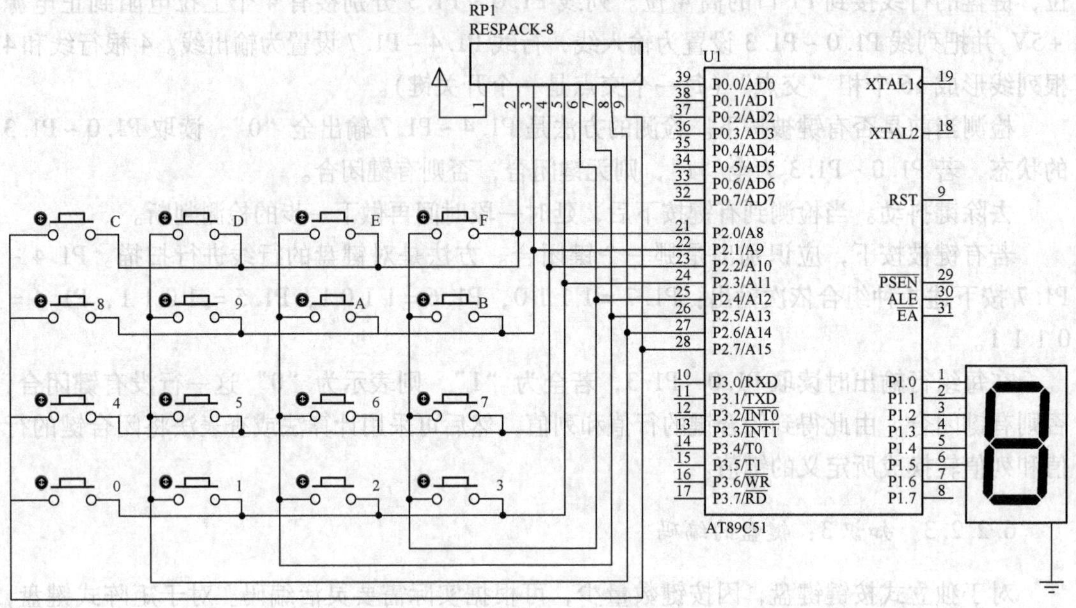

图 6－2　矩阵键盘显示电路

6.2.3.2　步骤 2：元器件准备及电路制作

（1）完成本任务所需的元器件清单，如表 6－1 所示。

表 6－1　元器件清单

元器件名称	参　数	数　量	元器件名称	参　数	数　量
IC 插座	DIP40	1	电阻	10kΩ	1
单片机	AT89S51	1	电阻网络	1kΩ×8	1
数码管	红色，共阴极	1	电解电容	22μF	1
晶振器	12MHz	1	瓷片电容	30pF	2
按键		16			

（2）元器件准备好后，在万能板上焊接元器件，完成电路板的制作。

6.2.3.3　步骤 3：控制程序设计

键盘扫描程序包括以下内容：

（1）初始化。

（2）判别有无键按下。

（3）有键按下，调用 KEYSCAN 判断是按键行和列；无键按下则返回，循环。

（4）KEYSCAN 中，键盘扫描取得闭合键的行、列值。

（5）按键的编号 0～15，0 行为 0、1、2、3 编号，1 行为 4、5、6、7、…。

（6）不去判断闭合键是否释放。

（7）将闭合键键号保存，同时转去执行该闭合键标号的显示。

控制程序：

```
;键盘4×4，在P2口，高4位是列，低4位是行
         ORG     0000H
         AJMP    MAIN
         ORG     30H
   MAIN: MOV     SP, #60H
         MOV     DPTR, #TABLE
   KEY0: ACALL   KEYSCAN          ;调用KEYSCAN，判断是否有键按下
         JNB     F0, $-2          ;无键按下，转ACALL KEY0，继续扫描
         CLR     F0
         MOV     A, R1            ;R1为取码指针（按键的序号0~15，0行为0、1、2、
                                  ;3，1行为4、5、6、7、…）
         MOVC    A, @A+DPTR       ;取码，并送显示
         MOV     P1, A            ;送显示的段码
         AJMP    KEY0
KEYSCAN: MOV     R3, #11110111B   ;按键检测子程序，行扫描指针初值（P2.3=0）
         MOV     R1, #00H
     L2: MOV     A, R3            ;载入扫描码
         MOV     P2, A            ;输出至P2，开始扫描为0的一行（0行P2.3，
                                  ;1行P2.2，2行P2.1，3行P2.0，P2.3=0）
         NOP
         MOV     A, P2            ;读入P2，打算看本行的1~4列是否有键接通
         SETB    C
         MOV     R5, #4           ;依次检测P2.7~P2.4，共4列
     L3: RLC     A                ;检测4列，左移一位（P2.7~P2.4，进入CY中）
         JNC     KEY1             ;检测到C=0，表示被按下
         INC     R1               ;无键按下则取码列指针加1
         DJNZ    R5, L3           ;4列检测完毕？
         MOV     A, R3            ;载入扫描指针
         SETB    C
         RRC     A                ;扫描为0的下一行
         MOV     R3, A            ;存回R3扫描指针寄存器
         JC      L2               ;从0111，如果右移位4次，则4行扫描完毕且C=0，
                                  ;C=0表示行扫描完毕，C=1，那么要继续扫描
     RT: RET
   KEY1: SETB    F0               ;F0置1，表示按键按下
         AJMP    RT               ;子程序返回
  TABLE: DB      3FH, 06H, 5BH, 4FH, 66H, 6DH, 7DH, 07H
         DB      7FH, 6FH, 77H, 7CH, 39H, 5EH, 79H, 71H, 00H
         END
```

6.2.3.4　步骤4：软硬件调试及运行

（1）运用Keil C51软件对控制程序进行编译，并将编译生成的目标代码文件添加至用

Proteus 软件绘制的单片机中，完成本任务的虚拟仿真。

（2）建立硬件仿真调试环境，连接目标电路板（无单片机）和仿真器。运用 Keil C51 软件对程序进行单步调试、全速运行调试等，直至程序运行无误。

（3）将 AT89S51 单片机芯片插到目标电路板的相应位置，将成功编译生成的目标代码文件通过 ISP 下载线以及电路板上的 ISP 下载接口下载至单片机芯片中，然后拔出 ISP 下载线，让单片机脱机运行，观察运行结果。

（4）效果观察：仿真系统运行本任务，任意按下 0 ~ 9 和 A ~ F 键，数码管就会显示 0 ~ 9 或 A ~ F，其中 0 和大写的字母 D 的外形相同，因此显示为 "d"，以示区别。

6.2.4 任务训练

设计一个 3 × 3 的矩阵式键盘，并通过两位数码管顺序显示两个按键的键码值。

6.2.5 任务小结

（1）矩阵式键盘的结构：矩阵式键盘由行线和列线组成，按键位于行、列线的交叉点上。

（2）行扫描法首先判断键盘中有无键按下：将全部行线 Y0 ~ Y3 输出低电平 "0000"，然后读取列线的状态。若所有的列线均为高电平 "1111"，则键盘中无键按下。只要有一列的电平为低（譬如 1011），则表示键盘中有键被按下，而且闭合的键位于低电平线与 4 根行线相交叉的 4 个按键之中。然后判断闭合的键所在位置：在确认有键按下后，即可进入确定具体闭合键的过程。其方法是：依次设置（I/O 口输出）行线为低电平，即在置某根行线为低电平时，其他线为高电平。在确定某根行线位置为低电平后，再逐行检测各列线（I/O 口读入）的电平状态。若某列为低，则该列线与置为低电平的行线交叉处的按键就是闭合的按键。

6.3 任务 2 I²C 总线虚拟技术实现

6.3.1 任务描述

本任务介绍 I²C 总线的基本结构、工作原理，并使用单片机 AT89S51 编程实现 I²C 总线的功能，即 I²C 总线的虚拟技术。

（1）利用单片机的某两位端口线来模拟 I²C 总线的 SCL 时钟线和 I²C 总线的 SDA 数据线。

（2）认识 I²C 总线数据访问的时序。

（3）完成一个 I²C 总线的存储芯片 24C02 中的数据的读和写。

6.3.2 相关知识

6.3.2.1 知识 1：I²C 总线概述

I²C（Inter－Integrated Circuit）总线是由 Philips 公司推出的一种二线制串行总线，用于连接微控制器及其外围设备。它允许若干兼容器件（如存储器、A/D 和 D/A 转换器，以及 LED、LCD 驱动器等）共享总线。它是同步通信的一种特殊形式，具有接口线路少，控制方式简便，器件封装体积小，通信速率较高等优点。近年来 I^2C 在微电子通信控制等领域得到广泛的应用。在工程上，I^2C 总线的应用情况较多，譬如常见的IC卡，就是 I^2C 总线的例子。

I^2C 总线通过串行数据线（SDA）和串行时钟线（SCL）与连到总线上的IC器件之间进行数据传输。SDA 和 SCL 都是双向 I/O 线路，通过上拉电阻连接正电源，连接总线的器件的输出级必须是集电极开路或漏电极开路，这样才能够实现“线与”功能。在标准模式下，I^2C 总线的传输速率可达 100kbps。

I^2C 总线是一种多主机的总线，即可以连接多个能控制总线的器件，但同一时刻只能有一个器件控制总线而成为主机。

A　什么是 I^2C 协议

I^2C 总线支持任何 IC 生产过程（CMOS、双极性）。通过串行数据（SDA）线和串行时钟（SCL）线在连接到总线的器件间传递信息，如图 6－3 所示。

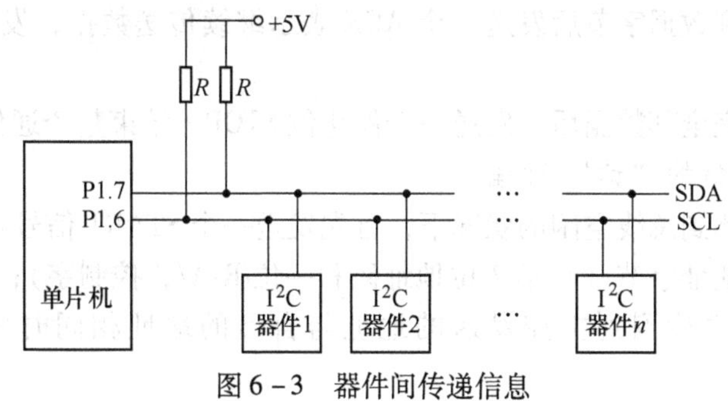

图 6－3　器件间传递信息

I^2C 协议是单片机与其他芯片常用的通讯协议，由于只需要两根线，所以很好使用。

B　I^2C 协议技术特点

（1）工作速率有 100K 和 400K 两种。

（2）支持多机通讯。

（3）支持多主控模块，但同一时刻只允许有一个主控。

（4）由数据线 SDA 和时钟 SCL 构成的串行总线。

（5）每个电路和模块都有唯一的地址。

（6）每个器件可以使用独立电源。

I^2C 总线由数据线 SDA 和时钟线 SCL 构成。总线上挂接单片机、外围器件和外设接口。所有挂接在 I^2C 总线上的器件和接口电路都应具有 I^2C 总线接口，而且所有的 SDA 和 SCL 同名端相连。

I^2C 总线通常为主从工作方式。系统中只有一个主器件（单片机），总线上其他器件都是具有 I^2C 总线的外围从器件。在主从工作方式中，主器件启动数据的发送（发出启动信号），产生时钟信号，发出停止信号。为了实现通信，每个从器件均有唯一一个器件地址，具体地址由 I^2C 总线委员会分配。

C　I^2C 协议基本工作原理

以启动信号 START 来掌管总线，以停止信号 STOP 来释放总线；

每次通信以 START 开始，以 STOP 结束；

启动信号 START 后紧接着发送一个地址字节，其中 7 位为被控器件的地址码，一位为读/写控制位 R/W，R/W 为 0 表示由主控向被控器件写数据，R/W 为 1 表示由主控向被控器件读数据；

当被控器件检测到收到的地址与自己的地址相同时，在第 9 个时钟期间反馈应答信号；

每个数据字节在传送时都是高位（MSB）在前。

通信的“写”过程：

（1）主控在检测到总线空闲的状况下，首先发送一个 START 信号掌管总线；

（2）发送一个地址字节（包括 7 位地址码和一位 R/W，控制字）；

（3）当被控器件检测到主控发送的地址与自己的地址相同时发送一个应答信号（ACK）；

（4）主控收到 ACK 后开始发送第一个数据字节；

（5）被控器收到数据字节后发送一个 ACK 表示继续传送数据，发送 NACK 表示传送数据结束；

（6）主控发送完全部数据后，发送一个停止位 STOP，结束整个通信并且释放总线。

D　I^2C 协议通信的“读”过程

（1）主控在检测到总线空闲的状况下，首先发送一个 START 信号掌管总线；

（2）发送一个地址字节（包括 7 位地址码和一位 R/W，控制字）；

（3）当被控器件检测到主控发送的地址与自己的地址相同时发送一个应答信号（ACK）；

（4）主控收到 ACK 后释放数据总线，开始接收第一个数据字节；

（5）主控收到数据后发送 ACK 表示继续传送数据，发送 NACK 表示传送数据结束；

（6）主控发送完全部数据后，发送一个停止位 STOP，结束整个通信并且释放总线。

E　I^2C 协议总线信号时序分析

a　总线空闲状态

SDA 和 SCL 两条信号线都处于高电平，即总线上所有的器件都释放总线，两条信号线各自的上拉电阻把电平拉高，如图 6－4 所示。

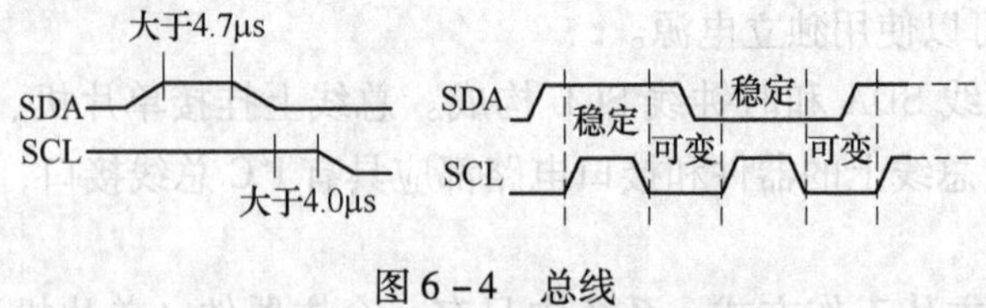

图 6－4　总线

b　启动信号 START

时钟信号 SCL 保持高电平，数据信号 SDA 的电平被拉低（即 SDA 负跳变）。启动信号必须是跳变信号，而且在建立该信号前必修保证总线处于空闲状态。

c　停止信号 STOP

时钟信号 SCL 保持高电平，数据线被释放，使得 SDA 返回高电平（即 SDA 正跳变），停止信号也必须是跳变信号。

连接到 I^2C 总线上的器件，若具有 I^2C 总线的硬件接口，则很容易检测到起始和终止信号。对于不具备 I^2C 总线硬件接口的有些单片机来说，为了检测起始和终止信号，必须保证在每个时钟周期内对数据线 SDA 采样两次。

d　数据传送

数据传输时，每传输一个数据位必须产生一个时钟脉冲，时钟脉冲一般由主机产生。

时钟脉冲出现期间，SDA 线的低电平表示 0（此时的线电压为地电压），高电平表示 1（此时的电压由元器件的 VDD 决定）。

SDA 线上的数据必须在 SCL 高电平周期保持稳定，SDA 线的高低电平状态只能在 SCL 线是低电平时才能改变，如图 6－5 所示。在标准模式下，SCL 线高低电平宽度必须大于 4.7μs。

e　应答信号 ACK

I^2C 总线的数据都是以字节（8 位）的方式组织传送的，发送器件每发送一个字节之后，在时钟的第 9 个脉冲期间释放数据总线，由接收器发送一个 ACK（把数据总线的电平拉低）来表示数据成功接收。

图 6－6 所示为发送器每发送一个字节用 8 个时钟脉冲，就在时钟脉冲 9 期间释放数据线，发送器的 SDA 表现为高电平；这时候接收器的 SDA 可以“发言”了，这就是由接收器反馈一个应答信号。

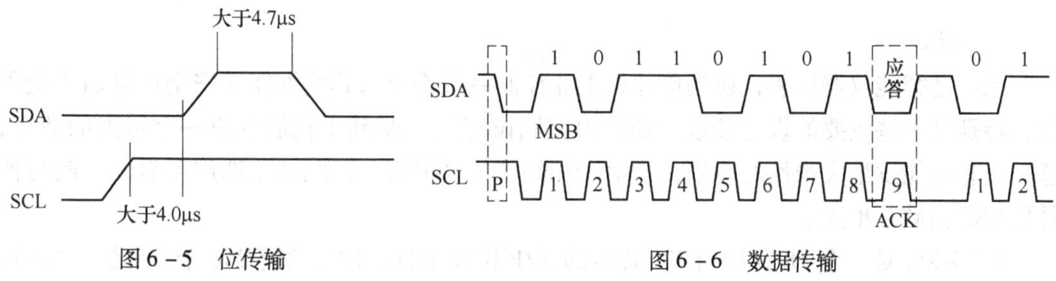

图 6－5　位传输　　图 6－6　数据传输

接收器发出的应答信号为低电平时，并且确保在该时钟的高电平期间 SDA 为稳定的低电平，规定为有效应答位（ACK 简称应答位），表示接收器已经成功地接收了该字节。

f　无应答信号 NACK

在时钟的第 9 个脉冲期间发送器释放数据总线，接收器不拉低数据总线表示一个 NACK，NACK 有两种用途：

（1）一般表示接收器未成功接收数据字节。

（2）当接收器是主控器时，它收到最后一个字节后，应发送一个 NACK 信号，以通知被控发送器结束数据发送，并释放总线，以便主控接收器发送一个停止信号 STOP。

图 6－7 所示为接收器件收到一个完整的数据字节后，有可能需要完成一些其他工作，如处理内部中断服务等，可能无法立刻接收下一个字节，这时接收器件可以将 SCL 线拉成低电平，从而使主机处于等待状态。直到接收器件准备好接收下一个字节时，再释放 SCL

线使之为高电平，从而使数据传送可以继续进行。

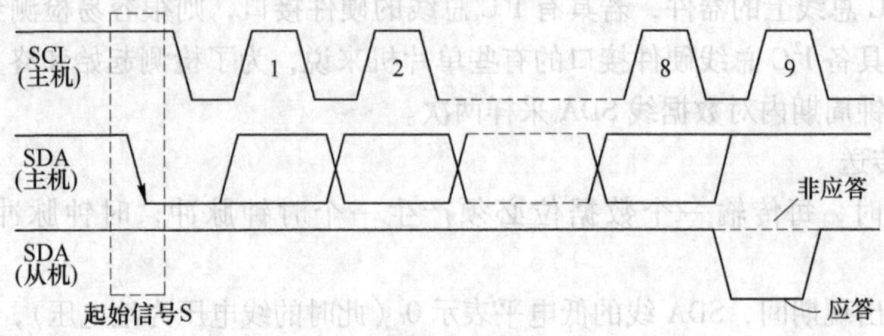

图6－7　应答信号

F　I^2C 协议寻址约定

地址的分配方法有两种：

（1）含 CPU 的智能器件，地址由软件初始化时定义，但不能与其他的器件有冲突。

（2）不含 CPU 的非智能器件，由厂家在器件内部固化，不可改变。

高 7 位为地址码，其分为两部分：

（1）高 4 位属于固定地址不可改变，由厂家固化的统一地址。

（2）低 3 位为引脚设定地址，可以由外部引脚来设定（并非所有器件都可以设定）。

6.3.2.2　知识 2：24C02 器件

A　概述

无论是智能仪器仪表，还是单片机工业控制系统都要求其数据能够安全可靠而不受干扰，特别是一些重要的设定参数（如压力控制设定值）受到干扰后变成一个很大的数字，这时就有可能发生灾难性的后果，给生产和经济带来损失，因此必须选用可靠的可改写器件作为数据储存单元。

AT24C02 是一个 2K 位串行 IIC 总线的 E2PROM 器件，内部含有 256 个（8 位）字节。AT24C02 有一个 8 字节页写缓冲器，该器件通过 IIC 总线接口进行操作，有一个专门的写保护功能。

AT24C02 的存储容量为 2KB，内容分成 32 页，每页 8B，共 256B，操作时有两种寻址方式：芯片寻址和片内子地址寻址。

（1）芯片寻址。AT24C02 的芯片地址为 1010，其地址控制字格式为 1010A2A1A0R/W。其中 A2，A1，A0 可编程地址选择位。A2，A1，A0 引脚接高、低电平后得到确定的三位编码，与 1010 形成 7 位编码，即为该器件的地址码。R/W 为芯片读写控制位，该位为 0，表示芯片进行写操作。

（2）片内子地址寻址。芯片寻址可对内部 256B 中的任一个进行读/写操作，其寻址范围为 00 ~ FF，共 256 个寻址单位。

传送数据时，单片机首先发送一个字节的被写入器件的存储区的首地址，收到存储器器件的应答后，单片机就逐个发送各数据字节，但每发送一个字节后都要等待应答。

AT24C 系列器件片内地址在接收到每一个数据字节地址后自动加 1，在芯片的“一次装载字节数”（不同芯片字节数不同）限度内，只需输入首地址。装载字节数超过芯片的“一次装载字节数”时，数据地址将“上卷”，前面的数据将被覆盖。

当要写入的数据传送完后，单片机应发出终止信号以结束写入操作。

B　管脚描述

SCL 串行时钟：AT24C02 串行时钟输入管脚用于产生器件所有数据发送或接收的时钟，这是一个输入管脚，如图 6－8 所示。

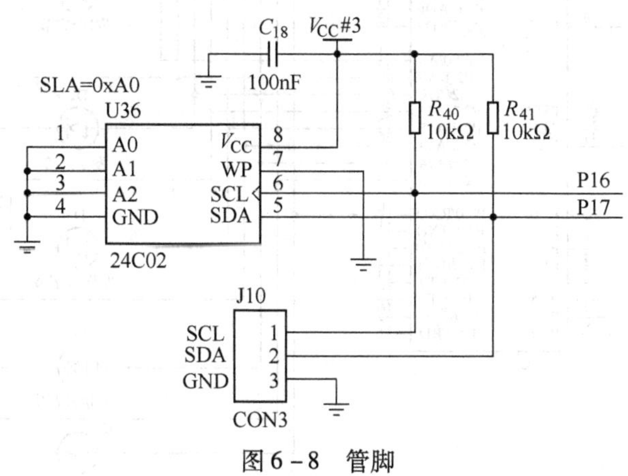

图 6－8　管脚

SDA 串行数据/地址：AT24C02 双向串行数据/地址管脚用于器件所有数据的发送或接收，SDA 是一个开路输出管脚，可与其他开路输出或集电极开路输出进行线或（wire－OR）。

A0、A1、A2 器件地址输入端：这些输入脚用于多个器件级联时设置器件地址，当这些脚悬空时默认值为 0。当使用 AT24C02 时最大可级联 8 个器件。如果只有一个 AT24C02 被总线寻址，这 3 个地址输入脚（A0、A1、A2）可悬空或连接到 V_{SS}。

WP 写保护：如果 WP 管脚连接到 V_{CC}，所有的内容都被写保护只能读。当 WP 管脚连接到 V_{SS}或悬空允许器件进行正常的读/写操作。

V_{CC}：＋5V 电源端。

V_{SS}：接地端。

6.3.3　任务实施

6.3.3.1　步骤 1：硬件电路设计

单片机通过 P1.6 和 P1.7 两个管脚连接 24C02 的两个总线（SCL/SDA）接口，并通过程序在 P1.6 和 P1.7 两个管脚上面来形成 I^2C 总线协议来与 24C02 进行信息交互，如图 6－9 所示。

将此 24C02 的 A0 ~ A2 三个管脚接地，表示其地址为地址控制字格式为 1010000＊。

24C02 的 A0 ~ A2 管脚是地址脚，当一个电路中有多个 I^2C 总线元器件时，单片机通过设置这三个管脚来区分是与哪个元器件通信。现在电路上只有这一个 I^2C 总线芯片，所以 P1.6 和 P1.7 上传输的 I^2C 信号只能是与这个芯片进行通信。

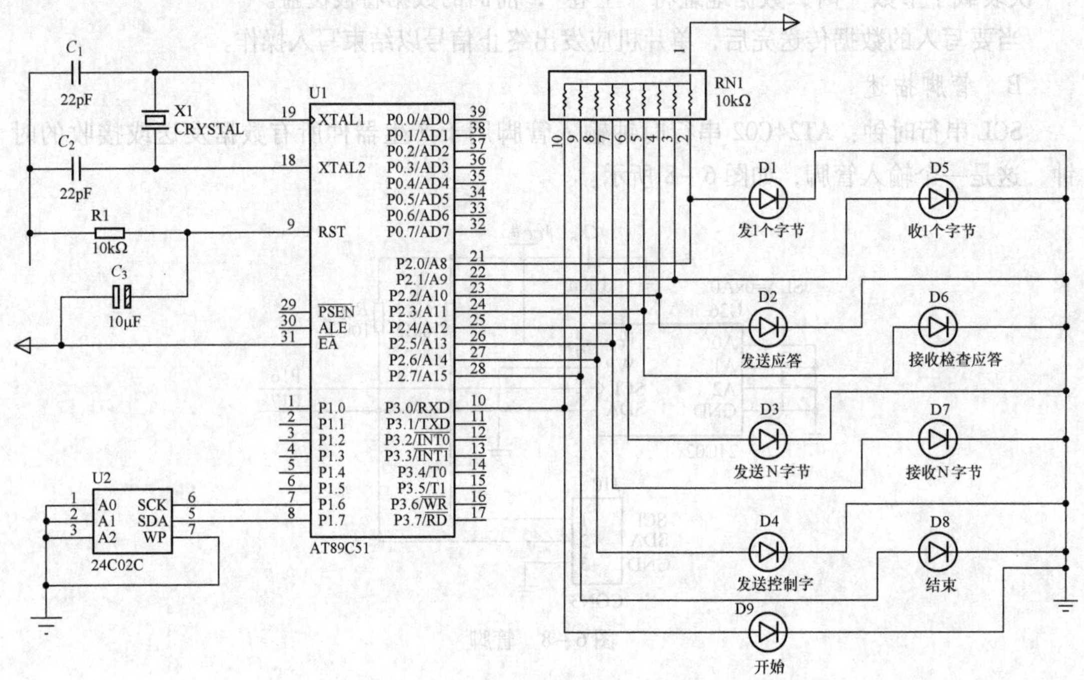

图 6－9　电路图

电路中，24C02 芯片的 PIN1、PIN2、PIN3 接地，芯片地址为 1010000. 24C02 芯片的 PIN6 接 89C51 的 P1.6，PIN7 接 89C51 的 P1.7，写保护关闭。

电阻网络这里作为 P2 口的上拉电阻。

为了直观的效果，这里用 9 个 LED 来表示 IIC 总线时序处于哪一个状态。

P2.0 = 1，开始发送一个字节，绿色 LED 亮；

P2.1 = 1，开始接收一个字节，黄色 LED 亮；

P2.2 = 1，发出应答信号，绿色 LED 亮；

P2.3 = 1，接收检查应答信号，黄色 LED 亮；

P2.4 = 1，开始发送多个字节，绿色 LED 亮；

P2.5 = 1，开始接收多个字节，黄色 LED 亮；

P2.6 = 1，发出控制字，绿色 LED 亮；

P2.7 = 1，停止，黄色 LED 亮；

P3.0 = 1，启动 IIC 总线，绿色 LED 亮；

P3.1 = 1，启动 IIC 总线，这里忽略。

6.3.3.2　步骤 2：元器件准备及电路制作

（1）完成本任务所需的元器件清单，如表 6－2 所示。

表6-2 I²C总线虚拟技术实现元器件清单

元器件名称	参 数	数 量	元器件名称	参 数	数 量
IC插座	DIP40	1	电阻	10kΩ	1
单片机	AT89S51	1	电阻网络	10kΩ×8	1
LED		9	电解电容	10μF	1
晶振器	12MHz	1	瓷片电容	22pF	2
EEPROM	AT24C02	1			

（2）元器件准备好后，按照图6-9所示的电路图在万能板上焊接元器件，完成电路板的制作。

6.3.3.3 步骤3：控制程序设计

A 启动信号子程序STA：用于产生I²C总线启动信号，数据信号SDA的电平被拉低（即SDA负跳变）。

```
STA：SETB   SDA   ；SDA保持高电平
     SETB   SCL   ；SCL同时保持高电平，总线空闲
     NOP          ；等待
     NOP          ；等待
     NOP
     NOP
     CLR    SDA   ；SDA负跳变，启动信号发出
     NOP          ；等待
     NOP          ；等待
     NOP
     NOP
     CLR    SCL   ；SCL保持低电平，总线不空闲
     RET
```

B 停止信号子程序STOP：用于产生I²C总线停止信号

```
STOP：CLR    SDA   ；SDA保持低电平
      SETB   SCL   ；SCL保持高电平，总线不空闲
      NOP          ；等待
      NOP          ；等待
      NOP          ；等待
      NOP
      SETB   SDA   ；SDA正向跳变
      NOP          ；等待
      NOP          ；等待
      NOP
      NOP
      CLR    SCL   ；SCL保持高电平，总线不空闲
      RET
```

C　发送应答位，子程序 MACK：用于（主器件）产生发送应答位信号

```
MACK: CLR   SDA   ; SDA 置为低电平
      SETB  SCL   ; SCL 置为高电平
      NOP         ; SCL 置为高电平，SDA 置为低电平，保持
      NOP
      NOP
      NOP
      CLR   SCL   ; SCL 由低到高，再保持，后置为低电平，完成一个时钟。期间 SDA 置为低
                  电平并保持
      SETB  SDA
      RET
```

D　发送非应答位子程序 MNACK：用于产生发送非应答位号

```
MNACK: SETB  SDA  ; SDA 置为高电平，保持
       SETB  SCL  ; SCL 置为高电平，再保持，时钟上沿
       NOP
       NOP
       NOP
       NOP
       CLR   SCL  ; SCL 置为低电平，时钟下沿，完成一个时钟
       CLR   SDA  ; SDA 置为低电平，保持
       RET
```

E　应答位检查子程序 CACK

出口参数 F0：用于对应答位检测，应答位放在系统标志位 F0（B 寄存器的 D0 位）中，当检测到正常应答位后，F0 = 0，否则 F0 = 1

```
CACK: SETB  SDA        ; 释放数据线
      SETB  SCL        ; 时钟前沿
      CLR   F0         ; 清楚标志，备用
      NOP
      NOP
      JNB   SDA, CEND  ; 读入并检测 SDA 状态，为零则是正常应答，后转 CEND
      SETB  F0
CEND: CLR   SCL        ; 时钟后沿
      NOP              ; 延时
      NOP
      NOP
      NOP
      RET
```

F　单字节发送子程序 WRBYT

入口参数 A，"要写入的数据先放在 A 中"，程序执行后把 A 中的数据从 I^2C 总线上的 SDA 发送出去。

```
WRBYT: MOV   R0, #08H
WLP:   RLC   A          ; 把A中最高位转移到CY中
       JC    WR1        ;
       LJMP  WR0
WR1:                    ; SDA发送出去一个"1"
       SETB  SDA        ; SDA置为高电平
       SETB  SCL        ; SCL置为高电平, 时钟前沿
       NOP
       NOP              ; SDA置为高电平, 保持, SDA发送出去一个"1"
       NOP
       NOP
       CLR   SCL        ; SCL置为低电平, 时钟后沿
       CLR   SDA        ; SDA置为低电平, "1"发送完毕
       LJMP  WLP1       ; 准备下一"位"
WR0:                    ; SDA发送出去一个"0"位
       CLR   SDA        ; SDA置为低电平
       SETB  SCL        ; SCL置为高电平, 时钟前沿
       NOP
       NOP              ; SDA置为低电平, SDA上"0"位发送出去一个
       NOP
       NOP
       CLR   SCL        ; SCL置为低电平, 时钟后沿
       ; SETB SDA;
WLP1:  DJNZ  R0, WLP
       RET
```

G　单字节接收子程序 RDBYT

```
; 出口参数A: 程序执行时把从I²C总线上发送来的数据"读到A"中。
RDBYT: MOV   R2, #00
       MOV   R0, #08    ; 读一个字节的8位数据
RLP:   SETB  SDA        ; 本器件SDA置为高电平, 释放控制权, 他人才发送
       SETB  SCL        ; SCL置为高电平, 时钟上沿
       MOV   C, SDA     ; 本器件读SDA线到CY中
       MOV   A, R2      ; 把上一次的记录回到A中
       RLC   A          ; 把CY中收到的一位, 转移到A的最高位
       MOV   R2, A      ; 把A中收到的转移到R2
       CLR   SCL        ; SCL置为低电平, 时钟下沿
       DJNZ  R0, RLP    ; 循环RLP段程序8次, 读取8个位
       RET
```

H　n字节发送子程序 WRNBYT

用于把存放在发送数据缓冲区中的N个字节发送到I^2C总线上。

```
WRNBYT: MOV    R3, NUMBYT    ; 字节的个数，写 R3
        LCALL  STA           ; 发去 IIC 的启动信号
        MOV    A, SLA        ; 待发出的字节，放到 A，控制字在 SLA 中
        LCALL  WRBYT         ; 发出一个字节（控制字）
        LCALL  CACK          ; 检查对方的回答，收到了吗？收到 F0 = 0，否则 F0 = 1
        JB     F0, WRNBYT    ; 没收到？再启动，再发控制字！
        MOV    R1, #MTD      ; 收到了？则接收方正常，准备数据（MTD 发区的首址）
WRDA:   MOV    A, @R1        ; 要写入的数据@R1，先放在 A 中
        LCALL  WRBYT         ; 发出一个字节（数据）
        LCALL  CACK          ; 检查对方的回答，收到了吗？收到 F0 = 0，否则 F0 = 1
        JB     F0, WRNBYT    ; 检查对方的回答，没收到 F0 = 1，重发
        INC    R1            ; 收到了 F0 = 0，准备发下一个字节
        DJNZ   R3, WRDA      ; 所有的字节发完了？R3 不为 0，去发下一个字节
        LCALL  STOP          ; 所有的字节发完了？发去 IIC 的停止信号
        RET
```

I　n 字节接收子程序 RDNBYT

用于把存放 I^2C 总线上的 N 个字节数据接收到接收数据缓冲区。

```
RDNBYT: MOV    R3, NUMBYT    ; 字节读的个数，写 R3
        LCALL  STA           ; 发去 IIC 的启动信号
        MOV    A, SLA        ; 待发出的字节，放到 A，在 SLA 中的控制字
        LCALL  WRBYT         ; 发出一个字节（控制字）
        LCALL  CACK          ; 检查对方的回答，收到了吗？收到 F0 = 0，否则 F0 = 1
        JB     F0, RDNBYT    ; 没收到？再启动，重新发控制字！
RDN:    MOV    R1, #MRD      ; 收到了？则发数方正常，准备库区（MRD 接收区的首址）
RDN1:   LCALL  RDBYT         ; 接收一个字节（数据），先放在 A 中
        MOV    @R1, A        ; 接收一个字节（数据），转移到@R1 中，MRD 接收区中
        DJNZ   R3, ACK       ; R3 不为 0，没有收完了？发出应答，再收下一个字节
        LCALL  MNACK         ; R3 为 0，收完了？发出 N 应答，不再收
        LCALL  STOP          ; 所有的字节收完了？发去 IIC 的停止信号
        RET
ACK:    LCALL  MACK
        INC    R1
        LJMP   RDN1
```

J　初始化程序

; SCL：虚拟 I^2C 总线时钟线，在此使用 P1.6 引脚（亦可选用其他引脚）

; SDA：虚拟 I^2C 总线数据线，在此使用 P1.7 引脚（亦可选用其他引脚）

; MTD：发送数据缓冲区首址

; MRD：接收数据缓冲区首址

; SLA：寻址字节（SLAW/R）存放单元。寻址字节有两个：写寻址字节 SLAW 和读寻址字节 SLAR 都放在寻址字节存放单元 SLA 中。当使用接收子程序 RDBYT 和 RDNBYT 时，用于保存 SLAR 读寻址字节，当使用发送子程序 WRBYT 和 WRNBYT 时用于保存 SLAW 写寻址字节。

；NUMBYT：读/写字节数存放单元

例如：

```
INIT：SCL      BIT      P1.6
      SDA      BIT      P1.7
      MTD      EQU      50H
      MRD      EQU      60H
      SLA      EQU      30H
      NUMBYT   EQU      31H
      RET
```

程序清单：

编写程序如下：

```
        ORG      0100H
        SDA      BIT         P1.7       ；定义数据/地址引脚
        SCL      BIT         P1.6       ；定义时钟引脚
        SLAW     EQU         0A0H       ；定义器件写地址
        SLAR     EQU         0A1H       ；定义器件读地址
        SLA      EQU         30H        ；定义寻址字节（SLA W/R）存放单元
        MTD      EQU         20H        ；定义发送数据缓冲区首址
        MRD      EQU         38H        ；定义接收数据缓冲区首址
        NUMBYT   EQU         10H        ；定义读/写字节数存放单元
        MOV      SP,         #50H       ；置堆栈指针
        MOV      MTD,        #00H       ；置24C02芯片内读/写数据起始子地址

MAIN：  MOV      SLA,        #SLAW      ；置器件写地址
        MOV      NUMBYT,     #07H       ；置写入字节数（1个子地址字节，6个数据字节）
        MOV      P2,         #0FFH
        LCALL    DELAYL
        LCALL    WRNBYT                 ；写入数据子程序
        LCALL    DELAYL                 ；写入延时>10ms，才能进行第二次传送
        MOV      SLA,        #SLAW      ；置器件写地址
        MOV      NUMBYT,     #01H
        LCALL    WRNBYT                 ；写入读起始地址，即MTD中内容00H
        LCALL    DELAY                  ；写入延时
        MOV      SLA,        #SLAR      ；置器件读地址
        MOV      NUMBYT,     #06H       ；置要读出的字节个数，6个
        LCALL    RDNBYT                 ；读出数据子程序

        MOV      P2,         #00
        LCALL    DELAYL
        LJMP     MAIN

STA：   SETB     P3.0
```

```
        LCALL   DELAYL
        SETB    SDA
        SETB    SCL
        NOP
        NOP
        NOP
        NOP
        CLR     SDA
        NOP
        NOP
        NOP
        NOP
        CLR     SCL
        CLR     P3.0
        RET
STOP:   SETB    P2.7
        LCALL   DELAYL
        CLR     SDA
        SETB    SCL
        NOP
        NOP
        NOP
        NOP
        SETB    SDA
        NOP
        NOP
        NOP
        NOP
        CLR     SCL
        CLR     P2.7
        RET

MACK:   SETB    P2.2
        LCALL   DELAYL
        CLR     SDA
        SETB    SCL
        NOP
        NOP
        NOP
        NOP
        CLR     SCL
        SETB    SDA
        CLR     P2.2
```

```
        RET
CACK:   SETB    P2.3
        LCALL   DELAYL
        SETB    SDA
        SETB    SCL
        CLR     F0
        NOP
        NOP
        JNB     SDA, CEND
        SETB    F0
CEND:   CLR     SCL
        NOP
        NOP
        NOP
        NOP
        CLR     P2.3
        RET

MNACK:  SETB    P3.1
        LCALL   DELAYL
        SETB    SDA
        SETB    SCL
        NOP
        NOP
        NOP
        NOP
        CLR     SCL
        CLR     SDA
        CLR     P3.1
        RET
WRBYT:  SETB    P2.0
        LCALL   DELAYL
        MOV     R0, #08H
WLP:    RLC     A
        JC      WR1;
        LJMP    WR0
WR1:    SETB    SDA
        SETB    SCL
        NOP
        NOP
        NOP
        NOP
        CLR     SCL
```

```
         CLR     SDA
         LJMP    WLP1
  WR0：  CLR     SDA
         SETB    SCL
         NOP
         NOP
         NOP
         NOP
         CLR     SCL          ；SCL 置为低电平，时钟后沿
 WLP1：  DJNZ    R0，WLP
         CLR     P2.0
         RET

RDBYT：  SETB    P2.1
         LCALL   DELAYL
         MOV     R2，#00
         MOV     R0，#08
 VRLP：  SETB    SDA
         SETB    SCL
         MOV     C，SDA
         MOV     A，R2
         RLC     A
         MOV     R2，A
         CLR     SCL
         DJNZ    R0，RLP      ；循环 RLP 段程序 8 次，读取 8 个位
         CLR     P2.1
         RET

WRNBYT： MOV     R3，NUMBYT
         MOV     P2，#00
         SETB    P2.4
         LCALL   DELAYL
         LCALL   STA
         MOV     A，SLA
         SETB    P2.6
         LCALL   WRBYT
         LCALL   CACK
         JB      F0，WRNBYT
         CLR     P2.6
         MOV     R1，#MTD
 WRDA：  MOV     A，@R1
         LCALL   WRBYT
         LCALL   CACK
```

```
          JB       F0, WRNBYT
          INC      R1
          DJNZ     R3, WRDA
          LCALL    STOP
          CLR      P2.4
          RET
RDNBYT:   MOV      R3, NUMBYT
          MOV      P2, #00
          SETB     P2.5
          LCALL    DELAYL
          LCALL    STA
          MOV      A, SLA
          SETB     P2.6
          LCALL    DELAYL
          LCALL    WRBYT
          LCALL    CACK
          JB       F0, RDNBYT
          CLR      P2.6
RDN:      MOV      R1, #MRD
RDN1:     LCALL    RDBYT
          MOV      @R1, A
          DJNZ     R3, ACK
          LCALL    MNACK
          LCALL    STOP
          CLR      P2.5
          RET
ACK:      LCALL    MACK
          INC      R1
          LJMP     RDN1

DELAYL:   MOV      R6, #100             ; 12M 晶体周期
          SJMP     D01
DELAY:    MOV      R6, #10
D01:      MOV      R5, #200
D02:      MOV      R7, #40
D03:      DJNZ     R7, $
          DJNZ     R5, D02
          DJNZ     R6, D01
          RET
          END
```

6.3.3.4 步骤4：软硬件调试及运行

（1）运用Keil C51软件对控制程序进行编译，并将编译生成的目标代码文件添加至用

Proteus 软件绘制的单片机中，完成本任务的虚拟仿真。

（2）建立硬件仿真调试环境，连接目标电路板（无单片机）和仿真器。运用 Keil C51 软件对程序进行单步调试、全速运行调试等，直至程序运行无误。

（3）将 AT89S51 单片机芯片插到目标电路板的相应位置，将成功编译生成的目标代码文件通过 ISP 下载线以及电路板上的 ISP 下载接口下载至单片机芯片中，然后拔出 ISP 下载线，让单片机脱机运行，观察运行结果。

（4）效果观察。启动前，所有的 LED 熄灭，启动后，所有的 LED 全部点亮，用于试灯，并表示程序开始运行。

接着程序开始通 I^2C 总线发送 7 个字节，通过不同 LED 的明灭指示 I^2C 总线发送数据的时序，也就是显示通信过程正在做什么，到了哪一步，在 PROTEUS ISIS 中仿真，可以清晰看出 I^2C 总线发送数据的基本过程和步骤。为了方便清楚地观察，在数据传送中，大幅度增减了延迟时间（这里，启动、开始、发送用绿灯表示；接收、停止、检查应答用黄灯表示）。

（1）8051 发送 7 字节过程显示：

1）启动灯亮，发送 N 字节灯亮；

2）发送一个字节，发送控制字节，发送 N 字节灯亮；

3）发送一个字节灯灭，检查接收应答灯亮，检查接收应答灯灭，控制字发送完毕；

4）发送一个字节灯亮，检查接收应答灯亮，检查接收应答灯灭（发送数据 1 个字节）；

5）重复第 4）步，6 遍，结束灯亮。

（2）8051 接收送 6 字节过程显示：

1）启动灯亮，发送 N 字节灯亮；

2）发送一个字节，发送控制字节，发送 N 字节灯亮；

3）发送一个字节灯灭，检查接收应答灯亮，检查接收应答灯灭，控制字发送完毕；

4）接收一个字节灯灭，发送应答灯亮，发送应答灯灭；

5）再重复第 4）步 5 遍，结束灯亮。

6.3.4 任务训练

6.3.4.1 训练 1

用示波器观察 SCL 的波形，并列表记录 LED 的亮灭情况。

6.3.4.2 训练 2

修改程序，检查写入 15BYTE 的数据，再逐个把它读出来，比较是否和写入的相同，若不同，显示红灯，否则显示绿灯。

6.3.5 任务小结

通过本任务可以很好地理解常见的器件通信以及 I^2C 协议的工作原理。

I^2C 协议的通信设计的线路只有 3 根，时钟线、数据线和地线。

I^2C 协议的器件都有一个芯片地址，这个地址基本不能是固定的。

每次通讯以 START 开始，以 STOP 结束；以启动信号 START 来掌管总线，以停止信号 STOP 来释放总线。

启动信号 START 后紧接着发送一个地址字节（也称为控制字），其中 7 位为被控器件的地址码，一位为读/写控制位 R/W，R/W 位为 0 表示由主控向被控器件写数据，R/W 为 1 表示由主控向被控器件读数据。

控制字发送完后，主器件需要接收和检查来自接收方的应答信号，才进一步发送数据，是否应该等待。当被控器件检测到收到的地址与自己的地址相同时，在第 9 个时钟期间反馈应答信号。

而数据的发送时一个字节为单位组织的，以一个二进制位为信元单位处理的，每次发送或接收一个字节，都需要完成一个接收（或发送）和检查来自接收方的应答信号。

当要发送的数据是多个字节时，则需要把要发送的数据内容分成 n 个字节，依次发送。

当 n 个字节发送完毕，接收方发送 NACK 表示传送数据结束；

主控发送完全部数据后，发送一个停止位 STOP，结束整个通讯并且释放总线。

注意：每个数据字节在传送时都是高位（MSB）在前；每发送以一个二进制位，都需要一个 SCL 上的时钟信号配合。

6.4　任务3　PCF8563 时钟芯片应用

6.4.1　任务描述

这个任务是利用 PCF8563 和 89S51 单片机为核心，设计制作一个简单的“时钟/日历”的应用。

时间基准的产生，时、分、秒的计数和存储，都是 PCF8563 完成；

时间中时、分、秒的值地读出来和时间的显示以 89S51 单片机为核心完成显示。

（1）输出的要求：

既然是一个时钟，显然他必须有输出，这个输出至少应该包含“时”、“分”、“秒”的基本显示，如果要显示日历，还需要显示“年”、“月”、“日”等。

“时”、“分”、“秒”都是 2 位的十进制数字，×× ×× ××由左向右分别为：时、分、秒，所以这一部分需要至少 6 个数码管。如果同时显示“年”、“月”、“日”等，至少还需要 6 个数码管。

（2）输入的要求：

制作一个简单的“时钟/日历”的应用，主要是显示一个运行中的时钟，外部的“按键”就不多做考虑。

（3）系统的构成：

PCF8563 是一款性价比极高的时钟芯片，PCF8563 是一款工业级内含 I^2C 总线接口功能的芯片，那么就需要利用 89S51 的某个端口的两位来模拟 I^2C 总线接口，从而实现同 PCF8563 的连接，而 PCF8563 则需要外部的晶体振荡器和电源就可以。

PCF8563 的 I^2C 总线接口访问方法请参考 6.3 节的任务 2。

6.4.2　相关知识

6.4.2.1　PCF8563 简介

PCF8563 是 PHILIPS 公司推出的一款工业级内含 I^2C 总线接口功能的具有极低功耗的

多功能时钟/日历芯片，PCF8563 的多种报警功能、定时器功能、时钟输出功能以及中断输出功能能完成各种复杂的定时服务，甚至可为单片机提供“看门狗”功能，内部时钟电路，内部振荡电路，内部低电压检测电路 1.0V 以及两线制 I^2C 总线通讯方式，不但使外围电路及其简洁，而且也增加了芯片的可靠性。同时每次读写数据后，内嵌的字地址寄存器会自动产生增量，当然作为时钟芯片 PCF8563 亦解决了 2000 年问题，因而 PCF8563 是一款性价比极高的时钟芯片，它已被广泛用于电表、水表、气表、电话、传真机、便携式仪器以及电池供电的仪器仪表等产品领域。

(1) 特性：

宽电压范围 1.0 ~5.5V 复位电压标准值 V_{low} =0.9V；

超低功耗典型值为 0.25A V_{DD} =3.0V，Tamb =25；

可编程时钟输出频率为 32.768kHz、1024Hz、32Hz、1Hz。

(2) 4 种报警功能和定时器功能：

内含复位电路振荡器电容和掉电检测电路；

开漏中断输出；

400kHz I^2C 总线（V_{DD} =1.8 5.5V）其从地址读 0A3H；写 0A2H。

PCF8563 的管脚排列及描述如图 6 –10 及表 6 –3 所示。

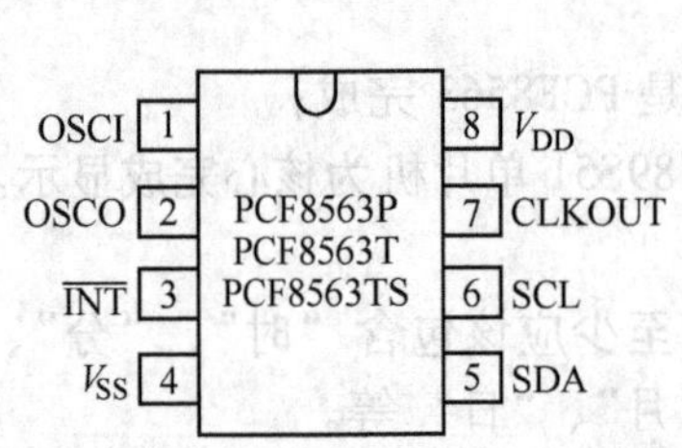

符号	管脚号	描　述
OSCI	1	振荡器输入
OSCO	2	振荡器输出
$\overline{INT}$	3	中断输出（开漏；低电平有效）
V_{SS}	4	地
SDA	5	串行数据 I/O
SCL	6	串行时钟输入
CLKOUT	7	时钟输出（开漏）
V_{DD}	8	正电源

图 6 –10　PCF8563 管脚排列图

表 6 –3　PCF8563 管脚描述

符号	管脚号	描　述	符号	管脚号	描　述
OSCI	1	振荡器输入	SDA	5	串行数据 I/O
OSCO	2	振荡器输出	SCL	6	串行时钟输入
$\overline{INT}$	3	中断输出（开漏；低电平有效）	CLKOUT	7	时钟输出（开漏）
V_{SS}	4	地	V_{DD}	8	正电源

6.4.2.2　PCF8563 的基本原理

PCF8563 有：

(1) 16 个位寄存器。

(2) 一个可自动增量的地址寄存器。

(3) 一个内置 32.768kHz 的振荡器。

(4) 带有一个内部集成的电容一个分频器。

(5) 用于给实时时钟 RTC 提供源时钟。

（6）一个可编程时钟输出。

（7）一个定时器。

（8）一个报警器。

（9）一个掉电检测器。

（10）一个400kHz I^2C 总线接口。

所有16个位寄存器设计成可寻址的8位并行寄存器，但不是所有位都有用，如图6－11所示。

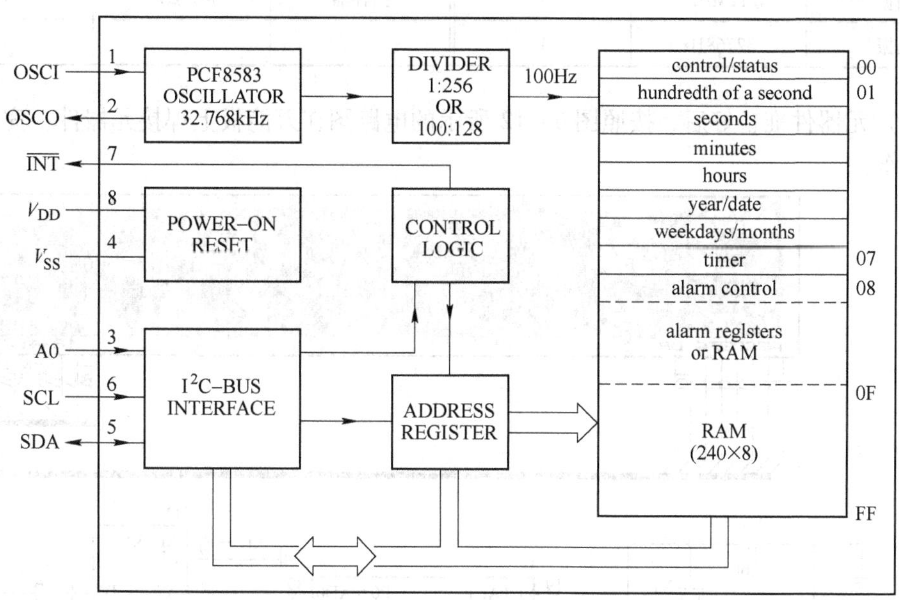

图6－11　寄存器

前两个寄存器内存地址00H、01H用于控制寄存器和状态寄存器，内存地址02～08H用于时钟计数器、秒～年计数器。

地址09H～0CH用于报警寄存器、定义报警条件。

地址0DH控制CLKOUT管脚的输出频率。

地址0EH和0FH分别用于定时器控制寄存器和定时器寄存器，秒、分钟、小时、日、月、年分钟报警、小时报警、日报警寄存器编码格式为BCD星期和星期报警寄存器不以BCD格式编码。

当一个RTC寄存器被读时，所有计数器的内容被锁存，因此，在传送条件下可以禁止对时钟日历芯片的错读。

6.4.3　任务实施

6.4.3.1　步骤1：硬件电路设计

硬件电路图如图6－12所示。

6.4.3.2　步骤2：元器件准备及电路制作

（1）完成本任务所需的元器件清单，如表6－4所示。

表 6 – 4　PCF8563 时钟芯片应用元器件清单

元器件名称	参　数	数　量	元器件名称	参　数	数　量
IC 插座	DIP40	1	电阻	10kΩ	1
单片机	AT89S51	1	电解电容	10μF	1
时钟芯片	PCF8563	1	瓷片电容	22pF	4
LED 数码管	8 位一体	1	总线收发器	74LS245	1
晶振	12MHz	1	锁存器	74LS373	1
晶振	32768Hz	1			

（2）元器件准备好后，按照图 6 – 12 所示的电路图在万能板上焊接元器件，完成电路板的制作。

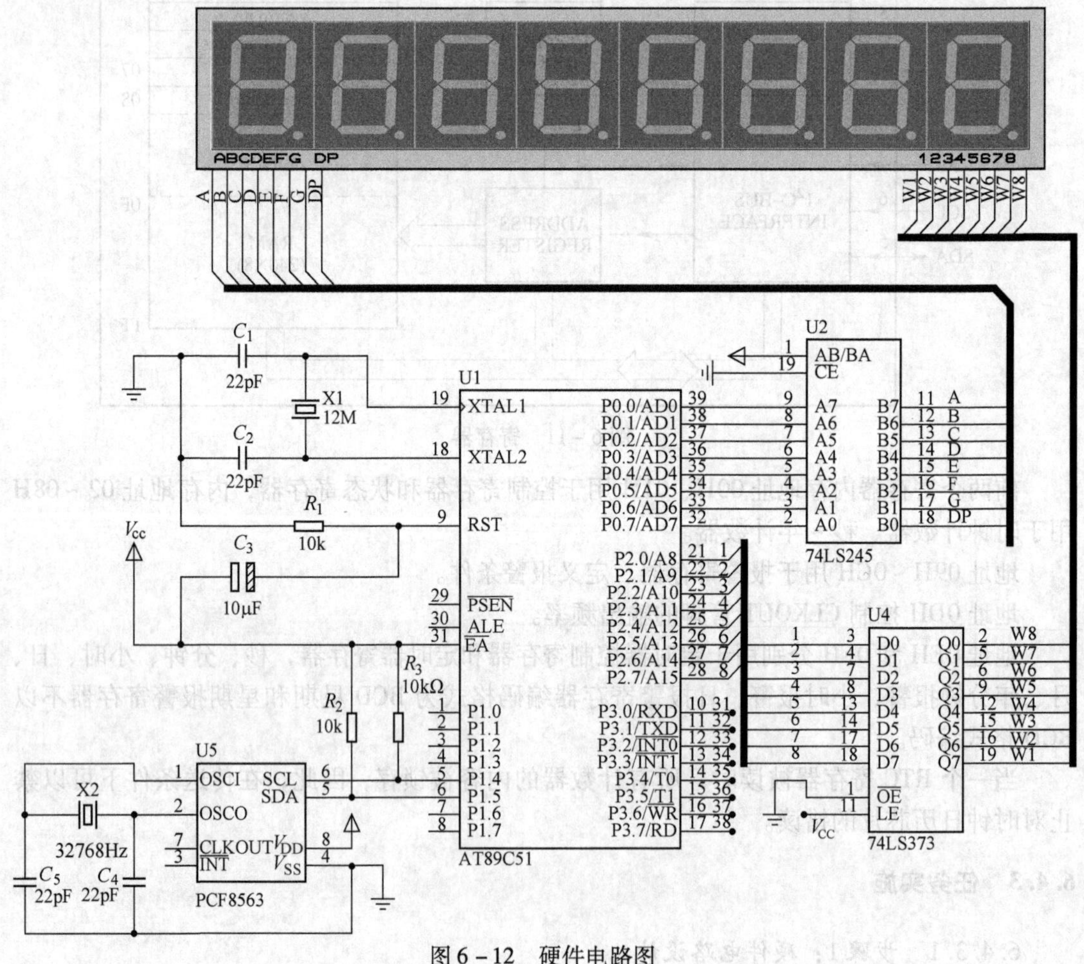

图 6 – 12　硬件电路图

6.4.3.3　控制程序设计

A　编程思路

程序总共分为以下模块：

（1）初始化程序 MAIN_INIT。主要是把内部 RAM 清零和 SP 初始化，设定显示缓冲区和显示指针初值，设定时钟初始值（设定为 2008 年 10 月 20 日星期 1 下午 2 点（14 点）30 分 00 秒）。写 8563 时钟程序 WR_8563：写入设定好的时钟初始值。

（2）读时钟程序 RD_8563。将秒、分、时三个字节的时间信息读出并整理后放入 MRD 为首址的接收缓冲区中。

（3）刷新程序 SHUAXIN。将秒、分、时三个字节由压缩 BCD 码转换成非压缩 BCD 码，同时存放在显示缓冲区 DISBUF 中。

（4）动态刷新显示子程序 DISPLAY。主程序采用每 2ms 调用一次显示程序，用主程序的运行时间来代替常用的延时子程序。6 个数码管从右向左的位码控制分别是 P2.5 ~ P2.0，所以从最左边向右边移位显示的位码初始值 WEI_MA 应为 0DFH，中间位码的改变以 RR 来完成。数码管所对应的缓冲区分别是 30H ~ 35H，其中 30H 对应最左边的数码管，也就是 30H 对应的缓冲区中内容为小时高位的内容。

（5）延时子程序 DEL（2ms）。因为主程序一个运行周期可能不到 2ms，所以在主程序循环中加上一段延时子程序，用以使得主程序的运行周期达到 2ms。此时间可根据实际情况来调整（本程序时间约为 1.5ms）。

在显示子程序中，为了表明时、分、秒的区别，把时和分的个位的数码管的点点亮。

B　控制程序

```
SCL       BIT      P1.4           ; SCL：虚拟 I²C 总线时钟线
SDA       BIT      P1.5           ; SDA：虚拟 I²C 总线数据线
MTD       EQU      40H            ; MTD：发送数据缓冲区首址
MRD       EQU      50H            ; MRD：接收数据缓冲区首址
SLA       EQU      39H            ; 定义读/写地址存储单元
SLAW      EQU      0A2H           ; 8563 芯片的写地址（固定的）
SLAR      EQU      0A3H           ; 8563 芯片的读地址（固定的）
NUMBYT    EQU      10H            ; 定义传送数据字节的个数的存储单元
DISBUF    EQU      30H            ; 从 30H 到 35H，6 个显示缓冲区
WEI_MA    EQU      36H            ; 动态显示时，位码的存放单元
DUAN_MA   EQU      37H            ; 动态显示时，段码的存放单元
DIS_COU   EQU      38H            ; 6 个数码管显示的计数指针
SUBA      EQU      3DH            ; 器件子地址（直接给出为 00H）
          ORG      0000H
          LJMP     MAIN
          ORG      0050H
    MAIN：MOV      SP，#6FH
          MOV      R0，#7FH
          CLR      A
  MAIN_2：MOV      @R0，A
          DJNZ     R0，MAIN_2      ; 循环，将 00 - 7F 地址区域清为零
          MOV      DIS_COU，#6
          LCALL    MAIN_INIT      ; 调初始化程序，包括显示缓冲区和初值设定
          LCALL    WR_8563        ; 调 8563 时钟写 16 字节程序
```

```
MAIN_1:  LCALL  RD_8563          ; 调 8563 时钟读 16 字节程序
         LCALL  SHUAXIN          ; 调用刷新显示缓冲区子程序
         LCALL  DISPLAY          ; 调用显示子程序
         LCALL  DELAY            ; 补主程序的运行周期到 2ms
         LJMP   MAIN_1
MAIN_INIT: MOV  DIS_COU, #6      ; 设定显示缓冲区和显示指针偏移量初值
         MOV    WEI_MA, #0DFH    ; 先显示高位的数码管, 11011111, P2.5 = 0
         RET
```

　　; 设定时钟初始值（设定为 2014 年 07 月 20 日星期 1 下午 2 点（14 点）30 分 00 秒）。

```
LOAD_16: MOV    MTD, #00H        ; 写入子地址
         MOV    MTD+1, #00H      ; 启动时钟
         MOV    MTD+2, #1FH      ; 设置报警及定时器中断, 定时器中断为脉冲形式
         MOV    MTD+3, #10H      ; 分别将秒至年的 BCD 码写入发送缓冲区中, 置初值
         MOV    MTD+4, #30H      ; 分 BCD 码
         MOV    MTD+5, #14H      ; 时 BCD 码
         MOV    MTD+6, #23H      ; 日 BCD 码
         MOV    MTD+7, #01H      ; 星期
         MOV    MTD+8, #07H      ; 月 BCD 码
         MOV    MTD+9, #14H      ; 年 BCD 码
         RET
```

　　; RD_8563 读时钟程序：将秒、分、时十六个字节的时间信息读出并整理后放入 MRD 为首址的接收缓冲区中（其中这次使用三个，其他暂时不用）。

```
RD_8563: PUSH   MTD              ; 把 MTD 中的内容保存
         MOV    MTD, #00H        ; 把子地址 (SUBA) 送到 MTD 缓冲区的首地址中
         MOV    SLA, #SLAW       ; 器件的写地址
         MOV    NUMBYT, #01H     ; 写一个字节
         LCALL  WRNBYT           ; 写入要读的 8563 内部单元的子地址
         POP    MTD              ; 恢复 MTD 中内容
         MOV    NUMBYT, #08H     ; 读出字节个数是 16 个
         MOV    SLA, #SLAR
         LCALL  RDNBYT
         MOV    A, MRD+2         ; 取秒字节
         ANL    A, #7FH          ; 屏蔽无效位
         MOV    MRD+2, A
         MOV    MRD+2, #09H
         MOV    A, MRD+3         ; 取分钟字节
         ANL    A, #7FH          ; 屏蔽无效位
         MOV    MRD+3, A
         MOV    A, MRD+4         ; 取小时字节
         ANL    A, #3FH          ; 屏蔽无效位
         MOV    MRD+4, A         ; 其他几个字节暂时无用, 在以后的项目中使用
         RET
```

　　; WR_8563 写入设定的时钟初始值（每次时钟从 2014 年 10 月 20 日星期 1 下午 2 点（14 点）30 分 00 秒开始运行）共 16 个字节，其中第一个字节为子地址 00H。

```
WR_8563: LCALL    LOAD_16          ; 将15个寄存器内容装入发送缓冲区中
         MOV      SLA, #SLAW       ; 取器件地址
         MOV      NUMBYT, #15H     ; 写15个信息
         LCALL    WRNBYT           ; 写入
         RET
```

; SHUAXIN 刷新程序：将秒、分、时三个字节由压缩 BCD 码转换成非压缩 BCD 码，同时存放在显示缓冲区 DISBUF 中。

```
SHUAXIN: MOV      R0, #DISBUF      ; DISBUF = 30H, (R0) = 35H
         MOV      R1, #MRD + 2     ; MRD = 50H, (R1) = 50H
         MOV      R2, #03H         ; 共有3个压缩BCD码
; 取秒_分_时数据BCD码转换成非压缩BCD码送显示缓冲区
SHUAXIN_1: MOV    A, @R1           ; 从串行接收缓冲区取信号BCD码，先取秒_分_时
         ANL      A, #0FH          ; 得到BCD码的个位，秒_分_时
         MOV      @R0, A           ; 送个位到显示缓冲区，
                                   ; 秒_分_时，譬如(35H) =个秒,(34H) =十秒,
         INC      R0               ; (33H) =个分,(32H) =十分,(31H) =个时,(30H) =十时
         MOV      A, @R1           ; 再从串行接收缓冲区取信号BCD码，取_分_时信号
         ANL      A, #0F0H         ; 得秒分时的十位BCD码，高4位
         SWAP     A                ; 高4位换到低4位
         MOV      @R0, A           ; 送十位到显示缓冲区
         INC      R0               ; 准备下一遍的循环第2遍_分，第3遍_时
         INC      R1
         DJNZ     R2, SHUAXIN_1    ; 循环3遍
         RET

; DISPLAY 动态刷新显示子程序
DISPLAY: MOV    R2, #06H
         MOV    R1, #DUAN_MA
         MOV    R0, #DISBUF
DISP1:   MOV    A, @R0
         MOV    DPTR, #TAB
         MOVC   A, @A + DPTR       ; 根据段BCD码查表得到显示码
         MOV    @R1, A
         INC    R1
         INC    R0
         DJNZ   R2, DISP1
DISP2:   MOV    P2, #0FFH          ; 先熄灭所有的LED管，位码都置1，关显示
         MOV    P2, #00100100B
         MOV    P0, #0BFH
         LCALL  DELAY
         MOV    P2, #00000001B
         MOV    P0, 37H
         LCALL  DELAY
         MOV    P2, #00000010B
```

```
        MOV    P0, 38H
        LCALL  DELAY
        MOV    P2, #00001000B
        MOV    P0, 39H
        LCALL  DELAY
        MOV    P2, #00010000B
        MOV    P0, 3AH
        LCALL  DELAY
        MOV    P2, #01000000B
        MOV    P0, 3BH
        LCALL  DELAY
        MOV    P2, #10000000B
        MOV    P0, 3CH
        LCALL  DELAY
        MOV    P2, #00100100B
        MOV    P0, #0FFH
        LCALL  DELAY
        MOV    P2, #00100100B
        MOV    P0, #0FFH
        LCALL  DELAY
        RET
WRNBYT: MOV    R3, NUMBYT          ; 发送 MTD 开始的 NUMBYT 个字节数据
        LCALL  STA
        MOV    A, SLA
        LCALL  WRBYT
        LCALL  CACK
        JB     F0, WRNBYT
        MOV    R1, #MTD
WRDA:   MOV    A, @R1
        LCALL  WRBYT
        LCALL  CACK
        JB     F0, WRNBYT
        INC    R1
        DJNZ   R3, WRDA
        LCALL  STOP
        RET
RDNBYT: MOV    R3, NUMBYT          ; 读取 NUMBYT 个字节数据，放在 MRD 开始的区
        LCALL  STA
        MOV    A, SLA
        LCALL  WRBYT
        LCALL  CACK
        JB     F0, RDNBYT
RDN:    MOV    R1, #MRD
RDN1:   LCALL  RDBYT
```

```
        MOV     @R1, A
        DJNZ    R3, ACK
        LCALL   MNACK
        LCALL   STOP
        RET
  ACK:  LCALL   MACK
        INC     R1
        LJMP    RDN1
RDBYT:  MOV     R0, #08              ; 读一个字节数据，结果在A或R2中
  RLP:  SETB    SDA
        SETB    SCL
        MOV     C, SDA
        MOV     A, R2
        RLC     A
        MOV     R2, A
        CLR     SCL
        DJNZ    R0, RLP
        RET
WRBYT:  MOV     R0, #08H
  WLP:  RLC     A
        JC      WR1
        LJMP    WR0
  WR1:  SETB    SDA
        SETB    SCL
        NOP
        NOP
        NOP
        NOP
        CLR     SCL
        CLR     SDA
        LJMP    WLP1
  WR0:  CLR     SDA
        SETB    SCL
        NOP
        NOP
        NOP
        NOP
        CLR     SCL
 WLP1:  DJNZ    R0, WLP
        RET
  STA:  SETB    SDA
        SETB    SCL
        NOP
```

```
        NOP
        NOP
        NOP
        CLR   SDA
        NOP
        NOP
        NOP
        NOP
        CLR   SCL
        RET
STOP：  CLR   SDA
        SETB  SCL
        NOP
        NOP
        NOP
        NOP
        SETB  SDA
        NOP
        NOP
        NOP
        NOP
        CLR   SCL
        RET
MACK：  CLR   SDA
        SETB  SCL
        NOP
        NOP
        NOP
        NOP
        CLR   SCL
        SETB  SDA
        RET
MNACK： SETB  SDA
        SETB  SCL
        NOP
        NOP
        NOP
        NOP
        CLR   SCL
        CLR   SDA
        RET
CACK：  SETB  SDA
        SETB  SCL
```

```
        CLR     F0
        NOP
        NOP
        JNB     SDA, CEND           ; 检测 SDA 状态，正常应答后转 CEND
        SETB    F0
CEND:   CLR     SCL
        NOP
        NOP
        NOP
        NOP
        RET
; DEL_2ms 延时子程序
DELAY:  MOV     R7, #02
  DE1:  MOV     R6, #50
  DE2:  MOV     R5, #5
        DJNZ    R5, $
        DJNZ    R6, DE2
        DJNZ    R7, DE1
        RET
    ; TAB --- 显示字形表
  TAB:  DB 0C0H, 0F9H, 0A4H, 0B0H, 99H, 92H, 82H, 0F8H, 80H, 90H, 0FFH
        ; 0, 1, 2, 3, 4, 5, 6, 7, 8, 9, 灭
        END
```

6.4.3.4 步骤4：软硬件调试及运行

（1）运用 Keil C51 软件对控制程序进行编译，并将编译生成的目标代码文件添加至用 Proteus 软件绘制的单片机中，完成本任务的虚拟仿真。

（2）建立硬件仿真调试环境，连接目标电路板（无单片机）和仿真器。运用 Keil C51 软件对程序进行单步调试、全速运行调试等，直至程序运行无误。

（3）将 AT89S51 单片机芯片插到目标电路板的相应位置，将成功编译生成的目标代码文件通过 ISP 下载线以及电路板上的 ISP 下载接口下载至单片机芯片中，然后拔出 ISP 下载线，让单片机脱机运行，观察运行结果。

（4）效果观察。系统运行看的效果主要体现在数码管的显示上面。

系统启动后，数码管显示是不发光的，紧接着系统初始化；系统初始化后，系统显示 14 - 00 - 00。

单片机把时钟芯片中的“秒”数值读出来，处理并且译码后，显示在数码管最后两位；

单片机把时钟芯片中的“分钟”数值读出来，处理并且译码后，显示在数码管中间两位；

单片机把时钟芯片中的“小时”数值读出来，处理并且译码后，显示在数码管最前两位；

每秒钟，最后一位计数增加一次，满 10 进位；最后两位满 60 后进位，中间两位满 60 进位，最前两位满 24 进位为 0。

6.4.4　任务训练

6.4.4.1　训练 1

在显示子程序中，为了表明时、分、秒的区别，把时和分的个位的数码管的右下角的小数点亮起来。

6.4.4.2　训练 2

修改程序，轮流显示时、分、秒和年、月、日。

6.4.5　任务小结

利用 89S51 的某个端口的两位来模拟 I^2C 总线接口，从而实现同 PCF8563 的连接，PCF8563 芯片自主产生时间基准，并且自动计时并更新。

（1）PCF8563 计时的结果以压缩的 BCD 码存放于其内部的存储器中。

（2）这里的 CPU 芯片 89S51 不断读取 PCF8563 内部的存储器，得到时间值的压缩 BCD 码。

（3）将读取时间的压缩 BCD 码，进行解压而分开，得到时间的 BCD 码，存放在显示区。

（4）将存放在显示区的 BCD 码，查表，得到对应的字形码。

（5）将得到字形码和对应的位控制码分别送到端口 P0 和 P3，动态地将时、分、秒显示出来。

不断地重复步骤（1）~（5），可以看到时间的连续显示。

6.5　任务 4　电子时钟的单片机控制

6.5.1　任务描述

实时时钟电路的核心是 AT89S51 单片机，配备 6 位 LED 显示和 6 个矩阵式接口键盘。实时时钟芯片采用 PCF8563；报警电路由 P1.3 控制蜂鸣器来完成。报警电路是低电平有效，在单片机系统上电时，蜂鸣器禁鸣。

本实时时钟具备以下功能：

（1）时钟显示。系统正常运行时，6 位 LED 数码管从左到右依次显示时、分、秒，采用24小时计时。显示时间时时、分、秒之间用LED数码管的DP点隔开。

（2）按键控制。采用5个矩阵式键盘，一个功能键，一个设定键，一个上翻键，一个下翻键，一个确定键，用来设定时间。在整个程序设计中采用了一键多功能的作用，在软件中实现一个按键依据按下次数的不同实现不同的功能。各按键的功能如下：

1）功能键。功能键用于进入几种功能模式，包含以下几种功能：①正常时间显示模式（包括时、分、秒）；②年月日显示模式；③时间调整模式；④年月日调整模式。单片机主要工作在正常时间显示模式。

2）设定键。设定键用于设定当前时间和日期，包括设定秒、分、时、日、月、年。当功能键进入调整时间模式时，用于设定当前时间。当功能键进行年月日调整模式时，用于设定当前日期。

3）上翻和下翻键。用于调整时间时，增大和减小当前值，在本设计中不考虑连击效果，关于连击应用可自行思考。

4）确定键。当设定完成后，采用确定键来使得当前输入时间有效（写入到PCF8563中）。

（3）时间显示。上电后，系统自动进入正常时间显示模式，从当前时间开始计时。当按下功能键时，进入到年月日显示模式，显示当前的年月日。进入调整时间模式，只显示当前要调整的秒、分或时，没有被调整的显示暗码。

（4）时间调整。按下功能键，进入时间调整模式，系统只显示秒的内容，其余4位LED均处于全暗状态，等待按键设置。此时按动上翻键后秒将会加一，此时按动下翻键后秒将会减一。按下确认键后，保存当前的设定值到PCF8563中，并处于当前模式。若再按动设定键则用来调整分钟，此时时钟和秒的4位LED指示均全暗，分钟显示当前的分钟，按上翻、下翻键后可以对分钟进行增一和减一调整，按下确认键后，保存当前的设定值到PCF8563中，并处于当前模式。再按下设定键则用来调整时，此时秒钟和分钟的4位LED指示均全暗，时显示当前的小时数，按上翻下翻键后可以对分钟进行增一或减一调整，按下确认键后，保存当前的设定值到PCF8563中，并处于当前模式。年月日的调整模式以及报警时间设定模式的操作同时间调整模式相似。

6.5.2　相关知识

（1）动态数码显示的方法。
（2）按键识别与处理方法。
（3）时、分、秒数据送出显示处理方法。
（4）PCF8563时钟芯片使用方法。

6.5.3　任务实施

6.5.3.1　步骤1：硬件电路设计

电子时钟的单片机控制电路如图6－13所示。

6.5.3.2　步骤2：元器件准备及电路制作

（1）完成本任务所需的元器件清单如表6－5所示。

表 6 – 5　电子时钟的单片机控制元器件清单

元器件名称	参　数	数　量	元器件名称	参　数	数　量
IC 插座	DIP40	1	按键		6
单片机	AT89S51	1	电阻	5kΩ	5
8 位数码管	共阳极	1	电阻	10kΩ	1
晶振	12MHz	1	电阻网络	500Ω × 8	1
晶振	32768Hz	1	电解电容	10μF	1
时钟芯片	PCF8563	1	瓷片电容	22pF	4
反向驱动芯片	ULN2803	1	总线收发器	74LS245	1

（2）元器件准备好后，按照图 6 – 13 所示的电路图在万能板上焊接元器件，完成电路板的制作。

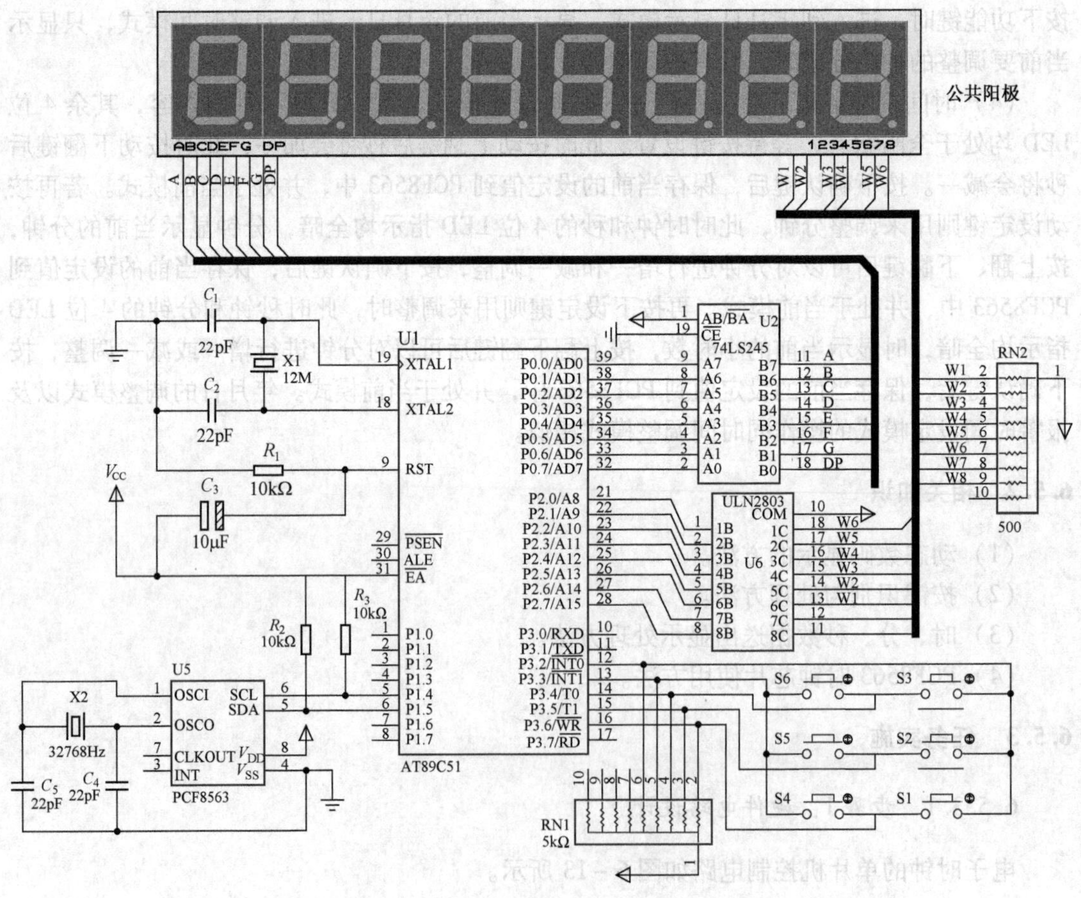

图 6 – 13　电子时钟的单片机控制电路

S1—功能键；S2—设定键；S3—上翻键；S4—下翻键；S5—确定键；S6—退出设置

6.5.3.3 步骤3：控制程序设计

A 程序流程图

程序流程图如图6－14和图6－15所示。

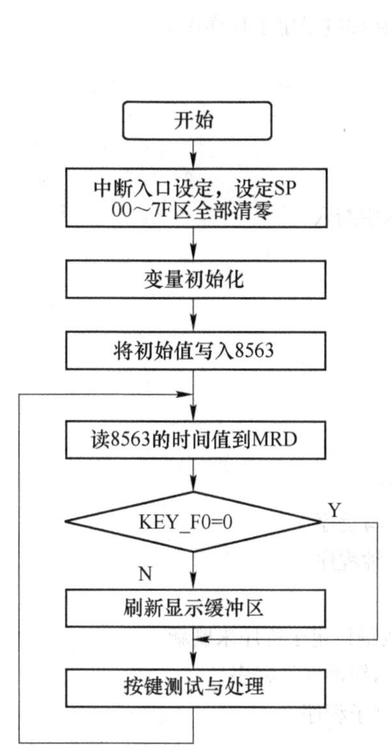

图6－14 主程序流程

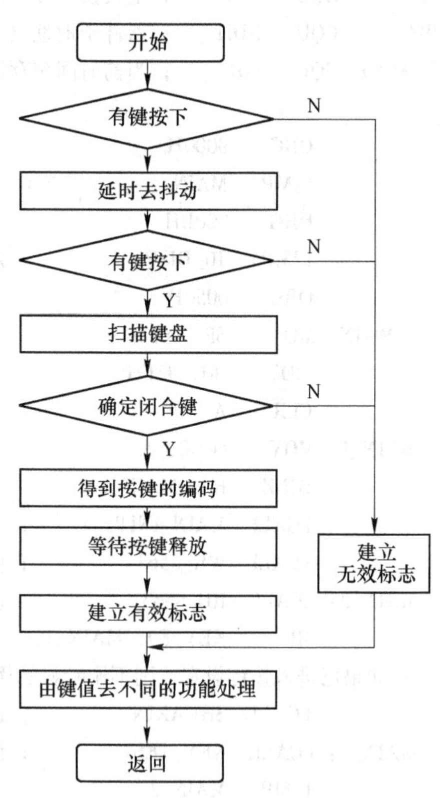

图6－15 按键测试程序流程

B 控制程序

```
SCL       BIT   P1.4    ; SCL：虚拟I²C总线时钟线
SDA       BIT   P1.5    ; SDA：虚拟I²C总线数据线
WAR       BIT   P1.7    ; PCF8563中断引脚
FMING     BIT   P1.3    ; 蜂鸣器的控制引脚=0时鸣叫
KEY_F0    BIT   20H.0   ; 用于表示当前是否进入按键设定，=1表示进入
KEY_F1    BIT   20H.1   ; =1时表示功能键的第一次按下
MTD       EQU   50H     ; MTD：发送数据缓冲区首址
MRD       EQU   60H     ; MRD：接收数据缓冲区首址
SLAW      EQU   0A2H    ; 定义芯片写地址
SLAR      EQU   0A3H    ; 定义芯片读地址
NUMBYT    EQU   3EH     ; 定义传送数据字节数存储单元
DISBUF    EQU   30H     ; 从30H到35H共计6个显示缓冲区
WEI_MA    EQU   36H     ; 动态显示时位码的存放单元
DUAN_MA   EQU   37H     ; 动态显示时段码的存放单元
```

```
DIS_COU   EQU   38H     ；6 个数码管显示的计数指针
KEY_MA    EQU   39H     ；用于保存按键的键码值
FUN_COU   EQU   3AH     ；用于对功能按键的按下次数进行计数
SET_COU   EQU   3BH     ；用于对设定按键的按下次数进行计数
SLA       EQU   3CH     ；定义读/写地址存储单元
SUBA      EQU   3DH     ；器件子地址（直接给出为 00H）
SET_MRD   EQU   40H     ；当前时间缓存区首址（用在按键设定子程序中）

            ORG    0000H
            LJMP   MAIN
            ORG    000BH
            LJMP   T0_DISP              ；定时 T0 显示中断入口
            ORG    0050H
    MAIN：  MOV    SP，#6FH
            MOV    R0，#7FH
            CLR    A
  MAIN_1：  MOV    @ R0，A
            DJNZ   R0，MAIN_1
            LCALL  MAIN_INIT            ；调初始化程序
            LCALL  WR_8563              ；调 8563 时钟写程序
  MAIN_2：  LCALL  RD_8563              ；调 8563 读时钟程序
            JB     KEY_F0，MAIN_3
 ；如果已进入按键设定，则不刷新显示缓冲区，由按键设定子程序来刷新
            LCALL  SHUAXIN              ；调用刷新显示缓冲区子程序
  MAIN_3：  LCALL  KEY_TEST             ；调用按键测试子程序
            LJMP   MAIN_2
MAIN_INIT： MOV    DIS_COU，#6          ；设定显示缓冲区和显示指针初值
            MOV    DUAN_MA，#DISBUF
            MOV    WEI_MA，#0DFH        ；先显示最左边时的高位的数码管
            CLR    KEY_F0               ；首次程序进入时 KEY_F0 清零
            CLR    KEY_F1
            MOV    FUN_COU，#00H        ；功能键计数器清零
            MOV    SET_COU，#00H        ；设定键计数器清零

 ；定时器 T0 初始化
  T0_INIT： MOV    TMOD，#10H           ；置方式控制字
            MOV    TL0，#30H
            MOV    TH0，#0F8H           ；置定时器初值
            SETB   EA                   ；开 CPU 中断
            SETB   ET0                  ；允许 T0 中断
            SETB   TR0                  ；启动 T0
            RET
```

```
; 设定时钟初始值（设定为2015年06月20日星期1下午2点（14点）30分00秒，报警初始值为14点35分）。
LOAD_16: MOV    MTD, #00H          ; 将子地址（SUBA）信息先发送过去
         MOV    MTD+1, #00H        ; 启动时钟
         MOV    MTD+2, #00H        ; 启动时钟
         MOV    MTD+3, #1FH        ; 设置报警及定时器中断，定时器中断为脉冲形式
         MOV    MTD+4, #30H        ; 置分初值
         MOV    MTD+5, #14H        ; 置时初值
         MOV    MTD+6, #20H        ; 日
         MOV    MTD+7, #01H
         MOV    MTD+8, #06H        ; 月
         MOV    MTD+9, #15H        ; 年
         RET
; RD_8563读时钟程序：将秒、分、时、日、星期、月、年和报警信息等十个字节的时间信息读出
; 并整理后放入MRD为首址的接收缓冲区中（其中关于星期的信息只读不要调整）。
RD_8563: PUSH   MTD                ; 把MTD中的内容保存
         MOV    MTD, #00H          ; 把子地址（SUBA）送到MTD缓冲区的首地址中
         MOV    SLA, #SLAW         ; 器件的写地址
         MOV    NUMBYT, #01H       ; 写一个字节
         LCALL  WRNBYT             ; 写入要读的内部单元地址
         POP    MTD                ; 恢复MTD中内容
         MOV    NUMBYT, #10H       ; 读出16个字节数
         MOV    SLA, #SLAR
         LCALL  RDNBYT
         MOV    A, MRD+2           ; 取秒字节
         ANL    A, #7FH            ; 屏蔽无效位
         MOV    MRD+2, A
         MOV    A, MRD+3           ; 取分钟字节
         ANL    A, #7FH            ; 屏蔽无效位
         MOV    MRD+3, A
         MOV    A, MRD+4           ; 取小时字节
         ANL    A, #3FH            ; 屏蔽无效位
         MOV    MRD+4, A
         MOV    A, MRD+5           ; 取日字节
         ANL    A, #3FH            ; 屏蔽无效位
         MOV    MRD+5, A
         MOV    A, MRD+6           ; 取星期字节
         ANL    A, #07H            ; 屏蔽无效位
         MOV    MRD+6, A
         MOV    A, MRD+7           ; 取月字节
         ANL    A, #1FH            ; 屏蔽无效位
         MOV    MRD+7, A
         MOV    A, MRD+8           ; 取年字节
```

```
            ANL     A, #7FH             ; 屏蔽无效位
            MOV     MRD + 8, A
            RET
```

; SHUAXIN 刷新程序：将 MRD 缓冲区中秒、分、时三个字节由压缩 BCD 码转换成非压缩 BCD 码，

; 同时存放在显示缓冲区 DISBUF 中。其中分和时的个位上小数点也要点亮，

; 用于表示时间显示的区分点。

```
SHUAXIN:    MOV     R0, #DISBUF + 5;
            MOV     R1, #MRD + 2
            MOV     R2, #03H            ; 共有 3 个压缩 BCD 码
SHUAXIN_1:  MOV     A, @R1              ; 秒信号 BCD 码送显示缓冲区，取秒信号
            ANL     A, #0FH             ; 取秒分时个位
            MOV     @R0, A              ; 秒个位送秒个位显示缓冲区
            DEC     R0
            MOV     A, @R1              ; 取秒分时显示信号
            ANL     A, #0F0H            ; 取秒分时十位
            SWAP    A
            MOV     @R0, A
            DEC     R0
            INC     R1
            DJNZ    R2, SHUAXIN_1
            MOV     A, 31H
            ADD     A, #10
            MOV     31H, A
            MOV     A, 33H
            ADD     A, #10
            MOV     33H, A              ; 用于点亮分和时的个位上的小数点
            RET
```

; SHUAXINA 刷新程序：将 SET_MRD 缓冲区中秒、分、时三个字节由压缩 BCD 码转换成非压缩 BCD 码，

; 同时存放在显示缓冲区 DISBUF 中。

```
SHUAXINA:   MOV     R0, #DISBUF + 5;
            MOV     R1, #SET_MRD + 2
            MOV     R2, #03H            ; 共有 3 个压缩 BCD 码
SHUAXINA_1: MOV     A, @R1              ; 秒信号 BCD 码送显示缓冲区，取秒信号
            ANL     A, #0FH             ; 取秒分时个位
            MOV     @R0, A              ; 秒个位送秒个位显示缓冲区
            DEC     R0
            MOV     A, @R1              ; 取秒分时显示信号
            ANL     A, #0F0H            ; 取秒分时十位
            SWAP    A
            MOV     @R0, A
            DEC     R0
```

```
          INC    R1
          DJNZ   R2, SHUAXINA_1
          RET

; SHUAXINB 刷新程序:
; 将 SET_MRD 缓冲区中日、月、年三个字节由压缩 BCD 码转换成非压缩 BCD 码,
; 同时存放在显示缓冲区 DISBUF 中。
SHUAXINB: MOV    R0, #DISBUF+5;
          MOV    R1, #SET_MRD+5
          MOV    A, @R1          ; 日信号 BCD 码送显示缓冲区, 取日信号
          ANL    A, #0FH         ; 取日分时个位
          MOV    @R0, A          ; 日个位送日个位显示缓冲区
          DEC    R0
          MOV    A, @R1          ; 取日分时显示信号
          ANL    A, #0F0H
          SWAP   A               ; 取日分时十位
          MOV    @R0, A
          DEC    R0
          INC    R1
          INC    R1              ; 让过星期寄存器
          MOV    A, @R1          ; 月信号 BCD 码送显示缓冲区, 取月信号
          ANL    A, #0FH         ; 取月分时个位
          MOV    @R0, A          ; 月个位送月个位显示缓冲区
          DEC    R0
          MOV    A, @R1          ; 取月分时显示信号
          ANL    A, #0F0H
          SWAP   A               ; 取月分时十位
          MOV    @R0, A
          DEC    R0
          INC    R1
          MOV    A, @R1          ; 年信号 BCD 码送显示缓冲区, 取年信号
          ANL    A, #0FH         ; 取年分时个位
          MOV    @R0, A          ; 年个位送年个位显示缓冲区
          DEC    R0
          MOV    A, @R1          ; 取年分时显示信号
          ANL    A, #0F0H
          SWAP   A               ; 取年分时十位
          MOV    @R0, A
          RET
```

; WR_8563 写入设定好的时钟初始值（每次时钟从 2008 年 10 月 20 日星期 1 下午 2 点（14 点）30 分 00 秒开始运行，

; 报警时间为 14 点 35 分 00 秒）或由按键设定之后的时间信息。

```
WR_8563: LCALL  LOAD_16        ; 将 10 个寄存器内容装入发送缓冲区中
         MOV    SLA, #SLAW     ; 取器件地址
         MOV    NUMBYT, #10    ; 写 10 个信息
         LCALL  WRNBYT         ; 写入
         RET
```

; RD_MRD 把 PCF8563 中读出的 16 个信息放到 SET_MRD 中供按键设定子程序设定。

```
RD_MRD:  MOV    R0, #MRD
         MOV    R1, #SET_MRD
         MOV    R2, #10H
RD_MRD1: MOV    A, @R0
         MOV    @R1, A
         DJNZ   R2, RD_MRD1
         RET
```

; WR_MRD 把按键设定子程序中设定的 10 个值 SET_MTD 中的内容放到 MTD 发送缓冲区中以写 PCF8563 用。

```
WR_MRD:  MOV    R0, #MTD+1
         MOV    R1, #SET_MRD
         MOV    R2, #10
WR_MRD1: MOV    A, @R1
         MOV    @R0, A
         DJNZ   R2, WR_MRD1
         RET

; 判定有无键按下子程序：KEY_ON
; 该程序用于判别键盘矩阵有没有键按下，
; 当结束时 A 中返回全 0 时表示没有按键按下，
; 当 A 中返回非全 0 时表示有按键按下。
KEY_ON:  MOV    A, #0FH        ; 行线送 0, P3.4 ~ P3.7 = 0000
         MOV    P3, A
         NOP
         MOV    A, P3          ; 取键盘连接的端口
         ORL    A, #0F0H       ; 测列线上有 0 没有，高四位设置 1111
         CPL    A              ; 取反，高四位为 0，按键则低四位有 1，用非 0 表示有按键屏
         RET
KEY_P:   NOP
         LCALL  KEY_ON
         LCALL  DL10MS
         LCALL  KEY_ON
         JZ     KEY_ER
         MOV    P3, #11110011B ; 置列线为低电平
         MOV    A, P3          ; 读行线
```

```
         ORL    A, #10001111B    ; 屏蔽无关行
         CPL    A
         MOV    R2, A
         MOV    P3, #10001111B   ; 置行线为低电平
         MOV    A, P3;
         ORL    A, #11110011B    ; 屏蔽无关列
         CPL    A
         ORL    A, R2            ; A中1的位置代表行列信息
         JB     ACC.2, KEY_P1    ; P3.2列（0号列）对应S1、S2、S3
         JB     ACC.3, KEY_P2    ; P3.3列（1号列）对应S4、S5、S6
         LJMP   KEY_ER           ; 返回出错码00H
KEY_P1:  MOV    R2, #0
         LJMP   KEY_P3
KEY_P2:  MOV    R2, #1
KEY_P3:  JB     ACC.4, KEY_P4    ; P3.4行（2号行）对应S3、S6
         JB     ACC.5, KEY_P5    ; P3.5行（1号行）对应S2、S5
         JB     ACC.6, KEY_P6    ; P3.6行（0号行）对应S1、S4
         LJMP   KEY_ER           ; 返回出错码00H
KEY_P4:  MOV    B, #2
         LJMP   KEY_P7
KEY_P5:  MOV    B, #1
         LJMP   KEY_P7
KEY_P6:  MOV    B, #0
KEY_P7:  MOV    A, R2
         ADD    A, R2
         ADD    A, R2
         ADD    A, B             ; 将R2的值（行）×3加列，得出按键号
         INC    A                ; 按键编码为01H到06H
         RET
KEY_ER:  CLR    A
         RET
; KEY_TEST键盘测试子程序，利用线反转法测定键盘编码，
; 有按键则调用KEY_SET按键设定子程序，无按键则返回。
KEY_TEST: LCALL KEY_ON
         JZ     KEY_OUT          ; 无按键返回
         LCALL  DL10ms
         LCALL  KEY_ON
         JZ     KEY_OUT
         LCALL  KEY_P            ; 用线反转法测出按键位置并计算按键编码
         JZ     KEY_OUT          ; 计算出错误码也返回
         MOV    KEY_MA, A
KEY_OFF: LCALL  KEY_ON
         JNZ    KEY_OFF          ; 等待按键释放
```

```
          LCALL  KEY_SET          ；若有按键按下并释放后调用按键设定子程序
KEY_OUT：RET

；KEY_SET 键盘设定子程序，给出每个按键在不同情况被按下时的不同功能
KEY_SET：NOP
          JB     KEY_F1，KEY_SET1
          SETB   KEY_F1；
          LCALL  RD_8563
          LCALL  RD_MRD           ；把 8563 中读出的信息保存用于设定
KEY_SET1：MOV    A，KEY_MA
          MOV    B，#03H
          MUL    AB
          MOV    DPTR，#KEY_S100
          JMP    @A + DPTR
；根据 KEY_MA（键码）的不同值转到不同的按键处理程序中
KEY_S100：LJMP   KEY_S10          ；转到功能键设定分支上
          LJMP   KEY_S20          ；转到设定键设定分支上
          LJMP   KEY_S30          ；转到上翻键设定分支上
          LJMP   KEY_S40          ；转到下翻键设定分支上
          LJMP   KEY_S50          ；转到确定键设定分支上
          RET                     ；共 6 个按键，最后一个直接返回

；转到功能键设定分支上，把 FUN_COU 内容加 1，如果 FUN_COU = 00H，则退出按键子程序
KEY_S10：INC     FUN_COU
          MOV    A，FUN_COU
          MOV    B，#04H
          DIV    AB
          MOV    FUN_COU，B       ；FUN_COU 值加 1 并保存
          MOV    SET_COU，#00H    ；SET_COU 值清零
          MOV    A，B
          JNZ    KEY_F100
          LCALL  RD_8563
          LCALL  SHUAXIN
          MOV    FUN_COU，#00H
          MOV    SET_COU，#00H
          CLR    KEY_F0
          CLR    KEY_F1           ；退出按键设定
          RET                     ；重新显示正常时间
KEY_F100：LJMP   KDISPLAY         ；转到按键中的显示程序
  ；---------设定按键的设定开始。
  ；转到设定键分支上，根据 FUN_COU 中的不同内容转到相应的分支上
 KEY_S20：INC    SET_COU
          MOV    A，SET_COU
```

```
            MOV    B，#03
            DIV    AB
            MOV    SET_COU，B    ；SET_COU 加 1 并保存的值
            LJMP   KDISPLAY      ；跳转到按键后的显示功能
；---------上翻按键的设定开始。
；转到上翻键分支上，根据 FUN_COU 中的不同内容转到相应的分支上
KEY_S30：MOV    A，FUN_COU
            MOV    B，#03H
            MUL    AB
            MOV    DPTR，#KEY_UP100
            JMP    @A+DPTR
；根据 FUN_COU（功能）的不同值转到不同的按键处理程序中
KEY_UP100：LJMP  KDISPLAY      ；上翻键中 FUN_COU=00H 直接转到按键后的显示功能
            LJMP   KDISPLAY      ；上翻键中 FUN_COU=01H 直接转到按键后的显示功能
            LJMP   KEY_UP30      ；转到 FUN_COU=02H 调时间
            LJMP   KEY_UP40      ；转到 FUN_COU=03H 调日期
；----------------调时间
KEY_UP30：MOV    A，SET_COU
            MOV    B，#03H
            MUL    AB
            MOV    DPTR，#KEY_UP31
            JMP    @A+DPTR
KEY_UP31：LJMP   KEY_UP32      ；时间设定中 SEC_COU=0 的分支：秒加
            LJMP   KEY_UP33      ；时间设定中 SEC_COU=1 的分支：分加
            LJMP   KEY_UP34      ；时间设定中 SEC_COU=2 的分支：时加
KEY_UP32：MOV    A，SET_MRD+2  ；秒调整
            ADD    A，#01H
            DA     A
            MOV    B，#60H
            DIV    AB
            MOV    SET_MRD+2，B  ；调整为压缩 BCD 码，且以 60 为界
            LJMP   KDISPLAY      ；跳转到按键后的显示功能
KEY_UP33：MOV    A，SET_MRD+3  ；分调整
            ADD    A，#01H
            DA     A
            MOV    B，#60H
            DIV    AB
            MOV    SET_MRD+3，B  ；调整为压缩 BCD 码，且以 60 为界
            LJMP   KDISPLAY      ；跳转到按键后的显示功能
KEY_UP34：MOV    A，SET_MRD+4  ；时钟调整
            ADD    A，#01H
            DA     A
            MOV    B，#24H
```

```
          DIV    AB
          MOV    SET_MRD+4, B   ; 调整为压缩 BCD 码, 且以 24 为界
          LJMP   KDISPLAY       ; 跳转到按键后的显示功能
; -----------------调日期
KEY_UP40: MOV    A, SET_COU
          MOV    B, #03H
          MUL    AB
          MOV    DPTR, #KEY_UP41
          JMP    @A+DPTR
KEY_UP41: LJMP   KEY_UP42       ; 年月日调整中 SET_COU=0 的分支: 年加
          LJMP   KEY_UP43       ; 年月日调整中 SET_COU=1 的分支: 月加
          LJMP   KEY_UP44       ; 年月日调整中 SET_COU=2 的分支: 日加
KEY_UP42: MOV    A, SET_MRD+5   ; 日调整 (暂不考虑大小月, 都按 30 天算)
          ADD    A, #01H
          DA     A
          MOV    B, #31H
          DIV    AB
          MOV    A, B
          JNZ    KEY_UP45
          MOV    A, #01H
KEY_UP45: MOV    SET_MRD+5, A   ; 调整为压缩 BCD 码, 且以 30 为界
          LJMP   KDISPLAY       ; 跳转到按键后的显示功能
KEY_UP43: MOV    A, SET_MRD+7   ; 月调整
          ADD    A, #01H
          DA     A
          MOV    B, #13H
          DIV    AB
          MOV    A, B
          JNZ    KEY_UP46
          MOV    A, #01H
KEY_UP46: MOV    SET_MRD+7, A   ; 调整为压缩 BCD 码, 且以 12 为界
          LJMP   KDISPLAY       ; 跳转到按键后的显示功能
KEY_UP44: MOV    A, SET_MRD+8   ; 年调整
          CJNE   A, #99H, KEY_UP47
          MOV    SET_MRD+8, #00H
          LJMP   KDISPLAY
KEY_UP47: ADD    A, #01H
          DA     A
          MOV    SET_MRD+8, A   ; 调整为压缩 BCD 码, 且以 30 为界; 调整
          LJMP   KDISPLAY       ; 跳转到按键后的显示功能
; ----------下翻按键的设定开始。
; 转到下翻键分支上, 根据 FUN_COU 中的不同内容转到相应的分支上
KEY_S40:  MOV    A, FUN_COU
```

```
            MOV    B，#03H
            MUL    AB
            MOV    DPTR，#KEY_DO100
            JMP    @A+DPTR

   ；根据FUN_COU（功能）的不同值转到不同的按键处理程序中
KEY_DO100：LJMP   KDISPLAY          ；下翻键中FUN_COU=00H直接转到按键后的显示功能
            LJMP   KDISPLAY          ；下翻键中FUN_COU=01H直接转到按键后的显示功能
            LJMP   KEY_DO30          ；转到FUN_COU=02H时间减
            LJMP   KEY_DO40          ；转到FUN_COU=03H日期减

   ；---------------调时间
 KEY_DO30：MOV    A，SET_COU
            MOV    B，#03
            MUL    AB
            MOV    DPTR，#KEY_DO31
            JMP    @A+DPTR
 KEY_DO31：LJMP   KEY_DO32          ；时间设定中SEC_COU=0的分支：秒减
            LJMP   KEY_DO33          ；时间设定中SEC_COU=1的分支：分减
            LJMP   KEY_DO34          ；时间设定中SEC_COU=2的分支：时减
 KEY_DO32：MOV    A，SET_MRD+2      ；秒调整
            CJNE   A，#00H，KEY_DO35
            MOV    A，#60H
 KEY_DO35：ADD    A，#99H
            DA     A
            MOV    SET_MRD+2，A
            DEC    SET_MRD           ；调整为压缩BCD码，且以60为界
            LJMP   KDISPLAY          ；跳转到按键后的显示功能
 KEY_DO33：MOV    A，SET_MRD+3      ；分调整
            CJNE   A，#00H，KEY_DO36
            MOV    A，#60H
 KEY_DO36：ADD    A，#99H
            DA     A
            MOV    SET_MRD+3，A
            LJMP   KDISPLAY          ；跳转到按键后的显示功能
 KEY_DO34：MOV    A，SET_MRD+4      ；时钟调整
            CJNE   A，#00H，KEY_DO37
            MOV    A，#24H
 KEY_DO37：ADD    A，#99H
            DA     A
            MOV    SET_MRD+4，A
            LJMP   KDISPLAY          ；跳转到按键后的显示功能
```

```
; ---------------- 调日期
KEY_DO40: MOV   A, SET_COU
          MOV   B, #03H
          MUL   AB
          MOV   DPTR, #KEY_DO41
          JMP   @A + DPTR
KEY_DO41: LJMP  KEY_DO42        ; 年月日调整中 SET_COU = 0 的分支: 年减
          LJMP  KEY_DO43        ; 年月日调整中 SET_COU = 1 的分支: 月减
          LJMP  KEY_DO44        ; 年月日调整中 SET_COU = 2 的分支: 日减
KEY_DO42: MOV   A, SET_MRD + 5  ; 日调整 (暂不考虑大小月, 都按 30 天算)
          CJNE  A, #01H, KEY_DO45
          MOV   A, #31H
KEY_DO45: ADD   A, #99H
          DA    A
          MOV   SET_MRD + 5, A  ; 调整为压缩 BCD 码, 且以 30 为界
          LJMP  KDISPLAY        ; 跳转到按键后的显示功能
KEY_DO43: MOV   A, SET_MRD + 7  ; 月调整
          CJNE  A, #01H, KEY_DO46
          MOV   A, #13H
KEY_DO46: ADD   A, #99H
          DA    A
          MOV   SET_MRD + 7, A  ; 调整为压缩 BCD 码, 且以 12 为界
          LJMP  KDISPLAY        ; 跳转到按键后的显示功能
KEY_DO44: MOV   A, SET_MRD + 8  ; 年调整
          ADD   A, #99H
          DA    A
          MOV   SET_MRD + 8, A
          LJMP  KDISPLAY        ; 跳转到按键后的显示功能
; ---------- 确定按键的设定开始。
; 转到确定键分支上, 根据 FUN_COU 中的不同内容转到相应的分支上
KEY_S50:  MOV   A, FUN_COU;
          MOV   B, #03H
          MUL   AB
          MOV   DPTR, #KEY_EN100
          JMP   @A + DPTR

; 根据 FUN_COU (功能) 的不同值转到不同的按键处理程序中
KEY_EN100: LJMP KDISPLAY        ; 确定键中 FUN_COU = 00H 直接转到按键后的显示功能
          LJMP  KDISPLAY        ; 确定键中 FUN_COU = 01H 直接转到按键后的显示功能
          LJMP  KEY_EN30
          LJMP  KEY_EN30        ; 保存设定数据
KEY_EN30: LCALL WR_MRD          ; 调用发送信息更新子程序 (更新时分秒)
          LCALL WR_8563         ; 发送数据到 PCF8563 中
```

```
            LJMP    KDISPLAY         ；SEC_COU =0、1 时跳转到按键后的显示功能
        ；按键中根据 FUN_COU 和 SET_COU 的值转到不同的显示内容中，
        ；即在各种模式下时，要显示的内容也不相同，在按键调整时根据按键功能表可以看出，
        ；显示的变化是依据 FUN_COU 和 SET_COU 不同而变化的，在调秒、分、时、年、月、日时，
        ；要调整的数据也在不同的变化，但此时每一种状态下，
        ；整体显示的东西（整个界面）并没有发生变化，变化的只是某个数，
        ；所以在按键中采用了功能和显示分开的程序，这种方法程序相对长点，可使用起来非常
方便。
    KDISPLAY：MOV   A，FUN_COU
        ；转到功能键设定分支上，根据 FUN_COU 中的不同内容转到相应的分支上
            MOV     B，#03H
            MUL     AB
            MOV     DPTR，#KDIS_F100
            JMP     @A+DPTR
        ；根据 FUN_COU（功能）的不同值显示不同的内容
    KDIS_F100：LJMP  KDIS_F10         ；显示正常时间
            LJMP    KDIS_F20         ；显示日期
            LJMP    KDIS_F30         ；显示调整时间
            LJMP    KDIS_F40         ；显示调整日期
        ；正常显示程序 --- 功能模式 0
    KDIS_F10：LCALL  RD_8563
            LCALL   SHUAXIN          ；刷新显示 8563 中保存的当前时分秒值
            RET

        ；年月日显示程序 --- 功能模式 1
    KDIS_F20：LCALL  SHUAXINB         ；刷新显示 SET_MRD 中保存的当前年月日值
            RET                      ；功能键中 FUN_COU =1 退出按键子程序
        ；时分秒的调整程序 --- 功能模式 2
    KDIS_F30：MOV    A，SET_COU
            MOV     B，#03H
            MUL     AB
            MOV     DPTR，#KDIS_T100
            JMP     @A+DPTR
        ；根据 SET_COU 中的值转到不同的调秒、分、时的分支中
    KDIS_T100：LJMP  KDIS_T10         ；转到显示调秒状态
            LJMP    KDIS_T20         ；转到显示调分状态
            LJMP    KDIS_T30         ；转到显示调时状态
    KDIS_T10：LCALL  SHUAXINA         ；刷新当前时间
            MOV     30H，#20         ；时钟和分钟的位置全暗用于调秒
            MOV     31H，#20
            MOV     32H，#20
            MOV     33H，#20
            RET
```

```
KDIS_T20：LCALL  SHUAXINA        ；刷新当前时间
          MOV    30H，#20         ；时钟和秒钟的位置全暗用于调分
          MOV    31H，#20
          MOV    34H，#20
          MOV    35H，#20
          RET
KDIS_T30：LCALL  SHUAXINA        ；刷新当前时间
          MOV    32H，#20         ；秒钟和分钟的位置全暗用于调时
          MOV    33H，#20
          MOV    34H，#20
          MOV    35H，#20
          RET
；年月日的调整程序 --- 功能模式 3
KDIS_F40：MOV    A，SET_COU
          MOV    B，#03H
          MUL    AB
          MOV    DPTR，#KDIS_D100
          JMP    @ A + DPTR
；根据 SET_COU 中的值转到不同的调年、月、日的分支中
KDIS_D100：LJMP  KDIS_D10         ；转到显示调日状态
          LJMP   KDIS_D20         ；转到显示调月状态
          LJMP   KDIS_D30         ；转到显示调年状态
KDIS_D10：LCALL  SHUAXINB        ；刷新当前年月日
          MOV    30H，#20         ；年和月的位置全暗用于调日
          MOV    31H，#20
          MOV    32H，#20
          MOV    33H，#20
          RET
KDIS_D20：LCALL  SHUAXINB        ；刷新当前年月日
          MOV    30H，#20         ；年和日的位置全暗用于调月
          MOV    31H，#20
          MOV    34H，#20
          MOV    35H，#20
          RET
KDIS_D30：LCALL  SHUAXINB        ；刷新当前年月日
          MOV    32H，#20         ；日和月的位置全暗用于调年
          MOV    33H，#20
          MOV    34H，#20
          MOV    35H，#20
          RET
；----------按键程序结束
WRNBYT：MOV    R3，NUMBYT        ；发送 MTD 开始的 NUMBYT 个字节数据
          LCALL  STA
```

```
        MOV     A, SLA
        LCALL   WRBYT
        LCALL   CACK
        JB      F0, WRNBYT
        MOV     R1, #MTD
WRDA:   MOV     A, @R1
        LCALL   WRBYT
        LCALL   CACK
        JB      F0, WRNBYT
        INC     R1
        DJNZ    R3, WRDA
        LCALL   STOP
        RET
RDNBYT: MOV     R3, NUMBYT      ；读取 NUMBYT 个字节数据，放在 MRD 开始的区
        LCALL   STA
        MOV     A, SLA
        LCALL   WRBYT
        LCALL   CACK
        JB      F0, RDNBYT
RDN:    MOV     R1, #MRD
RDN1:   LCALL   RDBYT
        MOV     @R1, A
        DJNZ    R3, ACK
        LCALL   MNACK
        LCALL   STOP
        RET
ACK:    LCALL   MACK
        INC     R1
        LJMP    RDN1
RDBYT:  MOV     R0, #08         ；读一个字节数据，结果在 A 或 R2 中
RLP:    SETB    SDA
        SETB    SCL
        MOV     C, SDA
        MOV     A, R2
        RLC     A
        MOV     R2, A
        CLR     SCL
        DJNZ    R0, RLP
        RET
WRBYT:  MOV     R0, #08H
WLP:    RLC     A
        JC      WR1
        LJMP    WR0
```

```
WR1：SETB   SDA
     SETB   SCL
     NOP
     NOP
     NOP
     NOP
     CLR    SCL
     CLR    SDA
     LJMP   WLP1
WR0：CLR    SDA
     SETB   SCL
     NOP
     NOP
     NOP
     NOP
     CLR    SCL
WLP1：DJNZ  R0，WLP
     RET
STA：SETB   SDA
     SETB   SCL
     NOP
     NOP
     NOP
     NOP
     CLR    SDA
     NOP
     NOP
     NOP
     NOP
     CLR    SCL
     RET
STOP：CLR   SDA
     SETB   SCL
     NOP
     NOP
     NOP
     NOP
     SETB   SDA
     NOP
     NOP
     NOP
     NOP
     CLR    SCL
```

```
          RET
MACK：    CLR     SDA
          SETB    SCL
          NOP
          NOP
          NOP
          NOP
          CLR     SCL
          SETB    SDA
          RET
MNACK：   SETB    SDA
          SETB    SCL
          NOP
          NOP
          NOP
          NOP
          CLR     SCL
          CLR     SDA
          RET
CACK：    SETB    SDA
          SETB    SCL
          CLR     F0
          NOP
          NOP
          JNB     SDA，CEND         ；检测SDA状态，正常应答后转CEND
          SETB    F0
CEND：    CLR     SCL
          NOP
          NOP
          NOP
          NOP
          RET
```

；T0_DISP：T0定时器中断服务程序：定时器定时时间为2ms，每次中断后改变一个数码管的显示。

；6个数码管从右向左的位码控制分别是P2.5~P2.0，

；所以从最左边向右边移位显示的位码初始值WEI_MA应为0DFH，

；中间位码的改变以RR来完成。数码管所对应的缓冲区分别是30H~35H，其中30H对应最左边的数码管，

；也就是30H对应的缓冲区中内容为小时高位的内容。

```
T0_DISP： NOP     ；T0的定时子程序
          PUSH    ACC
          PUSH    PSW
          CLR     RS1
```

```
            SETB   RS0              ；使用第一组寄存器
            MOV    TH0，#0F9H
            MOV    TL1，#30H
            MOV    R0，DUAN_MA
            MOV    P2，#0FFH        ；先熄灭所有的 LED 管
            MOV    A，@R0
            MOV    DPTR，#TAB
            MOVC   A，@A+DPTR
            MOV    P0，A            ；送出段码
            MOV    P2，WEI_MA       ；送位码
            LCALL  DL01MS
            INC    R0               ；改变显示缓冲区换成下个要显示的数
            MOV    DUAN_MA，R0      ；改变段码指针
            MOV    A，WEI_MA
            RR     A                ；改变段码以便下次显示用
            MOV    WEI_MA，A
            DJNZ   DIS_COU，T0_DISP1
            MOV    DIS_COU，#6
            MOV    DUAN_MA，#DISBUF
            MOV    WEI_MA，#0DFH    ；先显示最左边时的高位的数码管
T0_DISP1：  POP    PSW
            POP    ACC
            RETI

  ；延时 0.4MS 子程序 DL1MS（12MHz）
DL01MS：    MOV    R7，#10
  DL01：    MOV    R6，#10
  DL02：    NOP
            NOP
            DJNZ   R6，DL02
            DJNZ   R7，DL01
            RET
  ；延时 10ms 子程序：DL10ms（12MHz）
DL10MS：    MOV    R7，#10
   DL1：    MOV    R6，#250
   DL2：    NOP
            NOP
            DJNZ   R6，DL2
            DJNZ   R7，DL1
            RET

  ；TAB 显示字形表，共阳极
  TAB：DB 0C0H，0F9H，0A4H，0B0H，99H，92H，82H，0F8H，80H，90H
```

```
DB 40H, 79H, 24H, 30H, 19H, 12H, 02H, 78H, 00H, 10H, 0FFH
END
```

6.5.3.4 步骤4：软硬件调试及运行

（1）运用 Keil C51 软件对控制程序进行编译，并将编译生成的目标代码文件添加至用 Proteus 软件绘制的单片机中，完成本任务的虚拟仿真。

（2）建立硬件仿真调试环境，连接目标电路板（无单片机）和仿真器。运用 Keil C51 软件对程序进行单步调试、全速运行调试等，直至程序运行无误。

（3）将 AT89S51 单片机芯片插到目标电路板的相应位置，将成功编译生成的目标代码文件通过 ISP 下载线以及电路板上的 ISP 下载接口下载至单片机芯片中，然后拔出 ISP 下载线，让单片机脱机运行，观察运行结果。

（4）效果观察。

1）该程序的执行结果是：上电系统显示“14.30.00”，表示当前时间，并按每秒计时。当有按键时，根据按键的不同显示不同的内容。

2）主程序采用 T0 中断做显示程序，定时器定时 2ms，定时时间常数是 F830H，所以在主程序里或按键调整时可以不考虑按键所引起的“黑屏”问题。

3）程序中采用了 3 个显示刷新子程序，当正常显示时使用 SHUAXIN 子程序，用于显示正常时间；SHAUXINA 主要用于按键调整时的时分秒的显示刷新；SHUAXINB 主要用于按键调整时年月日的显示刷新。

6.5.4 任务训练

6.5.4.1 训练 1

增加数码管，独立地显示年、月、日，修改硬件电路和控制程序。

6.5.4.2 训练 2

采用独立式 5 个按键，也可以实现本任务，修改硬件电路和控制程序。

6.5.5 任务小结

本任务是一个综合性很强的任务，涵盖的单片机应用技术较多。主要包括以下几个方面：中断技术、计数技术、动态数码显示技术、矩阵式键盘技术、I^2C 总线的应用技术以及时钟芯片 PCF8563 的使用方法等。

在这个任务里，系统上电以后，首先执行初始化。初始化的内容包括：堆栈指针设定，指定的数据存储区域“清零”，一些基本参数（譬如：位码，显示指针等）的初始值设定，定时器的工作模式设置，定时器初始值设置，PCF8563 的初始化。在以后的时间里，PCF8563 基本上都是独立工作，自动计时，计时的结果以 BCD 的形式存放在 PCF8563 的内部存储区里，除非遇到了时间调整，PCF8563 的内部存储区才会被人为地修改。

执行初始化完毕，整个系统进入一个循环。在这个循环里面，系统完成以下工作：读 PCF8563 的内部存储区，刷新显示缓冲区，按键测试。

循环期间，每2ms定时器T0发生一个中断，中断服务程序工作一次，显示缓冲区的部分内容经过译码送到数码管上显示；期间若有按键则停止刷新显示缓冲区，转向执行键盘测试程序，确定是否真的有键按下，按下的是那一个键，从而转去执行对应的时间或者日期调整程序，时间或者日期调整完毕，又返回主程序继续刷新显示缓冲区。在执行键盘测试程序和执行对应的时间或者日期调整程序期间，因为数码管的显示更新是由定时器T0的中断程序管理，数码管的显示更新并没有停止，所以不存在期间显示停止或者闪烁的现象。

项目7　数字温度计

7.1　项目介绍

温度是自然界一个非常重要的物理量。在工业生产中，温度更是一个需要进行准确测量和控制的关键因素。测量和控制温度的方法很多，在电子测量中，通常利用温度传感器进行温度测量，本项目将通过介绍常用的数字温度传感器 DS18B20 和液晶显示模块 LCD1602 的基本原理及特点，来讲述如何利用89S51 单片机、DS18B20 和 LCD1602 实现温度的测量和显示。

7.2　任务1　DS18B20 温度传感器应用

7.2.1　任务描述

本任务具体介绍 DS18B20 数字温度传感器的内部结构、测温原理及应用特点。

7.2.2　相关知识

7.2.2.1　知识1：DS18B20 简介

DS18B20 是美国 DALLAS 公司生产的单线数字温度传感器芯片，它可以直接将被测温度转换为串行数字信号，供单片机进行处理，具有低功耗、高性能、抗干扰能力强等优点。其主要性能特点为：

（1）采用单总线专用技术，单片机仅需 1 条端口线即可实现与 DS18B20 的双向通信。

（2）可实现简单的多点分布式温度检测。

（3）不需要外部器件。

（4）内部含 3.0～5.5V 的电源。

（5）测温范围：－55～125℃。

（6）可编程分辨率 9～12bit，可分辨温度分别为 0.5℃、0.25℃、0.125℃和 0.0625℃。

（7）用户可自行设定非易式性的报警上下限值。

（8）采用节能设计，在等待状态下功耗近似为零。

7.2.2.2　知识2：DS18B20 的封装及内部结构

A　封装及引脚

DS18B20 常用的封装形式有 3 引脚的 TO－92 和 8 引脚的 SOIC 封装，如图 7－1 所示。DS18B20 的引脚及引脚功能，如表 7－1 所示。

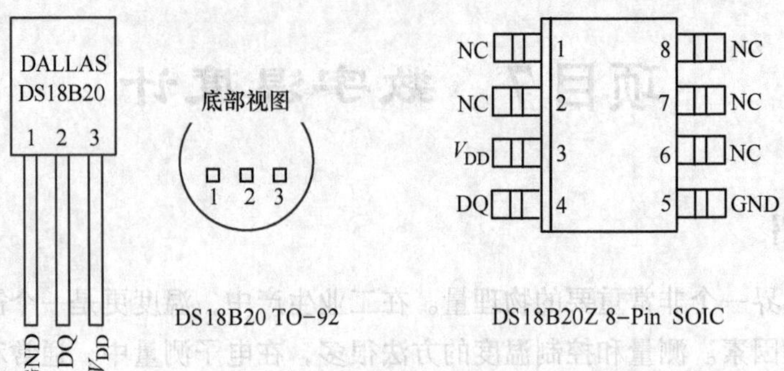

图 7－1　DS18B20 常用封装

表 7－1　DS18B20 的引脚及引脚功能

引脚（SOIC）	引脚（TO－92）	符号	引脚功能
5	1	GND	接地
4	2	DQ	单线操作的数据输入/输出引脚。在寄生电源模式下，可向器件提供电源
3	3	V_{DD}	外接电源输入端。在工作于寄生电源时，此引脚必须接地

B　内部结构

DS18B20 主要由 64 位 ROM、温度传感器、非易失性的温度报警触发器 TH 和 TL 及配置寄存器组成。其内部结构图如图 7－2 所示。

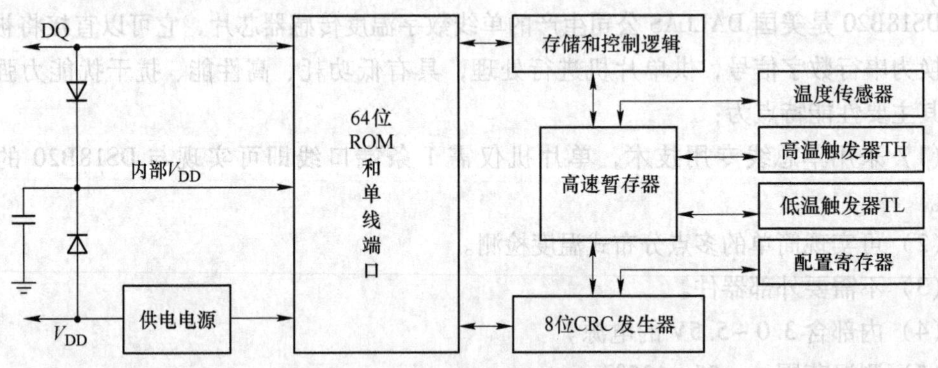

图 7－2　DS18B20 内部结构图

a　64 位 ROM

ROM 中的 64 位序列号是出厂前被光刻好的，它可看做是该 DS18B20 的地址序列号，每个 DS18B20 的 64 位序列号均不相同。其中，低 8 位是产品类型编号，中间 48 位是每个器件的唯一序列号，高 8 位是前 56 位的 CRC 校验码，其位结构如图 7－3 所示。

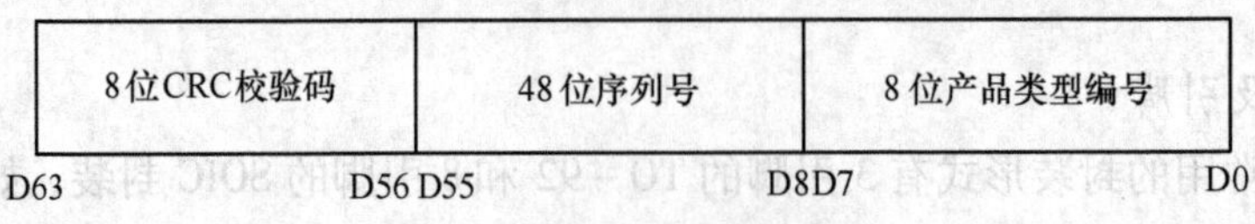

图 7－3　64 位 ROM 位结构

高低温报警触发器 TH 和 TL，配置寄存器均由一个字节的 E^2PROM 组成。使用一个存储器功能命令可对 TH、TL 或配置寄存器写入。

b 内部存储器

DS18B20 温度传感器的内部存储器包括一个高速暂存 RAM 和一个非易失性可电擦除的 E^2RAM。后者存放高低温报警触发器 TH、TL 和配置寄存器的值。前者包含了 9 个连续字节（0 ~8），具体分布见表 7 –2。

表 7 –2 DS18B20 的内部存储器

字 节	高速暂存 RAM	字 节	高速暂存 RAM
0	温度数字量的低 8 位	5	保留
1	温度数字量的高 8 位	6	保留
2	TH/高温限值字节	7	保留
3	TL/低温限值字节	8	CRC 校验
4	配置寄存器		

其中，配置寄存器用于确定温度值的数字转换分辨率，具有重要意义，DS18B20 工作时按此寄存器中的分辨率将温度转换为相应精度的数值。该字节各位的定义如表 7 –3 所示。

表 7 –3 配置寄存器的各位定义

D7	D6	D5	D4	D3	D2	D1	D0
TM	R1	R0	1	1	1	1	1

TM：测试模式位。DS18B20 出厂时该位被设置为 0。

R1、R0：分辨率设置位。具体设置详见表 7 –4。

表 7 –4 DS18B20 分辨率设置

R1	R0	分辨率/位	最大转换时间/ms
0	0	9	93.75
0	1	10	187.5
1	0	11	375
1	1	12	750

c DS18B20 的测温原理

当 DS18B20 接收到温度转换命令后，开始启动温度转换，并将转换完后的温度值以 16 位带符号的二进制补码形式存储在高速暂存器的 0、1 字节。单片机可通过单线总线读取该数据，读取时低位字节在前，高位字节在后，数据格式以 0.0625℃/LSB 形式表示。温度值的低位和高位字节格式如表 7 –5 和表 7 –6 所示。

表 7 –5 温度值低位字节

D7	D6	D5	D4	D3	D2	D1	D0
2^3	2^2	2^1	2^0	2^{-1}	2^{-2}	2^{-3}	2^{-4}

表 7-6　温度值高位字节

D7	D6	D5	D4	D3	D2	D1	D0
S	S	S	S	S	2^6	2^5	2^4

S：标志位，对应温度计算。S=0 时，表示温度值为正，直接将二进制位转换为十进制；S=1 时，表示温度值为负，先将二进制的各位取反加 1 后再计算十进制值。表 7-7 给出了部分温度值的不同进制数。

表 7-7　输出温度值的不同进制数

温度值/℃	二进制表示	十六进制表示
+125	0000 0111 1101 0000	07D0H
+85	0000 0101 0101 0000	0550H
+25.0625	0000 0001 1001 0001	0191H
+10.125	0000 0000 1010 0010	00A2H
+0.5	0000 0000 0000 1000	0008H
0	0000 0000 0000 0000	0000H
-0.5	1111 1111 1111 1000	FFF8H
-10.125	1111 1111 0101 1110	FF5EH
-25.0625	1111 1110 0110 1111	FE6FH
-55	1111 1100 1001 0000	FC90H

DS18B20 完成温度转换后，会将测得的温度值与 TH、TL 作比较，若 T > TH 或 T < TL，则将该器件内的报警标志移位置，并对主机发出的报警搜索命令作出响应。

7.2.2.3　知识 3：DS18B20 的工作协议

访问 DS18B20 的协议包括初始化、发 ROM 命令、发存储器操作命令、处理数据 4 个方面，其工作协议流程如图 7-4 所示。

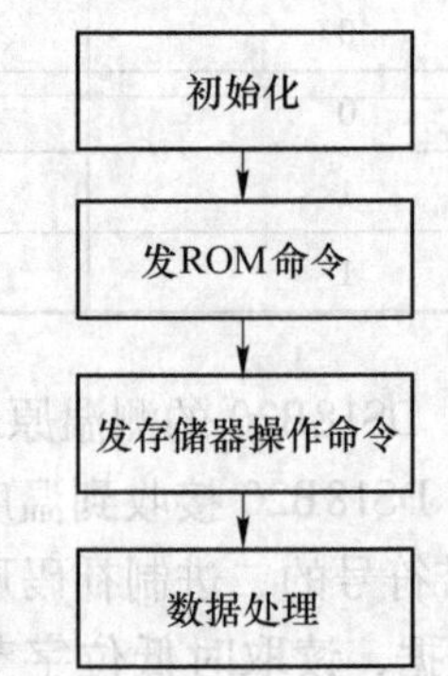

图 7-4　DS18B20 工作协议流程

A　初始化

初始化序列包括一个主机发出的复位脉冲和其后由从机发出的应答脉冲，应答脉冲让主机知道 DS18B20 在总线上且已准备好操作。有关初始化的具体过程详见后面介绍的初始化时序。

B　发 ROM 命令

当主机检测到一个应答脉冲后，就可发出 ROM 命令，包括 5 种 ROM 操作命令，每个命令都是 8 位长度，其命令代码和实现的功能如表 7-8 所示。

表7-8　ROM操作命令

命令	代码	功　能
读ROM	33H	该命令允许主机读到DS18B20的64位ROM编码，该命令只有在总线上存在单个DS18B20时才使用。若总线上有多个从机，当所有从机同时传送信号时会发生数据冲突
匹配ROM	55H	该命令发出后，主机会接着发送64位ROM序列，访问总线上与该序列相对应的DS18B20，使之响应随后的存储器操作指令，该命令允许总线上有单个或多个器件时使用
跳过ROM	CCH	该命令允许总线控制器不用提供64位ROM编码就使用存储器操作指令，在单点总线情况下可以节省时间。如果总线上不止一个从机，在该命令之后接着发一条读命令，由于多个从机同时传送信号，总线上就会发生数据冲突
搜索ROM	F0H	当系统初次启动时，主机可能不知道单线总线上有多少器件或它们的64位ROM编码。该命令允许主机用排除法识别总线上的从机的个数和它们的64位序列编码
报警搜索	ECH	当在最近一次测温后遇到符合报警条件的情况时，DS18B20会响应这条命令。报警条件定义为温度高于TH或低于TL

C　发存储器操作命令

存储器操作指令需在成功执行了ROM操作指令后发出，存储器操作指令共计6种，其命令代码和实现的功能如表7-9所示。

表7-9　存储器操作命令

命令	代码	功　能
写暂存器	4EH	该命令向DS18B20的暂存RAM中写入数据，开始位置在字节2，接下来写入的两个字节将被存到暂存器的字节3和字节4，完全写入3个字节后才开始发出复位信号
读暂存器	BEH	该命令发读取暂存RAM中9个字节的内容
复制暂存器	48H	该命令把暂存RAM中第3、4字节的内容复制到DS18B20的E^2RAM里。若主机在该命令后发出读时序，DS18B20正在进行复制，就会输出一个低电平，复制结束后，DS18B20则输出一个高电平。如果使用寄生电源，主机必须在这条命令发出后立即启动强上拉并最少保持10ms
温度转换	44H	该命令启动DS18B20进行温度转换，温度转换命令被执行后，DS18B20保持等待状态。若使用寄生电源，主机必须在发出这条命令后立即启动强上拉并保持1s，温度转换的结果保存在9字节的RAM中
重调E2暂存器	B8H	该命令把DS18B20的E^2RAM中的内容恢复到暂存RAM中的第3、4字节。该操作在DS18B20上电时自动执行
读电源	B4H	该命令发出后的每个读数据间隙，器件会选择它的电源模式：0为寄生电源，1为外部供电电源

D　数据处理

由于DS18B20是单总线器件，数据的读与写全在一根I/O线上完成，因此必须有严格的时序要求。DS18B20 的通信协议定义了 3 种时序：初始化时序、写时序和读时序。所有时序都是将主机作为主设备，单总线器件作为从设备，每一次命令和数据的传输都是从主机启动写时序开始，若要求从设备回送数据，主机在写命令后需启动读时序完成数据接收，数据和命令的传输都是低位在先。

a DS18B20 的初始化时序

DS18B20 的初始化时序如图 7-5 所示。主机发出一个低电平复位脉冲（脉冲宽度范围为 480~960μs），然后释放总线使其进入接收状态，总线在 4.7kΩ 的上拉电阻作用下变为高电平；DS18B20 检测到总线上的上升沿信号后等待 15~60μs，然后向总线发出一个低电平应答脉冲（脉冲宽度范围为 60~120μs），表示已准备好，可以根据命令发送或接收数据。

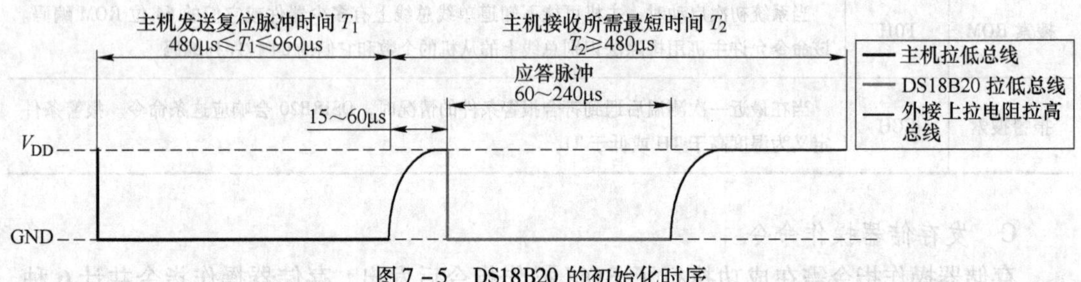

图 7-5 DS18B20 的初始化时序

b DS18B20 的写时序

DS18B20 的写时序如图 7-6 所示，分为写 0 和写 1 时序两个过程。写时序操作从主机发出写数据命令后的第一个下降沿开始，15μs 后写入 1 位数据，写数据的时间应在 15~60μs 之间完成。写完一位数据后，将总线拉回到高电平，并保持至少 1μs 的恢复时间。

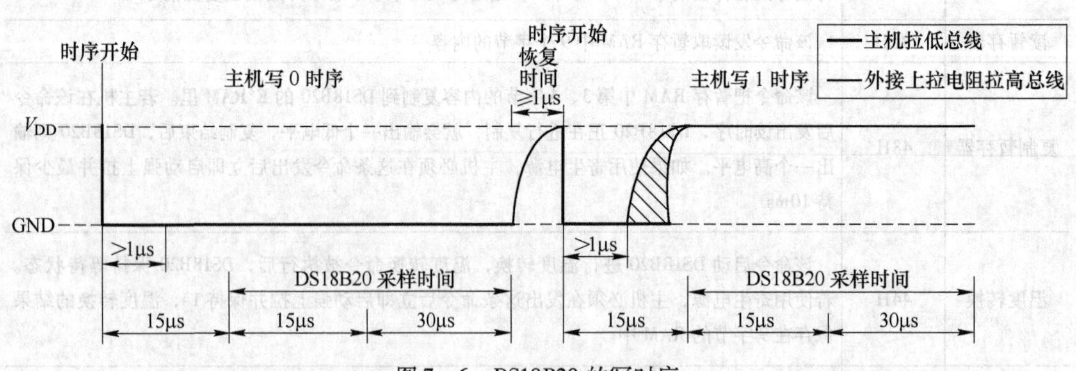

图 7-6 DS18B20 的写时序

c DS18B20 的读时序

DS18B20 的读时序如图 7-7 所示，分为读 0 和读 1 时序两个过程。读时序操作从主机发出读数据命令后的第一个下降沿开始，延时 1μs 后读取 1 位数据。由于 DS18B20 的输出数据在读时序下降沿的 15μs 内有效，因此读数据应在 1~15μs 内完成。之后，外部上拉电阻将总线拉至高电平，读时序操作结束。主机读取一位数据至少需要 60μs，读完每位数据后至少要保持 1μs 的恢复时间。

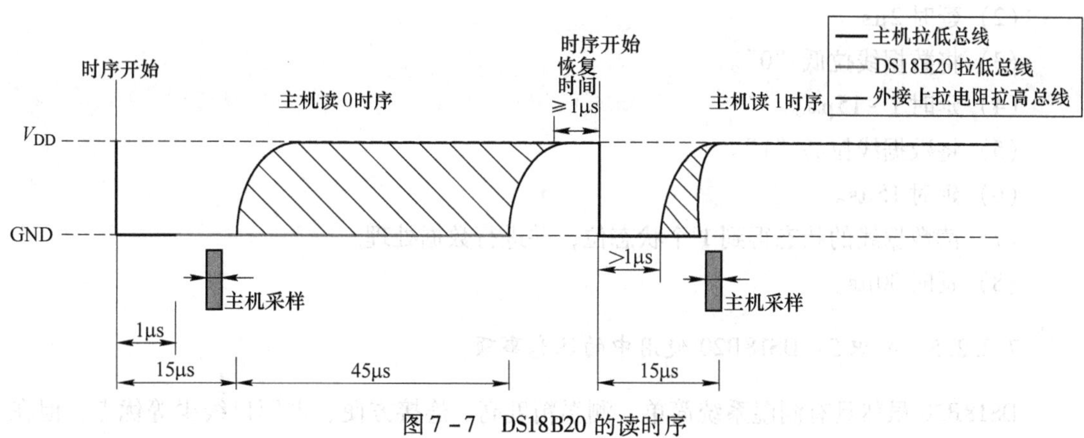

图7-7　DS18B20的读时序

7.2.2.4　知识4：DS18B20的温度读取

DS18B20在出厂时已配置为12位，读取温度时共读取16位，所以把后11位的2进制转化为10进制后在乘以0.0625便为所测的温度，还需要判断正负。前5个数字为符号位，当前5位为1时，读取的温度为负数；当前5位为0时，读取的温度为正数。

A　DS18B20的初始化

(1) 先将数据线置高电平“1”。

(2) 延时（该时间要求的不是很严格，但是尽可能的短一点）。

(3) 数据线拉到低电平“0”。

(4) 延时至少480μs（该时间范围可以为480～960μs）。

(5) 数据线拉到高电平“1”。

(6) 延时等待（如果初始化成功，则在15～60μs时间之内产生一个由DS18B20所返回的低电平“0”，根据该状态可以来确定它的存在。但是应注意不能无限的进行等待，不然会使程序进入死循环）。

(7) 若CPU读到了数据线上的低电平“0”后，继续做延时，其延时的时间从发出的高电平算起［第（5）步的时间算起］最少要480μs。

(8) 将数据线再次拉到高电平“1”后结束。

B　DS18B20的写操作

(1) 数据线先置低电平“0”。

(2) 延时15μs。

(3) 按从低位到高位的顺序发送字节（一次只发送一位）。

(4) 延时60μs。

(5) 将数据线拉到高电平。

(6) 重复上（1）～(6) 的操作直到所有的字节全部发送完为止。

(7) 最后将数据线拉高。

C　DS18B20的读操作

(1) 将数据线拉高“1”。

（2）延时 2μs。

（3）将数据线拉低“0”。

（4）延时 1 ~ 15μs。

（5）将数据线拉高“1”。

（6）延时 15μs。

（7）读数据线的状态得到 1 个状态位，并进行数据处理。

（8）延时 30μs。

7.2.2.5 知识 5：DS18B20 使用中的注意事项

DS18B20 虽然具有测温系统简单、测温精度高、连接方便、占用口线少等优点，但在实际应用中也应注意以下几方面的问题：

（1）DS18B20 从测温结束到将温度值转换成数字量必须保证一定的转换时间，否则会出现转换错误的现象。

（2）在实际使用中，应使电源电压保持在 5V 左右，若电源电压过低，会使所测得的温度精度降低。

（3）较小的硬件开销需要相对复杂的软件进行补偿，由于 DS18B20 与单片机间采用串行数据传送，因此，在对 DS18B20 进行读写编程时，必须严格地保证读写时序，否则将无法读取测温结果。

（4）DS18B20 的单总线上不可以挂任意多个 DS18B20，在实际应用中，当单总线上所挂 DS18B20 超过 8 个时，就需要解决总线驱动问题，这一点在进行多点测温系统设计时要加以注意。

（5）在 DS18B20 测温程序设计中，向 DS18B20 发出温度转换命令后，程序总要等待 DS18B20 的返回信号，一旦某个 DS18B20 接触不好或断线，当程序读该 DS18B20 时，将没有返回信号，程序将进入死循环。

7.2.3 任务实施

本任务是通过温度传感器 DS18B20 将检测的温度送入单片机中处理，若温度值高于某一规定值，则报警，发光二极管亮，若低于该规定值，则发光二极管熄灭。

7.2.3.1 步骤 1：硬件电路设计

DS18B20 采用 3 引脚的 TO - 92 封装形式，设计时将 DS18B20 的引脚 2（DQ 端）接至 AT89S51 单片机的 P1.7 引脚，通过 P1.7 引脚将检测到的温度信息送入单片机处理；AT89S51 的 P0.0 引脚接一红色发光二极管用于报警状态显示；DS18B20 由外部电源供电，具体设计如图 7 - 8 所示。

7.2.3.2 步骤 2：元器件准备及电路制作

（1）完成本任务所需的元器件清单如表 7 - 10 所示。

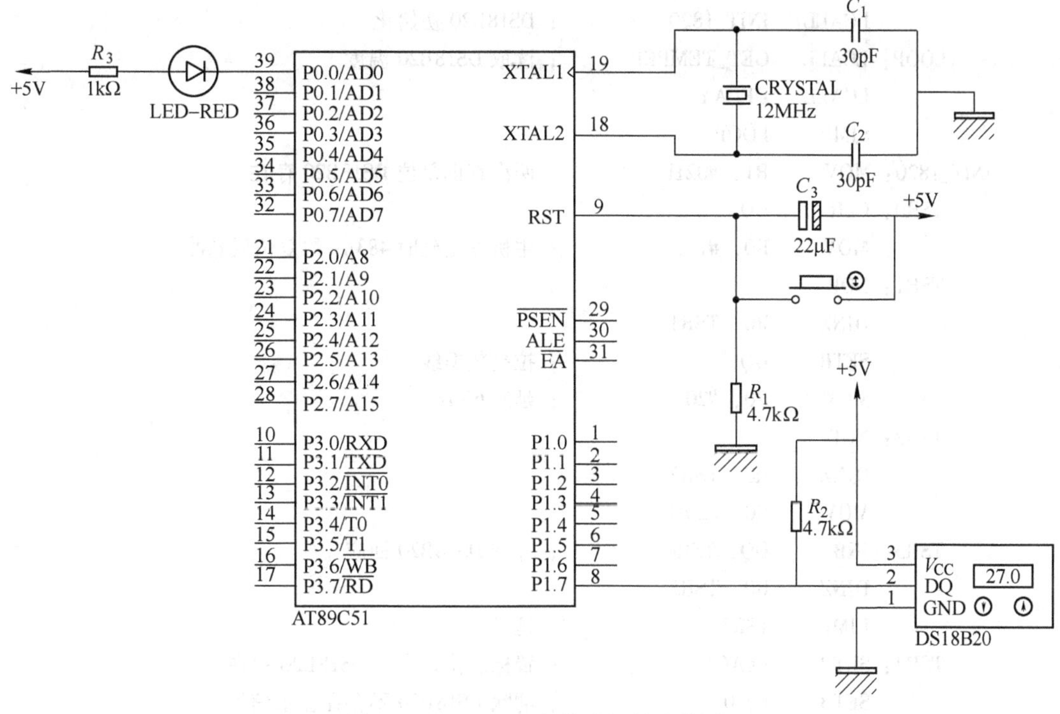

图7－8　DS18B20与单片机的连接图

表7－10　DS18B20温度传感器应用元器件清单

元器件名称	参　数	数　量	元器件名称	参　数	数　量
IC插座	DIP40	1	电阻	4.7kΩ	2
单片机	AT89S51	1	电阻	1kΩ	1
温度传感器	DS18B20	1	电解电容	22μF	1
晶振器	12MHz	1	瓷片电容	30pF	2
按键		1	发光二极管	红色	1

(2) 元器件准备好后，按照图7－8所示的电路图在万能板上焊接元器件，完成电路板的制作。

7.2.3.3　步骤3：控制程序设计

```
  TEMPER_L   EQU   29H          ；用于保存读出温度的低8位
  TEMPER_H   EQU   28H          ；用于保存读出温度的高8位
TEMPER_SET   EQU   27H          ；用于保存用户设定的温度值
     FLAG1   EQU   38H          ；是否检测到DS18B20标志位
        DQ   BIT   P1.7
             ORG   0000H
             LJMP  MAIN
             ORG   0100H
```

```
        MAIN: MOV     SP, #60H        ; 堆栈指针设置
              LCALL   INIT_1820       ; DS18B20 初始化
        LOOP: LCALL   GET_TEMPER      ; 读取 DS18B20 温度
              LCALL   DELAY
              SJMP    LOOP
   INIT_1820: MOV     R1, #02H        ; 两次查询复位 DS18B20 存在
        TSR0: CLR     DQ
              MOV     R0, #161        ; 主机发出延时 483μs 的复位低脉冲
        TSR1: NOP
              DJNZ    R0, TSR1
              SETB    DQ              ; 拉高数据线
              MOV     R0, #20         ; 延时 60μs
        TSR2: NOP
              DJNZ    R0, TSR2
              MOV     R0, #20H
        TSR3: JNB     DQ, TSR4        ; 等待 DS18B20 回应
              DJNZ    R0, TSR3
              LJMP    TSR5            ; 延时
        TSR4: SETB    FLAG1           ; 置标志位，表示 DS18B20 存在
              SETB    P0.0            ; 清除 DS18B20 不存在显示信号
              LJMP    TSR6
        TSR5: DJNZ    R1, TSR0
              CLR     FLAG1           ; 清标志位，表示 DS18B20 不存在
              CLR     P0.0            ; 如果 DS18B20 不存在处理跳转
              LJMP    TSR8
        TSR6: MOV     R0, #117
        TSR7: DJNZ    R0, TSR7        ; 时序要求，延时一段时间
        TSR8: SETB    DQ
              RET
 WRITER_1820: MOV     R2, #8          ; 置写入位数
              CLR     C
         WR1: CLR     DQ
              MOV     R3, #5          ; 要求 15μs 内写数
              DJNZ    R3, $
              RRC     A
              MOV     DQ, C
              MOV     R3, #21         ; 时序要求，写时序至少维持 60μs
              DJNZ    R3, $
              SETB    DQ
              NOP
              DJNZ    R2, WR1
              SETB    DQ
              RET
```

```
READ_1820: MOV   R4, #2           ; 将温度高位和低位从 DS18B20 中读出
           MOV   R1, #TEMPER_L    ; 低位存入 TEMPER_L, 高位存入 TEMPER_H
     RE00: MOV   R2, #8           ; 数据一共有 8 位
     RE01: CLR   C
           SETB  DQ
           NOP                    ; 延时 2μs
           NOP
           CLR   DQ
           NOP
           NOP
           NOP
           SETB  DQ
           MOV   R3, #7           ; 延时 15μs
     RE10: DJNZ  R3, RE10
           MOV   C, DQ
           RRC   A
           MOV   R3, #20
     RE20: DJNZ  R3, RE20
           DJNZ  R2, RE01
           MOV   @R1, A
           DEC   R1
           DJNZ  R4, RE00
           RET
GET_TEMPER: SETB DQ
           LCALL INIT_1820        ; 先复位 DS18B20
           JB    FLAG1, TSS2      ; DS18B20 已经被检测到, 跳到 TSS2 子程序
           RET                    ; 若 DS18B20 不存在则返回
     TSS2: MOV   A, #0CCH         ; 跳过 ROM 匹配
           LCALL WRITER_1820
           MOV   A, #44H          ; 发出温度转换命令
           LCALL WRITER_1820
           LCALL INIT_1820        ; 准备读温度前先复位
           MOV   A, #0CCH         ; 跳过 ROM 匹配
           LCALL WRITER_1820
           MOV   A, #0BEH         ; 发出读温度命令
           LCALL WRITER_1820
           LCALL READ_1820        ; 将读出的温度数据保存到 29H/28H
           SETB  DQ
           LCALL TEM_CONVERT      ; 调用转换温度程序
           LCALL TEM_ALARM        ; 调用报警子程序
           RET
TEM_CONVERT: MOV A, TEMPER_L
           ANL   A, #0F0H
```

```
          MOV    R0, #TEMPER_H
          XCHD   A, @R0
          SWAP   A
          MOV    TEMPER_L, A
          RET
TEM_ALARM: CLR   C
          CJNE   A, #1EH, DEAL1   ；设置高温上限30℃
          SJMP   HAIGH
   DEAL1: JNC    HAIGH
          JMP    BACK
   HAIGH: CLR    P0.0             ；高温报警
          JMP    BACK
    BACK: NOP
          RET
   DELAY: MOV    R5, #250
   LOOP2: MOV    R4, #250
   LOOP1: NOP
          NOP
          DJNZ   R4, LOOP1
          DJNZ   R5, LOOP2
          RET
          END
```

7.2.3.4　步骤4：软硬件调试及运行

（1）运用 Keil C51 软件对控制程序进行编译，并将编译生成的目标代码文件添加至用 Proteus 软件绘制的单片机中，完成本任务的虚拟仿真。

（2）建立硬件仿真调试环境，连接目标电路板（无单片机）和仿真器。运用 Keil C51 软件对程序进行单步调试、全速运行调试等，直至程序运行无误。

（3）将 AT89S51 单片机芯片插到目标电路板的相应位置，将成功编译生成的目标代码文件通过 ISP 下载线以及电路板上的 ISP 下载接口下载至单片机芯片中，然后拔出 ISP 下载线，让单片机脱机运行，观察运行结果。

7.2.4　任务训练

7.2.4.1　训练1

写出 DS18B20 进行温度转换的工作过程。

7.2.4.2　训练2

修改电路图及控制程序，实现检测到的温度值低于设定温度的下限或高于设定温度的上限时，单片机控制不同的发光二极管发光显示。

7.2.5　任务小结

（1）DS18B20是单总线数字温度传感器，它可以直接将被测温度转换为串行数字信号，供单片机进行处理。其测温范围为：-55～125℃，可分辨温度分别为0.5℃、0.25℃、0.125℃和0.0625℃。

（2）访问DS18B20的协议，包括初始化、发ROM命令、发存储器操作命令、处理数据4个方面，数据的读与写必须有严格的时序要求。

7.3　任务2　LCD显示器应用

7.3.1　任务描述

与其他类型的显示器相比，液晶显示器（LCD）具有功耗低、体积小、质量轻、超薄等优点，常用于各种仪器、仪表、电子设备等低功耗产品中。液晶显示模块有多种：有不带字库的和带字库的，有并行工作的和串行工作的。目前，常采用带字符库工作于串行方式下的液晶显示模块。本任务将具体介绍16字×2行字符型LCD1602液晶显示模块的结构、原理及应用特点。

7.3.2　相关知识

7.3.2.1　知识1：LCD1602的特性

LCD1602是一种支持字母、数字、符号等显示的点阵字符型液晶模块。液晶模块采用一片型号为HD44780的集成电路作为控制器。它具有驱动和控制两个主要功能。HD44780内部包含了字符发生器CGROM、用户自定义的字符发生器CGRAM及80B的数据显示缓冲区DDRAM。字符发生器CGROM存储有192个字符，可以用于显示数字、英文字母、常用符号和日文假名等，每个字符都有一个固定的代码，如表7-11所示。

表7-11　CGROM和CGRAM中字符代码与字符图形对应关系表

高4位 低4位	MSB 0000	0010	0011	0100	0101	0110	0111	1010	1011	1100	1101	1110	1111
LSB ××××0000	CGRAM (1)		0		P	\	p		ー	ダ	ミ	α	p
××××0001	(2)	!	1	A	Q	a	q	ロ	ア	チ	ム	ǎ	q
××××0010	(3)	"	2	B	R	b	r	┌	ィ	ッ	メ	β	8
××××0011	(4)	#	3	C	S	c	s	┘	ゥ	テ	モ	τ	∞
××××0100	(5)	$	4	D	T	d	t	、	ェ	ト	ャ	μ	Ω
××××0101	(6)	%	5	E	U	e	u	·	ォ	ナ	ュ	σ	ü
××××0110	(7)	&	6	F	V	f	v	ヽ	カ	ニ	ョ	P	Σ
××××0111	(8)	,	7	G	W	g	w	ァ	キ	ヌ	ラ	g	π
××××1000	(1)	(	8	H	X	h	x	ィ	ク	ホ	リ	√	x
××××1001	(2)	)	9	I	Y	i	y	ゥ	ケ	ノ	ル	··	y
××××1010	(3)	*	:	J	Z	j	z	ェ	ス	ハ	レ	j	千

续表 7 - 11

低4位 \ 高4位	MSB 0000	0010	0011	0100	0101	0110	0111	1010	1011	1100	1101	1110	1111
××××1011	(4)	+	;	K	[	k	{	ォ	サ	ヒ	ロ	`	万
××××1100	(5)	,	<	L	¥	l	|	キ	シ	フ	っ	Φ	円
××××1101	(6)	、	=	M	]	m	}	ュ	ス	ヘ	ン	キ	÷
××××1110	(7)	.	>	N	^	n	→	ョ	セ	ホ	ハ	ü	
××××1111	(8)	/	?	O	—	o	←	ツ	ソ	マ	ロ	Ö	

7.3.2.2　知识 2：LCD1602 的引脚

LCD1602 的实物及引脚图如图 7 - 9 所示，各引脚功能如表 7 - 12 所示。

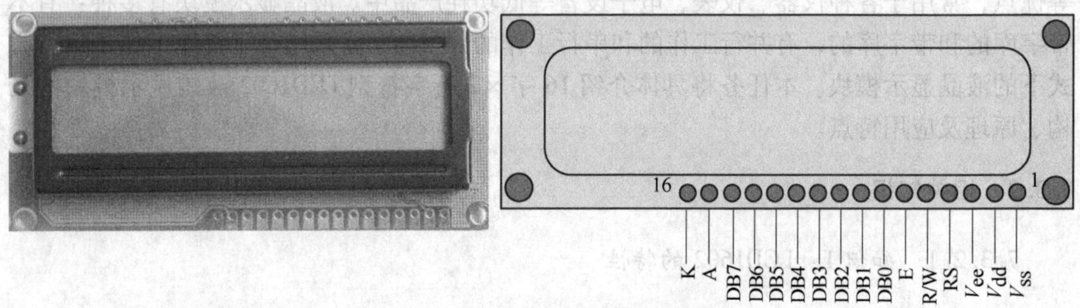

图 7 - 9　LCD1602 的实物及引脚图

表 7 - 12　LCD1602 各引脚功能

引脚号	符号	状态	功　能
1	V_{SS}		电源地
2	V_{dd}		+5V 电源
3	Vee		液晶驱动电源（用于调节对比度）
4	RS	输入	寄存器选择（=1：数据寄存器，=0：指令寄存器）
5	R/W	输入	读/写操作选择（=1：读操作，=0：写操作）
6	E	输入	使能信号（下降沿使能）
7	DB0	三态	数据总线（最低位 LSB）
8	DB1	三态	数据总线
9	DB2	三态	数据总线
10	DB3	三态	数据总线
11	DB4	三态	数据总线
12	DB5	三态	数据总线
13	DB6	三态	数据总线
14	DB7	三态	数据总线（最高位 MSB）
15	A		背光电源线（通常为 +5V，并串联一个电位器，可调节亮度）
16	K		背光电源地线

7.3.2.3　知识3：LCD1602的控制

HD44780的数据显示缓冲区DDRAM，用来寄存待显示的字符代码，共80B，其地址映射如图7－10所示。LCD1602液晶显示器可显示有两行，每行可显示16个字符，分别对应的地址为：00H～0FH（第一行），40H～4FH（第二行）。只要把一个字符的代码送入一个地址，该地址对应的位置就会显示这个字符。

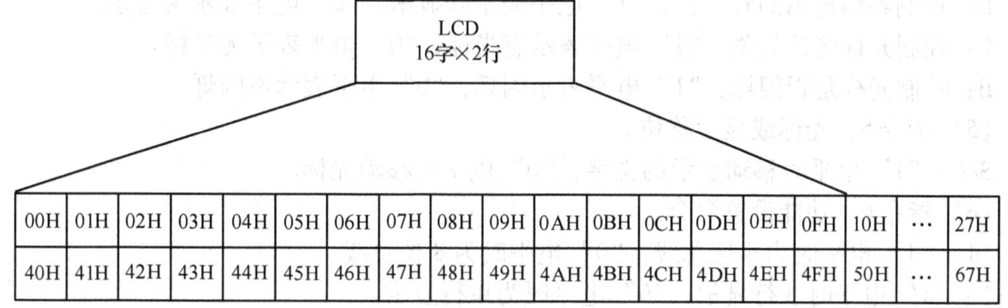

图7－10　LCD的DDRAM地址映射图

LCD1602内部控制器有4种工作状态，如表7－13所示。

表7－13　寄存器选择控制

RS	R/W	E	操作说明
0	0	下降沿	写入指令寄存器（清屏显示等）
0	1	1	读忙碌信号BF(DB7)，以及读取地址计数器（DB0～DB6）值
1	0	下降沿	写入数据寄存器（显示各字形等）
1	1	1	从数据寄存器读取数据

LCD1602液晶模块内部的控制器共有11条控制指令，如表7－14所示。

表7－14　控制命令表

序号	指令功能	指令编码									
		RS	R/W	DB7	DB6	DB5	DB4	DB3	DB2	DB1	DB0
1	清屏显示	0	0	0	0	0	0	0	0	0	1
2	光标返回	0	0	0	0	0	0	0	0	1	*
3	置输入模式	0	0	0	0	0	0	0	1	I/D	S
4	显示开/关控制	0	0	0	0	0	0	1	D	C	B
5	光标或字符移位	0	0	0	0	0	1	S/C	R/L	*	*
6	置功能	0	0	0	0	1	DL	N	F	*	*
7	置CGRAM地址	0	0	0	1	CGRAM的地址（6位）					
8	置DDRAM地址	0	0	1	DDRAM的地址（7位）						
9	读忙标志或地址	0	1	BF	计数器地址						
10	写数到CGRAM或DDRAM	1	0	要写的数据内容							
11	从CGRAM或DDRAM读数	1	1	读出的数据内容							

（1）指令1：清屏显示，指令码01H，光标复位到地址00H位置。

（2）指令2：光标复位，光标返回到地址00H。

（3）指令3：光标和显示模式设置。

I/D：光标移动方向，“1”电平表示右移，“0”电平表示左移。

S：屏幕上所有文字是否左移或者右移，“1”电平表示有效，“0”电平则无效。

（4）指令4：显示开/关控制。

D：控制整体显示的开与关，“1”电平表示开显示，“0”电平表示关显示。

C：控制光标的开与关，“1”电平表示有光标，“0”电平表示无光标。

B：控制光标是否闪烁，“1”电平表示闪烁，“0”电平表示不闪烁。

（5）指令5：光标或显示移位。

S/C：“1”电平时移动显示的文字，“0”电平时移动光标。

（6）指令6：功能设置命令。

DL：“1”电平时为4位总线，“0”电平时为8位总线。

N：“1”电平时双行显示，“0”电平时为单行显示。

F：“1”电平时显示5×10的点阵字符，“0”电平时显示5×7的点阵字符。

（7）指令7：CGRAM地址设置。

（8）指令8：DDRAM地址设置。由于DB7位固定为1，所以DDRAM的地址设置指令码为：80H＋地址码。例如，要访问第二行第一个字符数据，则地址指令码为80H＋40H＝C0H。

（9）指令9：读忙信号和光标地址。

BF：为忙标志位，“1”电平表示忙，此时模块不能接收命令或者数据，如果为“0”电平表示不忙。

（10）指令10：写数据。

（11）指令11：读数据。

7.3.2.4　知识4：LCD1602的初始化

（1）延时15ms。

（2）写指令38H（不检测忙信号）。

（3）延时5ms。

（4）写指令38H（不检测忙信号）。

（5）延时5ms。

（6）写指令38H（不检测忙信号）。

（7）写指令38H：显示模式设置（检测忙信号）。

（8）写指令08H：显示关闭（检测忙信号）。

（9）写指令01H：显示清屏（检测忙信号）。

（10）写指令06H：显示光标移动设置（检测忙信号）。

（11）写指令0CH：开显示及光标设置（检测忙信号）。

7.3.3　任务实施

本任务是将字符“Ji Dian Xue Yuan”和“20140514”分别显示在LCD1602液晶显示

器的两行中。

7.3.3.1　步骤1：硬件电路设计

LCD1602在Proteus中对应的元件是LM016L。如图7－11所示，AT89S51单片机的P0口接至液晶显示器LM016L的DB0～DB7，P3.0、P3.1、P3.2分别接至LM016L的RS、R/W和E端。

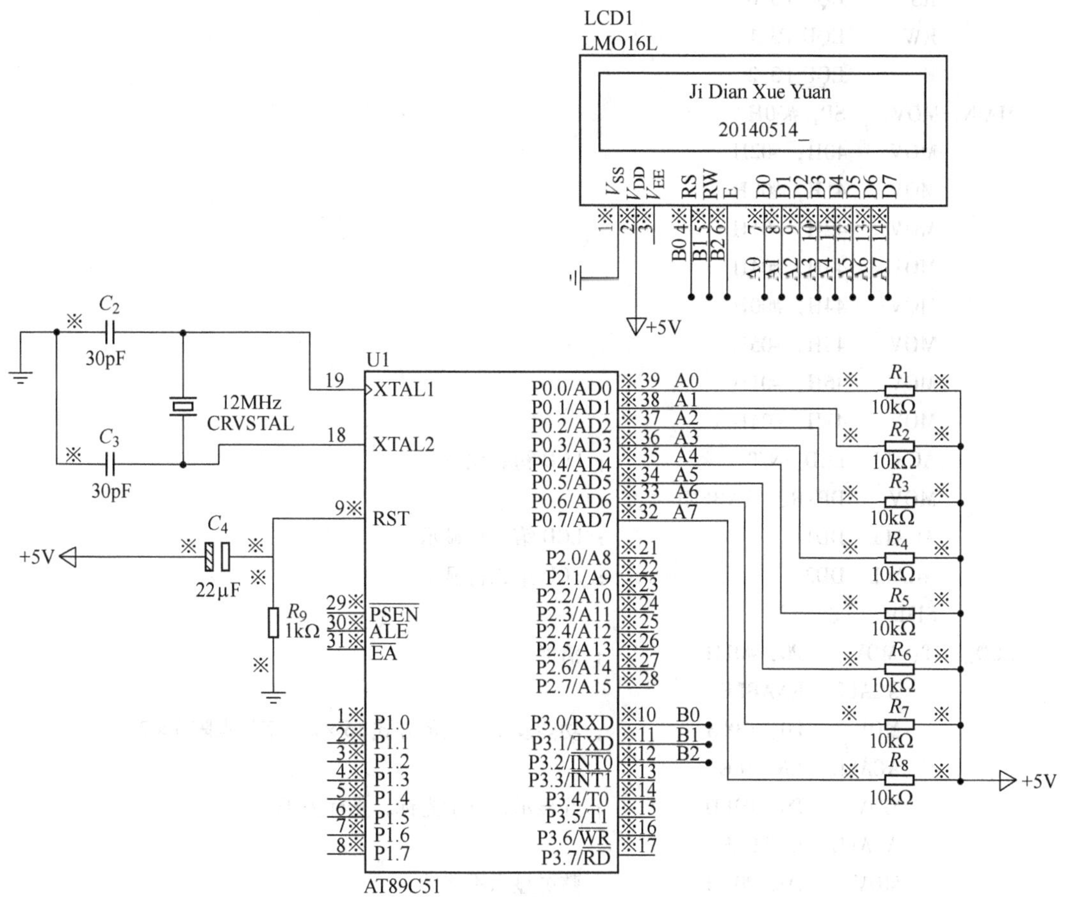

图7－11　LCD1602显示器应用电路图

7.3.3.2　步骤2：元器件准备及电路制作

（1）完成本任务所需的元器件清单，如表7－15所示。

表7－15　LCD1602显示器应用元器件清单

元器件名称	参　数	数　量	元器件名称	参　数	数　量
IC插座	DIP40	1	电阻	10kΩ	8
单片机	AT89S51	1	电阻	1kΩ	1
液晶显示器	LCD1602	1	电解电容	22μF	1
晶振器	12MHz	1	瓷片电容	30pF	2

（2）元器件准备好后，按照图 7－11 所示的电路图在万能板上焊接元器件，完成电路板的制作。

7.3.3.3　步骤 3：控制程序设计

```
          ORG     0000H
          AJMP    MAIN
          RS      EQU P3.0
          RW      EQU P3.1
          E       EQU P3.2
MAIN：    MOV     SP，#60H
          MOV     40H，#02H
          MOV     41H，#00H
          MOV     42H，#01H
          MOV     43H，#04H
          MOV     44H，#00H
          MOV     45H，#05H
          MOV     46H，#01H
          MOV     47H，#04H
          ACALL   LCD_INIT              ；LCD 初始化
          MOV     DPTR，#TABLE1
          ACALL   DD1                   ；LCD 第一行显示
          ACALL   DD2                   ；LCD 第二行显示
          SJMP    $
LCD_INIT：MOV     P0，#01H              ；清屏
          ACALL   ENABLE
          MOV     P0，#38H              ；功能设定，显示方式 16×2，字符点阵 5×7
          ACALL   ENABLE
          MOV     P0，#0FH              ；开显示，显示光标，光标闪烁
          ACALL   ENABLE
          MOV     P0，#06H              ；整屏显示不移动
          ACALL   ENABLE
          RET
DD1：     MOV     P0，#80H              ；第一行的开始位置
          ACALL   ENABLE
          ACALL   WRITE1                ；到 TABLE1 取码
          RET
ENABLE：  CLR     RS                    ；送命令
          CLR     RW
          CLR     E
          ACALL   DELAY
          SETB    E
          RET
```

```
WRITE1: MOV     R1, #00H          ; 显示 TABLE1 中的值
    A1: MOV     A, R1             ; 到 TABLE1 取码
        MOVC    A, @A+DPTR
        ACALL   WRITE2            ; 显示到 LCD
        INC     R1
        CJNE    A, #00H, A1       ; 是否到 00H
        RET
WRITE2: MOV     P0, A             ; 显示
        SETB    RS
        CLR     RW
        CLR     E
        ACALL   DELAY
        SETB    E
        RET
   DD2: MOV     P0, #0C0H         ; 第二行的开始位置
        ACALL   ENABLE
        MOV     DPTR, #TABLE2;
        ACALL   WRITE3            ; 到 TABLE2 取码
        RET
WRITE3: MOV     R1, #40H          ; 显示 TABLE2 中的值
        MOV     R7, #08H
    A2: MOV     A, @R1            ; 到 TABLE2 取码
        MOVC    A, @A+DPTR
        ACALL   WRITE2            ; 显示到 LCD
        INC     R1
        DJNZ    R7, A2            ; 是否结束?
        RET
 DELAY: PUSH    ACC
        MOV     A, R4
        MOV     R4, #05
    D1: MOV     R5, #0FFH
        DJNZ    R5, $
        DJNZ    R4, D1
        MOV     R4, A
        POP     ACC
        RET
TABLE1: DB      "Ji Dian Xue Yuan", 00H
TABLE2: DB      30H, 31H, 32H, 33H
        DB      34H, 35H, 36H, 37H
        DB      38H, 39H, 40H
        END
```

7.3.3.4 步骤4：软硬件调试及运行

（1）运用Keil C51软件对控制程序进行编译，并将编译生成的目标代码文件添加至用Proteus软件绘制的单片机中，完成本任务的虚拟仿真。

（2）建立硬件仿真调试环境，连接目标电路板（无单片机）和仿真器。运用Keil C51软件对程序进行单步调试、全速运行调试等，直至程序运行无误。

（3）将AT89S51单片机芯片插到目标电路板的相应位置，将成功编译生成的目标代码文件通过ISP下载线以及电路板上的ISP下载接口下载至单片机芯片中，然后拔出ISP下载线，让单片机脱机运行，观察运行结果。

7.3.4 任务训练

7.3.4.1 训练1

写出LCD1602液晶显示器的控制过程。

7.3.4.2 训练2

修改控制程序，实现在液晶显示器的两行分别显示“Dan Pian Ji”和“I Love You”字符。

7.3.5 任务小结

（1）LCD1602是一种16字×2行字符型液晶模块，可支持字母、数字、符号等显示。它采用了HD44780集成电路作为控制器，其内部包含了字符发生器CGROM、用户自定义的字符发生器CGRAM及80B的数据显示缓冲区DDRAM。

（2）LCD1602液晶显示器的控制，包括4种工作状态的选择控制以及11条控制指令的使用。

7.4 任务3 数字温度计的单片机控制

7.4.1 任务描述

数字温度计经常应用于我们日常生活中，本任务将利用前面介绍的数字温度传感器DS18B20和液晶显示模块LCD1602，设计一种基于单片机的数字温度计控制系统，实现被测温度值的读取、转换、显示及报警。

7.4.2 相关知识

本任务相关知识请参照任务1及任务2中的内容学习。

7.4.3 任务实施

本任务是通过温度传感器DS18B20将检测的温度送入单片机中进行处理，若温度值高于温度上限值70℃时，则红色发光二极管闪亮，若温度值低于温度下限值5℃时，则黄色发光二极管常亮。同时处理后的温度值通过液晶显示模块LCD1602显示出来。

7.4.3.1　步骤1：硬件电路设计

A　系统框图

数字温度计控制系统主要由单片机、复位电路、时钟电路、温度检测电路、LCD 显示电路、报警电路等组成，其系统框图如图 7 - 12 所示。

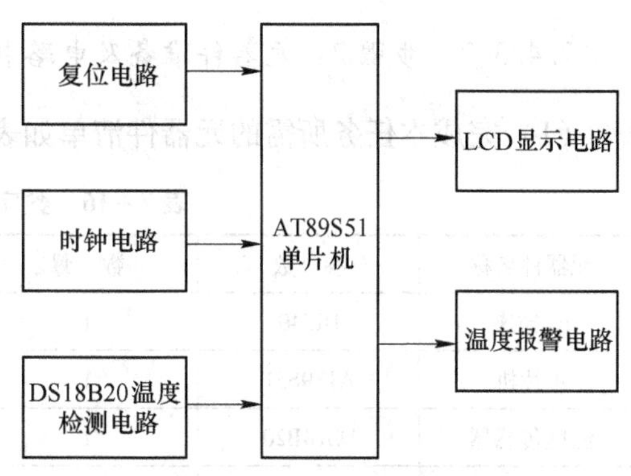

图 7 - 12　数字温度计控制系统框图

B　电路原理图

设计时将 DS18B20 的引脚 2（DQ 端）接至 AT89S51 单片机的 P3.7 引脚，通过 P3.7 引脚将检测到的温度信息送入单片机处理；AT89S51 的 P1.0、P1.1 引脚分别接红色发光二极管和黄色发光二极管用于报警状态显示；AT89S51 的 P2 口接 LCD1602 的 DB0 ~ DB7，P3.0、P3.1、P3.2 分别接 LCD1602 的 RS、R/W 和 E 端。具体设计如图 7 - 13 所示。

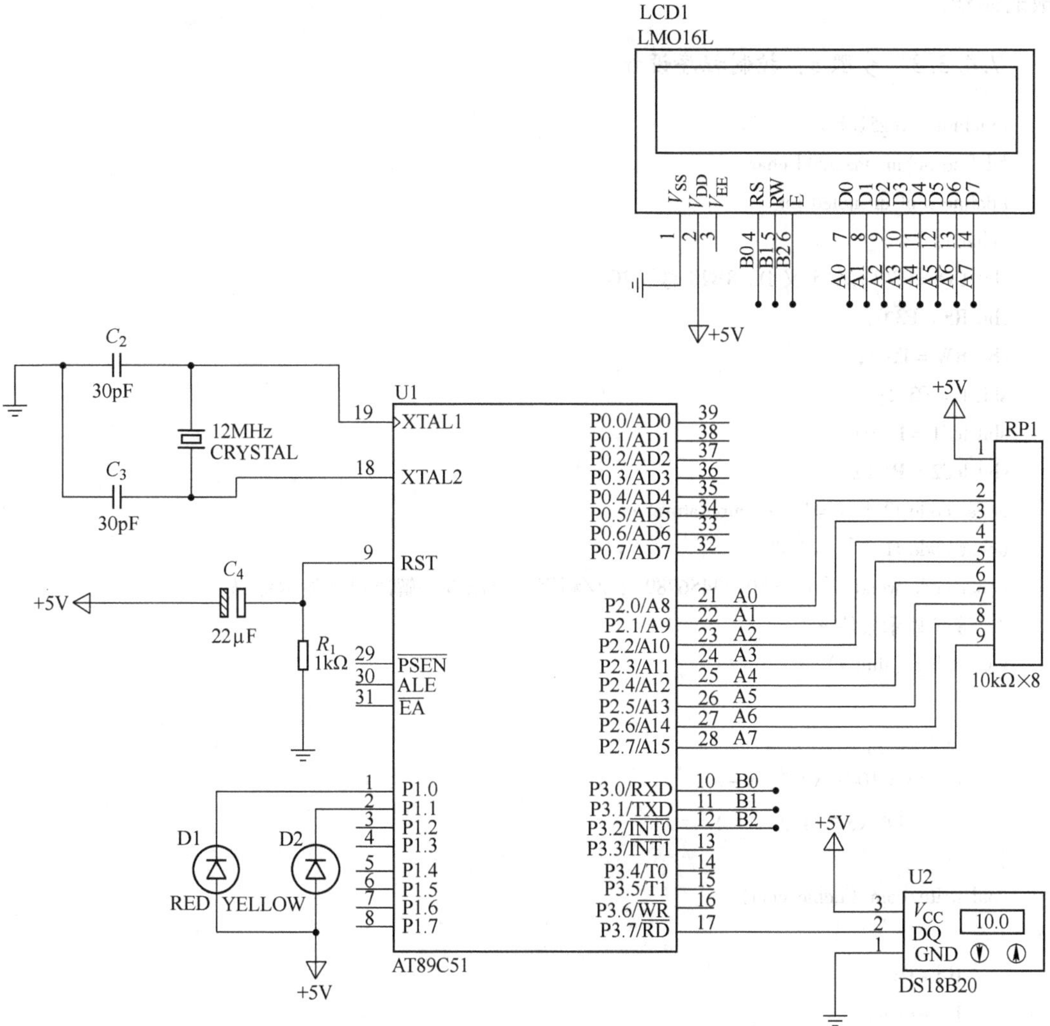

图 7 - 13　数字温度计控制系统原理图

7.4.3.2　步骤2：元器件准备及电路制作

（1）完成本任务所需的元器件清单如表7－16所示。

表7－16　数字温度计元器件清单

元器件名称	参　数	数　量	元器件名称	参　数	数　量
IC插座	DIP40	1	发光二极管	黄色	1
单片机	AT89S51	1	发光二极管	红色	1
温度传感器	DS18B20	1	电阻	1kΩ	1
晶振器	12MHz	1	电解电容	22μF	1
电阻	10kΩ	8	瓷片电容	30pF	2

（2）元器件准备好后，按照图7－13所示的电路图在万能板上焊接元器件，完成电路板的制作。

7.4.3.3　步骤3：控制程序设计

```
#include <reg51.h>
#define uchar unsigned char
#define uint unsigned int
uchar i;
sbit DQ = P3^7; //定义DS18B20总线IO
sbit RS = P3^0;
sbit RW = P3^1;
sbit E = P3^2;
sbit led1 = P1^0;
sbit led2 = P1^1;
uchar code t0 [ ] = "the temperature";
uchar code t1 [ ] = "is";
uchar code wendu [ ] = "0123456789"; //利用一个温度表解决温度显示乱码
/*液晶显示模块*/
void delay (uint z)
{
    uint x, y;
    for (x = 100; x > 1; x --)
        for (y = z; y > 1; y --);
}
void write_com (uchar com)
{
    RS = 0;
    P2 = com;
    delay (5);
```

```
    E=1;
    delay (5);
    E=0;
}
void write_date (uchar date)
{
    RS=1;
    P2=date;
    delay (5);
    E=1;
    delay (5);
    E=0;
}
void init_lcd ()
{
    E=0;
    RW=0;
    write_com (0x38);
    write_com (0x01);
    write_com (0x0c);
    write_com (0x06);
    write_com (0x80);
    for (i=0; i<16; i++)
        {
            write_date (t0 [i]);
            delay (0);
        }
    write_com (0x80+0x40);
    for (i=0; i<16; i++)
        {
            write_date (t1 [i]);
            delay (0);
        }
}
/*温度采集模块*/
void tmpDelay (int num)
{
    while (num--);
}
void Init_DS18B20 () //初始化ds1820
{
    unsigned char x=0;
    DQ=1; //DQ复位
```

```
    tmpDelay (8); //稍做延时
    DQ = 0; //拉低 DQ
    tmpDelay (80); //精确延时大于 480μs
    DQ = 1; //拉高总线
    tmpDelay (14);
    x = DQ; //稍做延时后，若 x = 0 则初始化成功，否则初始化失败
    tmpDelay (20);
}
unsigned char ReadOneChar () //读一个字节
{
    unsigned char i = 0;
    unsigned char dat = 0;
    for (i = 8; i > 0; i--)
    {
        DQ = 0;
        dat >> = 1;
        DQ = 1;
        if (DQ)
        dat| = 0x80;
        tmpDelay (4);
    }
    return (dat);
}
void WriteOneChar (unsigned char dat) //写一个字节
{
    unsigned char i = 0;
    for (i = 8; i > 0; i--)
    {
        DQ = 0;
        DQ = dat&0x01;
        tmpDelay (5);
        DQ = 1;
        dat >> = 1;
    }
}
unsigned int Readtemp () //读取温度
{
    unsigned char a = 0;
    unsigned char b = 0;
    unsigned int t = 0;
    float tt = 0;
    Init_DS18B20 ();
```

```
    WriteOneChar (0xCC); //跳过读序号列号的操作
    WriteOneChar (0x44); //启动温度转换
    Init_DS18B20 ();
    WriteOneChar (0xCC); //跳过读序号列号的操作
    WriteOneChar (0xBE); //读取温度寄存器
    a = ReadOneChar (); //连续读两个字节数据//读低8位
    b = ReadOneChar (); //读高8位
    t = b;
    t< < =8;
    t = t| a; //两字节合成一个整型变量。
    tt = t * 0.0625; //得到真实十进制温度值，因为DS18B20可以精确到0.0625度，
                     //所以读回数据的最低位代表的是0.0625度
    t = tt * 10 +0.5; //放大十倍，这样做的目的将小数点后第一位也转换为可显示数字，
                      //同时进行一个四舍五入操作。
    return (t);
}
void display ()
{
    unsigned int num, num1;
    unsigned int shi, ge, xiaoshu;
    num = Readtemp ();
    num1 = num/10;
    if (num1 >70)
      {led1 =0; led2 =1; delay (500);}
    if (num1 <5)
      { led1 =1; led2 =0; delay (500);}
    else
      {led1 =1; led2 =1;}
      shi = num/100;
      ge = num/10% 10;
      xiaoshu = num% 10;
      write_com (0x80 +0x40 +5);
      write_date (wendu [shi]);
      write_com (0x80 +0x40 +6);
      write_date (wendu [ge]);
      write_com (0x80 +0x40 +7);
      write_date (0x2e);
      write_com (0x80 +0x40 +8);
      write_date (wendu [xiaoshu]);
}
void main ()
{
```

```
        init_lcd ( );
        while (1)
        {
            display ( );
            delay (10);
        }
}
```

7.4.3.4　步骤 4：软硬件调试

（1）运用 Keil C51 软件对控制程序进行编译，并将编译生成的目标代码文件添加至用 Proteus 软件绘制的单片机中，完成本任务的虚拟仿真，其虚拟仿真结果如图 7－14～图 7－16 所示。

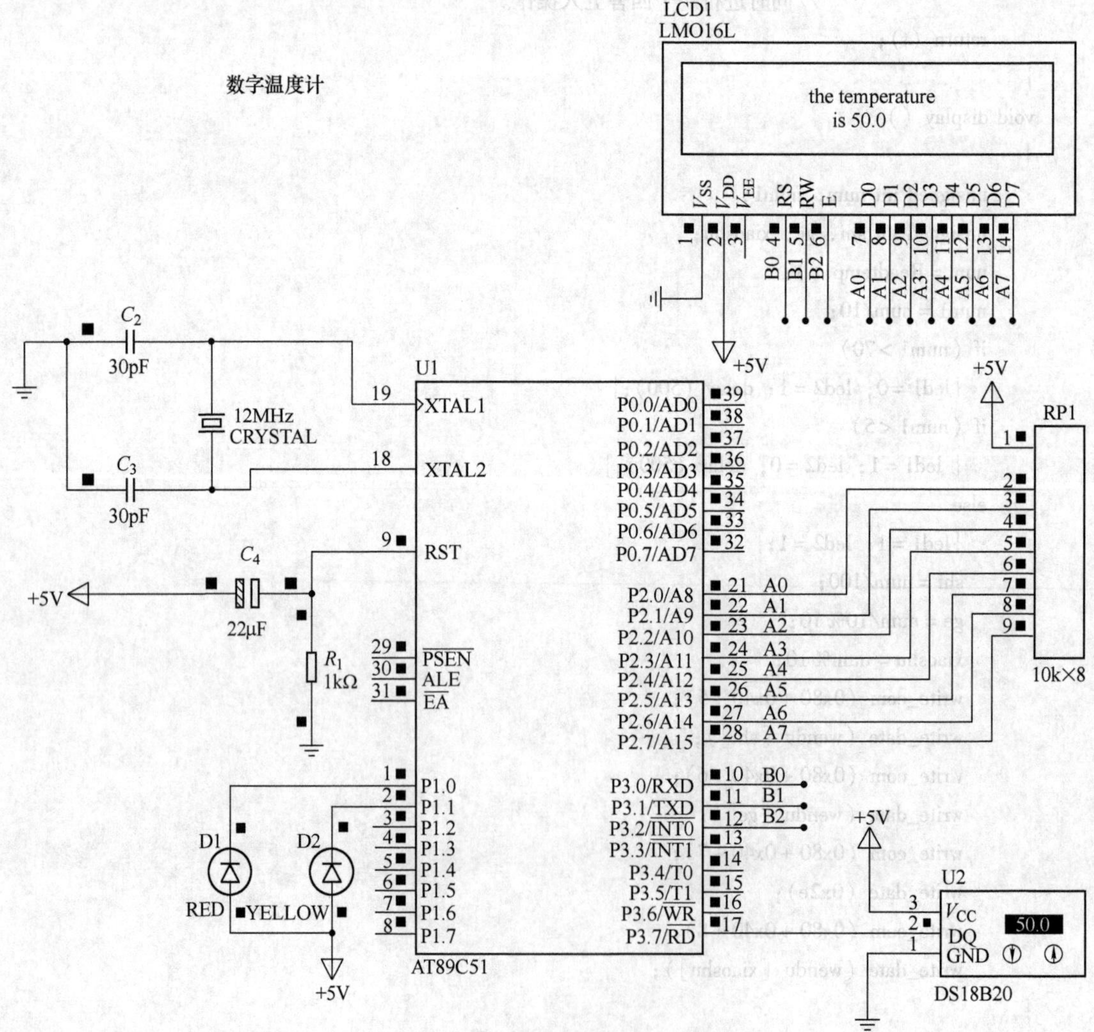

图 7－14　正常温度时仿真结果图

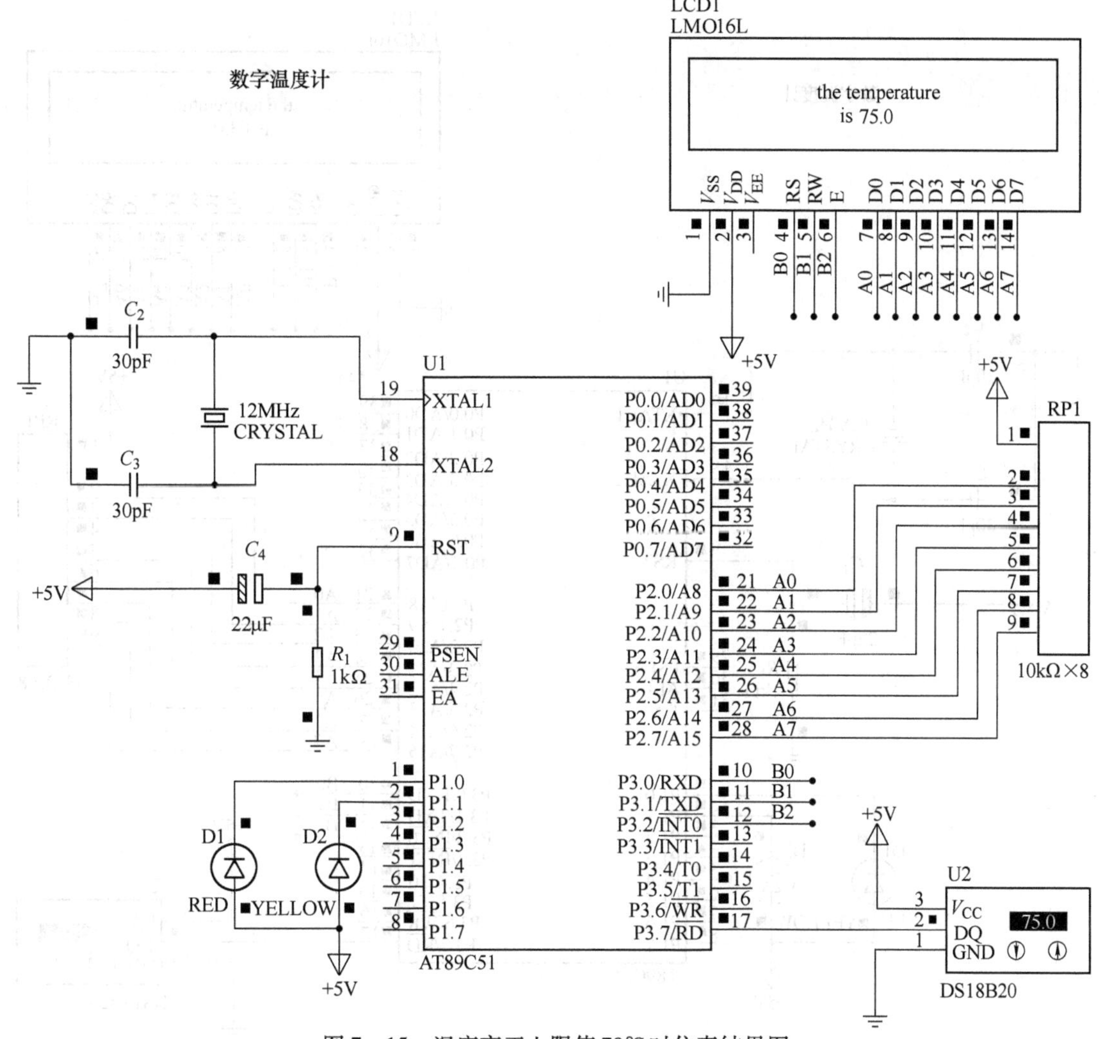

图7-15　温度高于上限值70℃时仿真结果图

（2）建立硬件仿真调试环境，连接目标电路板（无单片机）和仿真器。运用Keil C51软件对程序进行单步调试、全速运行调试等，直至程序运行无误。

（3）将AT89S51单片机芯片插到目标电路板的相应位置，将成功编译生成的目标代码文件通过ISP下载线以及电路板上的ISP下载接口下载至单片机芯片中，然后拔出ISP下载线，让单片机脱机运行，观察运行结果。

7.4.4　任务训练

修改电路图及控制程序，实现检测到的温度值若低于下限值0℃时，以1Hz频率进行声光报警；若高于上限值100℃时，以2Hz频率进行声光报警。

7.4.5　任务小结

（1）数字温度计控制系统主要由单片机、复位电路、时钟电路、温度检测电路、LCD显示电路、报警电路等组成。

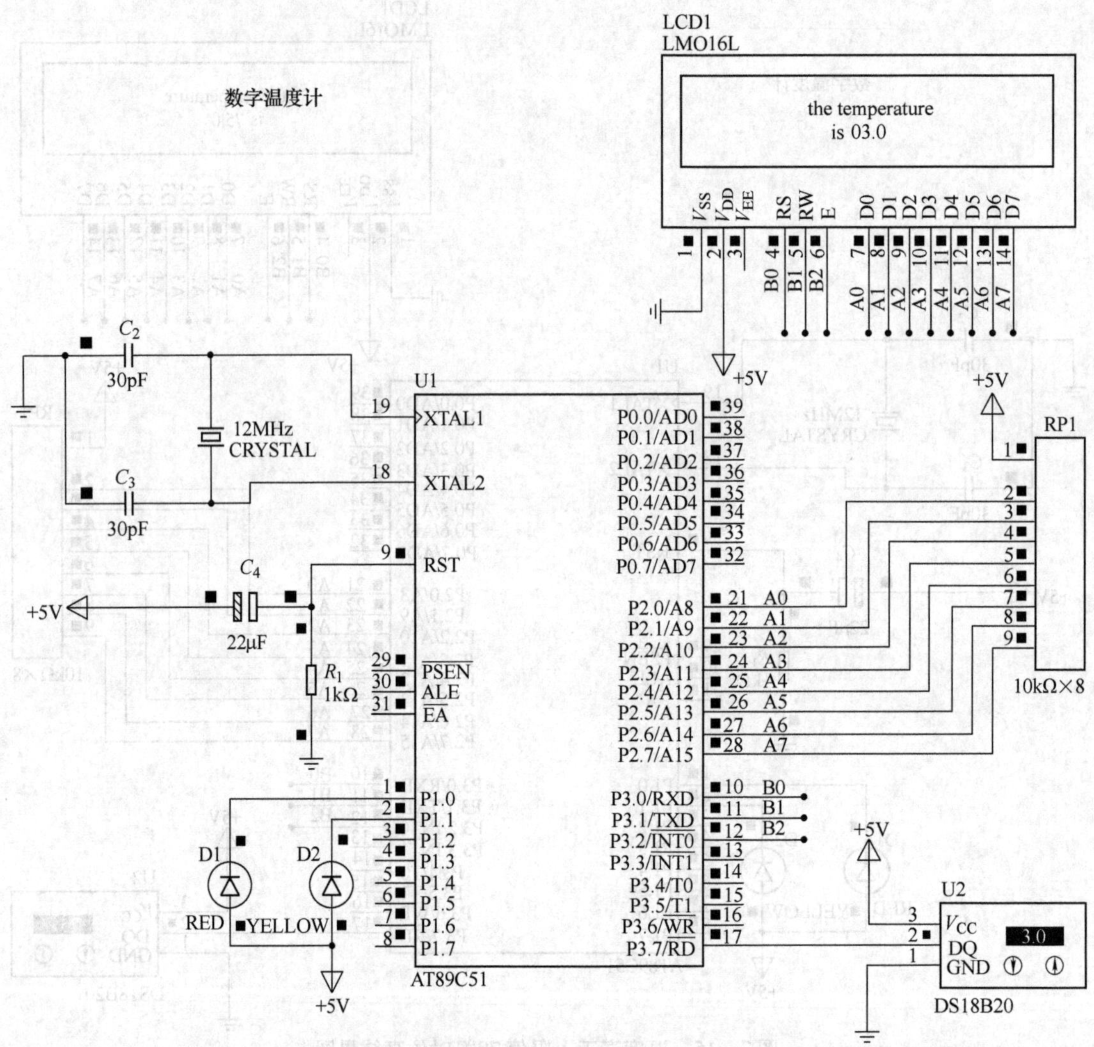

图 7－16　温度低于上限值 5℃时仿真结果图

（2）数字温度计控制系统的程序主要包括：主程序、系统初始化程序、温度采集程序、温度显示及报警程序几部分。

数据通信篇

项目8 串行通信控制

8.1 项目介绍

单片机系统在实际应用中经常会使用通信网络进行远距离的数据传输和实时控制，这些网络可以是由两片单片机之间，或一片单片机和一台 PC 机之间组成的最简单的双机通信网络；也可以是由多片单片机之间，或多片单片机和 PC 机之间组成的复杂的多机通信网络。本项目将主要介绍单片机的串行通信技术，以及如何利用串行通信技术实现单片机与单片机之间的双机通信和多机通信。

8.2 任务1 串行通信

8.2.1 任务分析

通过本任务的学习，了解串行通信的特点、数据帧格式、传输方式等，熟悉串行通信接口标准的特性及应用特点等。

8.2.2 相关知识

8.2.2.1 知识1：串行通信概念

A 串行通信

计算机与外部设备之间的数据通信共有两种方式：并行通信和串行通信。

并行通信是指各数据位同时传送，每一位数据均需要一条传输线。对于单片机，一次传送一个字节数据，因而需要 8 条数据线，如图 8－1 所示。此通信方式仅适用于短距离通信，其特点是传输速度快，传送成本高。

串行通信是各数据位分时传送，只需要一条传输线。对于一个字节数据，至少要分 8 次进行传送，如图 8－2 所示。此通信方式适用于远距离通信，其特点是比并行通信传输速度慢，但传送成本低。

串行通信又分为同步通信和异步通信两种方式。在单片机中使用的串行通信都是异步的，因此本任务仅介绍异步通信。

异步通信的特点是数据以字符为单位进行传送，在传送过程中每一个字符均要加一些

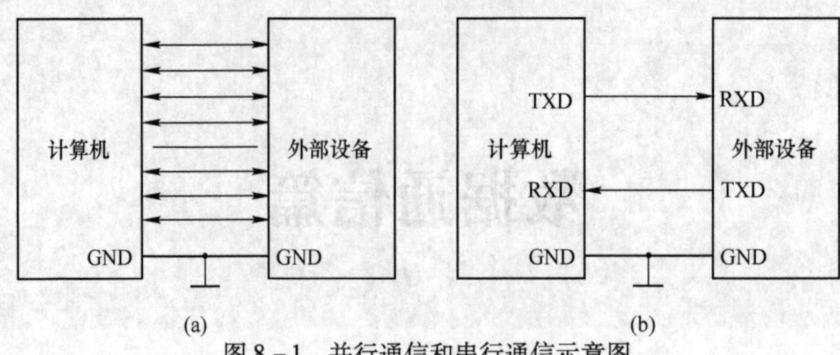

图 8－1 并行通信和串行通信示意图

(a) 并行通信；(b) 串行通信

识别信息位和校验位，构成一帧字符信息，或称帧格式。发送信息时，信息位的同步是通过在字符格式中设置起始位和停止位的方法来实现的。具体来说，就是在一个有效字符正式发送之前，发送器先发送一个起始位，然后发送有效字符位，在字符结束时再发送一个停止位，起始位至停止位构成一帧。停止位至下一个起始位之间是不定长的空闲位，并且规定起始位为低电平（逻辑值为0），停止位和空闲位都是高电平（逻辑值为1），这样就保证了起始位开始处一定会有一个下跳沿，由此就可以标志一个字符传输的起始。显然，采用异步通信时，发送端和接收端可以由各自的时钟来控制数据的发送和接收，这两个时钟源彼此独立，可以互不同步。

B 异步通信的帧格式

异步通信规定传输的数据帧格式由 4 部分组成：起始位、数据位和停止位，如图 8－2 所示。

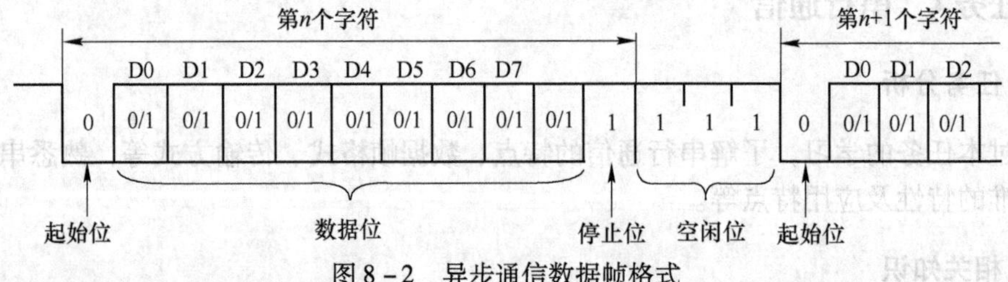

图 8－2 异步通信数据帧格式

（1）起始位。起始位必须是持续一个比特时间的逻辑“0”电平，标志传输一个字符的开始，接收方可用起始位使自己的接收时钟与发送方的数据同步。

（2）数据位。数据位紧跟在起始位之后，是通信中的真正有效信息。数据位的位数可以由通信双方共同约定，一般可以是 5 位、7 位或 8 位。传输数据时，低位在前，高位在后。

（3）奇偶校验位。奇偶校验位仅占一位，用于进行奇校验或偶校验，奇偶检验位不是必须有的。如果是奇校验，需要保证传输的数据总共有奇数个逻辑“1”；如果是偶校验，需要保证传输的数据总共有偶数个逻辑“1”。

（4）停止位。停止位可以是 1 位、1.5 位或 2 位，可以由软件设定。它一定是逻辑“1”电平，标志着传输一个字符的结束。

（5）空闲位。空闲位是指从一个字符的停止位结束到下一个字符的起始位开始，表示线路处于空闲状态，必须由“1”电平来填充。

C 波特率

串行通信的数据传输速率是用波特率来表示的。波特率定义为每秒钟传送二进制的位数。在异步通信中，波特率为每秒传送的字符数与每个字符的位数的乘积。假如每秒传送120个字符，而每个字符按上述规定包含10位（起始位1位、数据位7位、检验位1位、停止位1位），则波特率为：

120字符/秒×10位/字符=1200b/s

波特率越高，数据传输的速度越快。一般异步通信的波特率在50~19200b/s之间。

D　串行通信的传输方式

常用于数据通信的传输方式有单工、半双工、全双工3种。

（1）单工方式。指数据仅能按一个固定方向传输，不能实现反向传输。

（2）半双工方式。指数据可以实现双向传输，但不能同时进行。

（3）全双工方式。指数据可以同时进行双向传输。

8.2.2.2　知识2：串行通信接口标准

A　串行通信接口标准

单片机的串行接口的信号电平为TTL电平，抗干扰能力差，传输距离短。为了提高串行通信的可靠性，延长通信距离，工程设计人员一般采用标准的串行接口。常用的标准串行接口有RS-232C、RS-422A和RS-485。目前，PC机上的COM接口，就是采用的RS-232C接口标准，这里只介绍RS-232C的接口特性。

RS-232C接口特性包括机械特性、电气特性和功能特性三部分，具体如下：

（1）机械特性：

由于RS-232C并未定义连接器的物理特性，因此，出现了DB-25、DB-15、DB-9各种类型的连接器，其引脚的定义也各不相同。下面只介绍最常用的DB-9连接器，其实物及引脚图如图8-3所示。

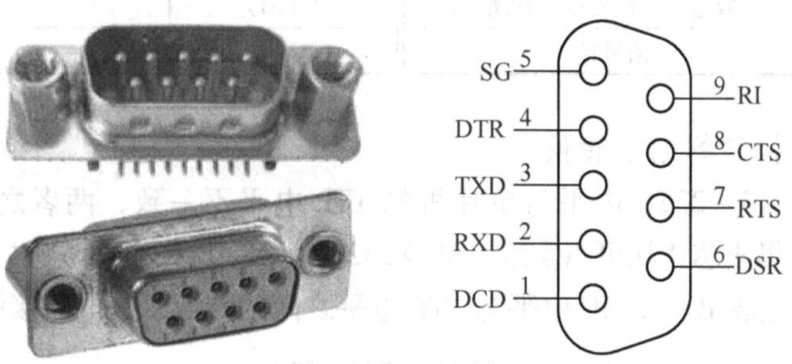

图8-3　DB-9连接器的实物及引脚图

根据通信距离的不同，串行口的电路连接方式也不同。如果距离很近，只需两根信号线（TXD、RXD）和一根地线（GND）就可以实现直接互联，这是最简单也是最常用的三线制接法，如图8-4所示。当通信速率低于20KB/s时，RS-232C所直接互联的最大物理距离为15m。如果是远程通信，则可通过调制解调器（Modem）进行通信互联。

（2）电气特性：

RS-232C对电气特性做了如下规定。

1）在TXD和RXD数据线上。逻辑1为-3~-15V的电压，逻辑0为3~15V的电压。

2）在RTS、CTS、DSR、DTR和DCD等控制线上。信号有效（ON状态）为3~15V的电压，信号无效（OFF状态）为-3~-15V的电压。

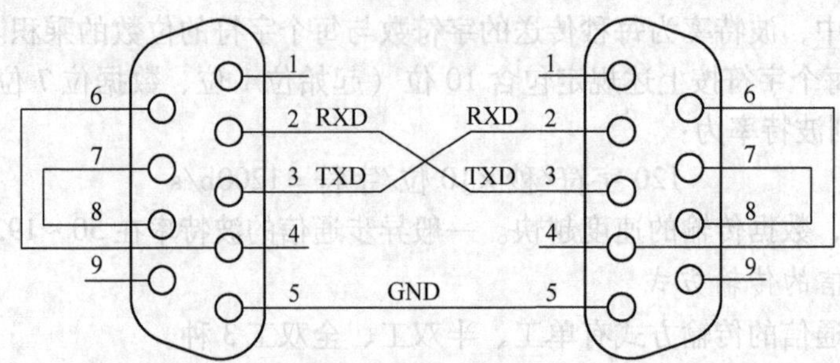

图 8 – 4　DB – 9 连接器的三线制接法

3）–3 ~ +3V 为过渡区，不作定义。

由此可见，RS – 232C 是用正负电压来表示逻辑状态，与 TTL 集成电路以高低电平表示逻辑状态的规定不同。因此，为了能够实现计算机接口或终端的 TTL 器件连接，或单片机与 PC 机的通信，必须在 RS – 232C 与 TTL 电路之间进行电平和逻辑关系的转换。此转换通常采用 MAX232 集成芯片来实现。

（3）功能特性：

RS – 232C 标准接口有 25 条线，其中 4 条数据线、11 条控制线、3 条定时线、7 条备用和未定义线。而 DB – 9 连接器只有 9 条线，其引脚功能定义如表 8 – 1 所示。

表 8 – 1　DB – 9 连接器的引脚功能定义

引脚号	功 能 定 义	引脚号	功 能 定 义
1（DCD）	接收线路信号检测	6（DSR）	数据通信设备准备就绪
2（RXD）	接收数据	7（RTS）	请求发送
3（TXD）	发送数据	8（CTS）	清除发送
4（DTR）	数据终端设备准备就绪	9（RI）	铃声指示
5（SG）	信号地		

B　串行通信接口的电平转换

由于 PC 机的 RS – 232C 电平与单片机的 TTL 电平不一致，两者之间必须进行转换，一般使用 MAX232 集成芯片就可以实现。MAX232 芯片使用单一的 +5V 电源供电，配接 5 个 1μF 电解电容即可完成 RS – 232C 电平与 TTL 电平之间的转换，其电路接线如图 8 – 5 所示。

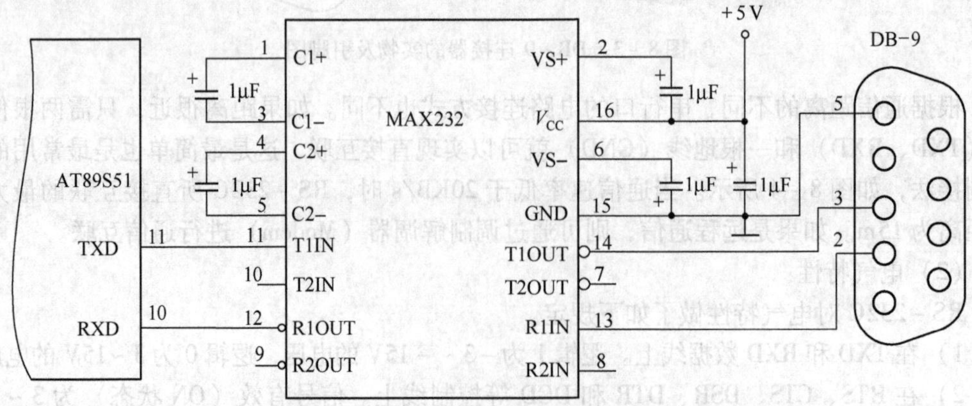

图 8 – 5　MAX232 电平转换芯片电路接线图

8.2.3　任务实施

本任务是通过学习串行通信的相关知识，为后续的单片机双机通信和多机通信学习做铺垫。

8.2.3.1　步骤1：串行通信基础知识学习

通过本任务相关知识及参考资料，进一步学习串行通信与并行通信、异步通信和同步通信之间的区别与联系。

8.2.3.2　步骤2：串行通信接口标准学习

通过本任务相关知识及参考资料，进一步学习串行通信常用接口的接口特性与应用特点。

8.2.4　任务训练

8.2.4.1　训练1

通过参考学习资料，写出标准总线接口RS－232C、RS－422A、RS485的异同之处。

8.2.4.2　训练2

通过参考学习资料，自制MAX232电平转换接口。

8.2.5　任务小结

（1）串行通信是各数据位分时传送，只需要一条传输线。传输速度相对较慢，传送成本低，适用于远距离通信。

（2）串行通信分为同步通信和异步通信两种方式。异步通信是以字符为单位进行传送，其信息位的同步是通过在字符格式中设置起始位和停止位的方法来实现的，为此发送端和接收端的时钟源可以彼此独立，互不同步。

（3）异步通信的数据帧格式由起始位、数据位、奇偶校验位和停止位4部分组成。

（4）串行通信的传输方式有单工、半双工、全双工3种。

（5）常用的串行通信接口标准有RS－232C、RS－422A和RS－485。RS－232C电平与TTL电平之间的转换一般通过MAX232实现。

8.3　任务2　单片机双机通信

8.3.1　任务分析

本任务具体介绍两片单片机之间的通信原理与通信过程。

8.3.2　相关知识

8.3.2.1　知识1：AT89S51单片机的串行口结构及控制寄存器

AT89S51单片机的串行口是一个可编程的全双工通信接口，具有通用异步接收和发送器 UART 的全部功能，能同时进行数据的发送和接收，也可以作为同步移位寄存器使用。AT89S51 的串行口主要由两个独立的串行数据缓冲器 SBUF、串行口控制寄存器、输入移位寄存器和若干控制门电路组成，其内部结构如图 8－6 所示。

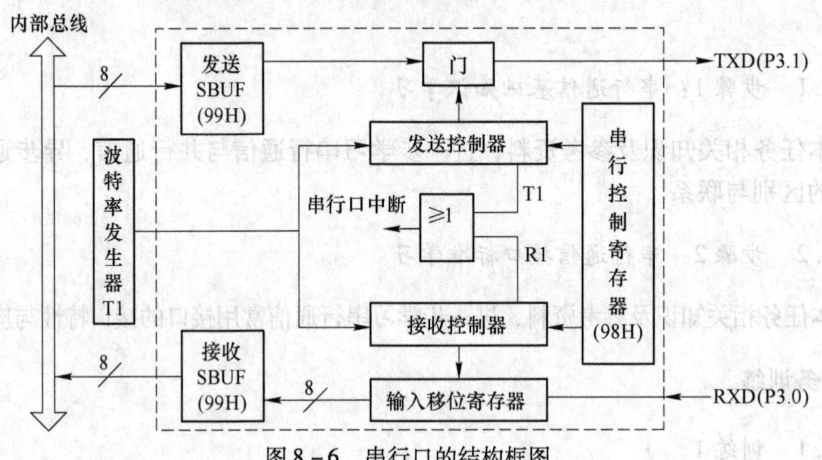

图 8－6　串行口的结构框图

（1）数据缓冲器（SBUF）：

AT89S51 可以通过特殊功能寄存器 SBUF 的读写操作，实现对串行接收或串行发送寄存器的访问，串行接收和串行发送寄存器在串行口内部是两个独立的存储单元，共用一个地址 99H。发送时用指令将数据送到 SBUF 即可启动发送；接收时用指令将 SBUF 中接收到的数据读出。

（2）串行控制寄存器（SCON）：

SCON 用于串行通信方式的选择，收发控制及状态指示，其地址为 98H，可以位寻址。各位含义如下：

位地址	9FH	9EH	9DH	9CH	9BH	9AH	99H	98H
位符号	SM0	SM1	SM2	REN	TB8	RB8	TI	RI

1）SM0、SM1：串行接口工作方式选择位，其定义如表 8－2 所示。

表 8－2　串行口工作方式

SM0	SM1	工作方式	功　能	波 特 率
0	0	0	8 位同步移位寄存器（用于 I/O 扩展）	$f_{osc}/12$
0	1	1	8 位异步串行通信（UART）	可变（T1 溢出率 $\times 2^{SMOD}/32$）
1	0	2	9 位异步串行通信（UART）	$f_{osc}/64$ 或 $f_{osc}/32$
1	1	3	9 位异步串行通信（UART）	可变（T1 溢出率 $\times 2^{SMOD}/32$）

2）SM2：多机通信控制位。多机通信只有在方式 2 和方式 3 下进行。在方式 2 和方式 3 下，若置 SM2＝1，则只有在收到的第 9 位数据（RB8）为 1 时，才将接收到的前 8 位数据送入 SBUF，并置 RI＝1 产生中断请求；否则，将接收到的前 8 位数据丢弃。在方式 0 下，SM2 必须为 0。在方式 2 下，若 SM2＝0，则只有收到有效的停止位时才会置 RI＝1。

3）REN：接收允许控制位。由软件置 1 或清 0。REN＝1，允许接收；REN＝0，禁止接收。

4）TB8：在方式 2 和方式 3 下，TB8 的内容为要发送的第 9 位数据，根据需要由软件置 1 或清 0。在双机通信时，TB8 一般作为奇偶校验位使用；在多机通信时，TB8 可作为区别地址帧和数据帧的标识位，TB0 =0 为数据帧，TB8 =1 为地址帧。

5）RB8：在方式 2 和方式 3 下，RB8 的内容为接收到的第 9 位数据，即 TB8 中的内容。

6）TI：发送中断标志。在方式 0 下，发送完第 8 位数据时，该位由硬件自动置 1；在其他方式下，于发送停止位之前，由硬件自动置该位为 1。在任何方式下，TI 必须由软件清 0。

7）RI：接收中断标志。在方式 0 下，接收完第 8 位数据时，该位由硬件自动置 1；在其他方式下，当接收到停止位时，由硬件自动置该位为 1。RI 的状态既可供软件查询使用，也可以请求中断。在任何方式下，RI 必须由软件清 0。

（3）电源控制寄存器（PCON）：

PCON 中的最高位为串行口波特率的倍增位 *SMOD*，当 *SMOD* =1 时，串行口的波特率加倍。系统复位时，*SMOD* =0。

8.3.2.2　知识 2：单片机双机通信工作方式

由表 8 -2 所知，单片机串行通信工作方式共 4 种，由 SCON 中的 SM0、SM1 两位进行工作方式的选择。其中，工作方式 0 常用于扩展 I/O 口，在此不作介绍，本任务中采用工作方式 1 实现双机通信。

方式 1 为 8 位通用异步通信接口。帧数据格式为 10 位（8 位数据位，起始位和停止位各 1 位）。其波特率是可变的，AT89S51 串行口的波特率时常由工作于方式 2 下的定时器 TI 的溢出率决定，且 TI 禁止中断。

$$波特率 = \frac{2^{SMOD}}{32} \times \text{TI 的溢出率} = \frac{2^{SMOD}}{32} \times \frac{f_{osc}}{12(256 - X)}$$

SMOD =1 时，表示波特率加倍，*SMOD* =0 时，表示波特率不加倍；*X* 为定时器 TI 的初值。

AT89S51 串行口常用的波特率如表 8 -3 所示。

表 8 -3　AT89S51 串行口常用波特率

串行口工作方式	波特率/B·s^{-1}	f_{osc}/MHz	定时器 TI			
			SMOD	$C/\overline{T}$	模式	定时器初值
方式 0	1M	12	×	×	×	×
方式 2	375K	12	1	×	×	×
	187.5K	12	0	×	×	×
方式 1 方式 3	62.5K	12	1	0	2	0FFH
	19.2K	11.0592	1	0	2	0FDH
	9.6K	11.0592	0	0	2	0FDH
	4.8K	11.0592	0	0	2	00FAH
	2.4K	11.0592	0	0	2	0F4H
	1.2K	11.0592	0	0	2	0E8H
	137.5	11.0592	0	0	2	1DH
	110	12	0	0	1	0FEEBH
方式 0	0.5M	6	×	×	×	×
方式 2	187.5K	6	1	×	×	×

续表 8 - 3

串行口工作方式	波特率/B · s^{-1}	f_{osc}/MHz	定时器 TI			
			SMOD	$C/\overline{T}$	模式	定时器初值
方式 1 方式 3	19. 2K	6	1	0	2	0FEH
	9. 6K	6	1	0	2	0FDH
	4. 8K	6	0	0	2	0FDH
	2. 4K	6	0	0	2	0FAH
	1. 2K	6	0	0	2	0F3H
	0. 6K	6	0	0	2	0E6H
	110	6	0	0	2	72H
	55	6	0	0	1	0FEEBH

（1）数据发送过程：

发送时，数据从 TXD 端输出。在 TI = 0 时，当 CPU 执行一条向 SBUF 写数据的指令时，如汇编指令“MOV SBUF，A”，就启动了发送过程。当发送完一帧数据后，由硬件置中断标志 TI = 1，向 CPU 申请中断，完成一次发送过程。

（2）数据接收过程：

接收时，数据从 RXD 端输入。当允许接收控制位 REN 置 1 后，就启动了数据接收过程。串行口采样 RXD，当采样到由 1 到 0 跳变时，确认是起始位“0”，启动接收器开始接收一帧数据。当 RI = 0 且接收到停止位为 1（或 SM2 = 0）时，将停止位送入 RB8，8 位数据送入接收缓冲器 SBUF，同时置中断标志 RI = 1。若要再次发送和接收数据，必须用软件将 TI、RI 清 0。

8. 3. 3　任务实施

本任务是通过 RS - 232C 串行接口让两片单片机之间进行通信，甲机将“0 ~ f”16 个字符循环发送到乙机，并在乙机显示。

8. 3. 3. 1　步骤 1：硬件电路设计

甲机将发送数据经串行口的 TXD 端发出，经 MAX232 芯片将 TTL 电平转换为 RS - 232C 电平，经过传输线将信号传送至乙机。乙机也使用 MAX232 芯片将 RS - 232C 电平转换为 TTL 电平，到达乙机串行口的 RXD 端。乙机接收数据后，在数码管上显示接收的信息。具体设计如图 8 - 7 所示（用 Proteus 绘制原理图，略去时钟电路和复位电路）。

8. 3. 3. 2　步骤 2：元器件准备及电路制作

（1）完成本任务所需的元器件清单如表 8 - 4 所示。

表 8 - 4　单片机双机通信元器件清单

元器件名称	参　数	数　量	元器件名称	参　数	数　量
电平转换芯片	MAX232	2	电解电容	1μF	8
单片机	AT89C51	2	数码管	0. 5 英寸(共阳极)	1

（2）元器件准备好后，按照图 8 - 7 所示的电路图在万能板上焊接元器件，完成电路板的制作。

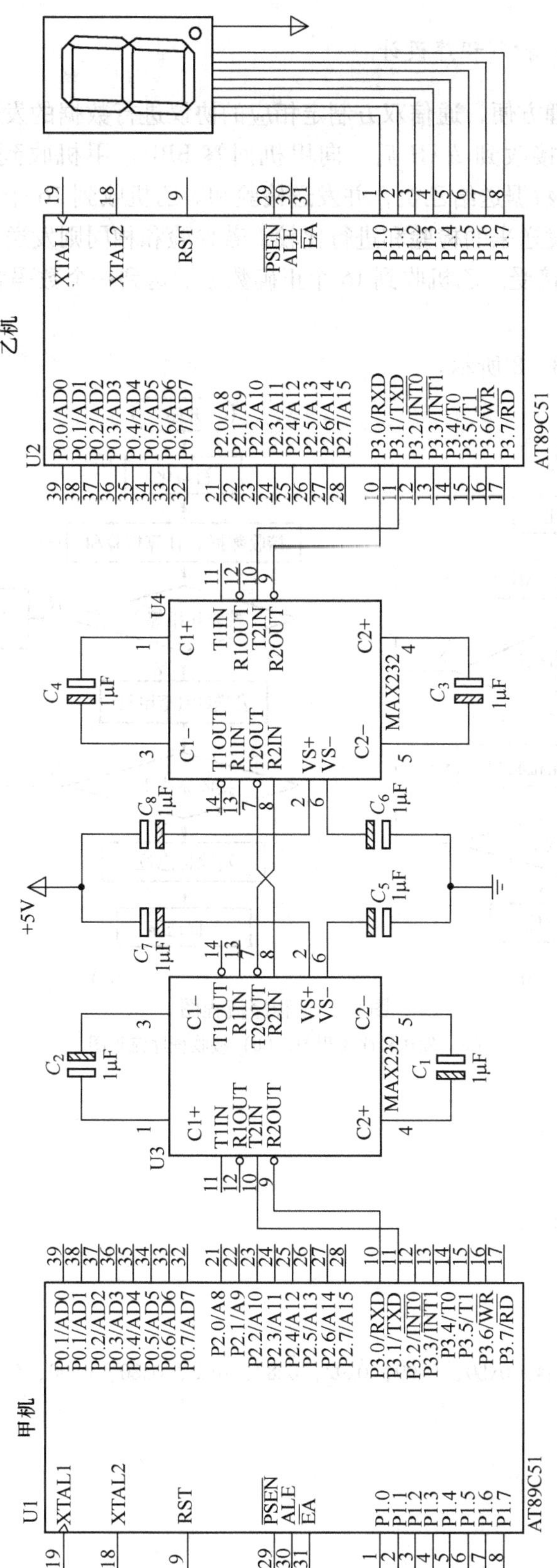

图 8-7　单片机双机通信原理图

8.3.3.3　步骤3：控制程序设计

通信时，为了处理方便，通信双方制定相应的协议进行数据的发送和接收，甲机先送AAH给从机，当乙机接收到AAH后，向甲机回答BBH。甲机收到BBH后就把数码表TAB［16］中的16个数据送给乙机，并发送检验和。乙机收到16个数据并计算接收到数据的检验和，与甲机发送来的检验和进行比较，若检验和相同则发送00H给甲机；否则发送FFH给甲机，重新接受。乙机收到16个正确数据后送到一个数码管显示。

A　程序流程图

程序流程图如图8－8所示。

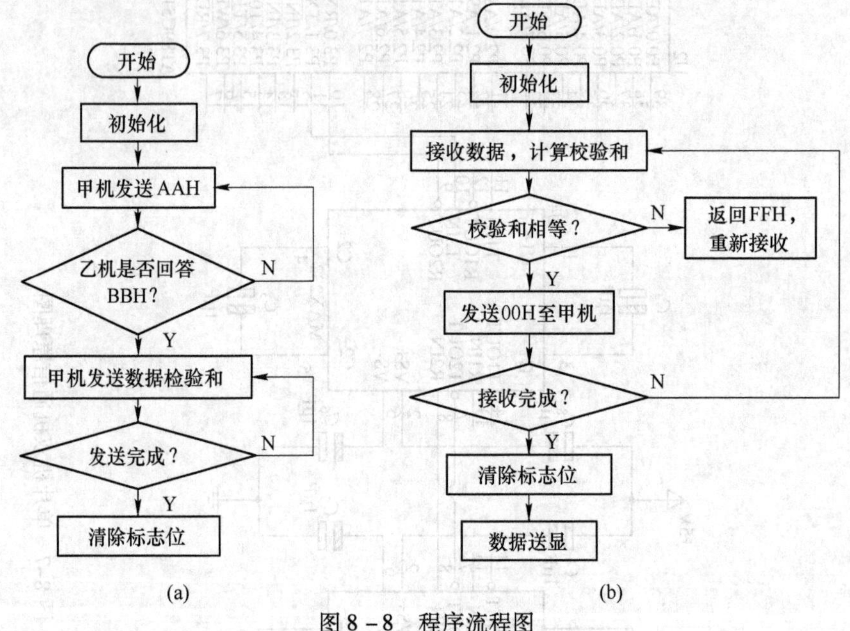

图8－8　程序流程图

（a）发送程序流程图；（b）接收程序流程图

B　控制程序

（1）甲机发送程序：

```
#include <reg51.h>
#define uchar unsigned char
void init ();
void send ();
uchar TAB [16]
= {0xc0, 0xf9, 0xa4, 0xb0, 0x99, 0x92, 0x82, 0xf8, 0x80, 0x90, 0x88, 0x80, 0xc6, 0xc0,
  0x86, 0x8e};
uchar i, sum;
int j;
main ()
{
    init ();
```

```
    send ();
}
void init (void)
{
    EA = 1;
    ES = 1;
    TMOD = 0x20;
    TH1 = 0xfd;
    TL1 = 0xfd;
    PCON = 0x00;
    SCON = 0x50;
    TR1 = 1;
}
void send (void)
{
    do
    {
        SBUF = 0xaa;
        while (! TI);
        TI = 0;
        while (! RI);
        RI = 0;
    }
    while ((SBUF^0xbb)! =0);
    do
    {
        sum = 0;
        for (i = 0; i< =15; i+ +)
        {
            SBUF = TAB [i];
            sum+ = TAB [i];
            while (! TI);
            TI = 0;
        }
        SBUF = sum;
        while (! TI);
        TI = 0;
        while (! RI);
        RI = 0;
    }
    while (SBUF! =0);
}
```

（2）乙机接收程序：

```
#include <reg51.h>
#define uchar unsigned char
#define uint unsigned int
void delay (int);
void receive (void);
void init (void);
uchar i, sum;
int j;
uchar TAB [16]
= {0xc0, 0xf9, 0xa4, 0xb0, 0x99, 0x92, 0x82, 0xf8, 0x80, 0x90, 0x88, 0x80, 0xc6, 0xc0,
  0x86, 0x8e};
void main ()
{
    init ();
    receive ();
}
void init (void)
{
    EA=1;
    ES=1;
    TMOD=0x20;
    TH1=0xfd;
    TL1=0xfd;
    PCON=0x00;
    SCON=0x50;
    TR1=1;
}
void delay (int x)
{
    int i, j;
    for (i=0; i<x; i++)
    for (j=1; j<=150; j++);
}
void receive (void)
{
    uchar TABS [16];
    do
    {
        while (! RI); RI=0;
    }
    while ((SBUF^0xaa)! =0);
    SBUF=0xbb;
    while (! TI); TI=0;
```

```
    while (1)
    {
        sum=0;
        for (i=0; i<=15; i++)
        {
            while (!RI); RI=0;
            TABS[i] =SBUF;
            sum+=TABS[i];
        }
        while (!RI); RI=0;
        if ((SBUF^sum) ==0)
        {
            SBUF=0x00;
            while (!TI);
            TI=0;
            break;
        }
        else
        {
            SBUF=0xff;
            while (!TI);
            TI=0;
        }
    }
    while (1)
    {
        for (i=0; i<=15; i++)
        {
            P1=TABS[i];
            delay (500);
        }
    }
}
```

8.3.3.4　步骤4：软硬件调试

（1）运用 Keil C51 软件对控制程序进行编译，并将编译生成的目标代码文件添加至用 Proteus 软件绘制的单片机中，完成本任务的虚拟仿真，其虚拟仿真结果如图 8-9 所示。

（2）建立硬件仿真调试环境，连接目标电路板（无单片机）和仿真器。运用 Keil C51 软件对程序进行单步调试、全速运行调试等，直至程序运行无误。

（3）将 AT89S51 单片机芯片插到目标电路板的相应位置，将成功编译生成的目标代码文件通过 ISP 下载线以及电路板上的 ISP 下载接口下载至单片机芯片中，然后拔出 ISP 下载线，让单片机脱机运行，观察运行结果。

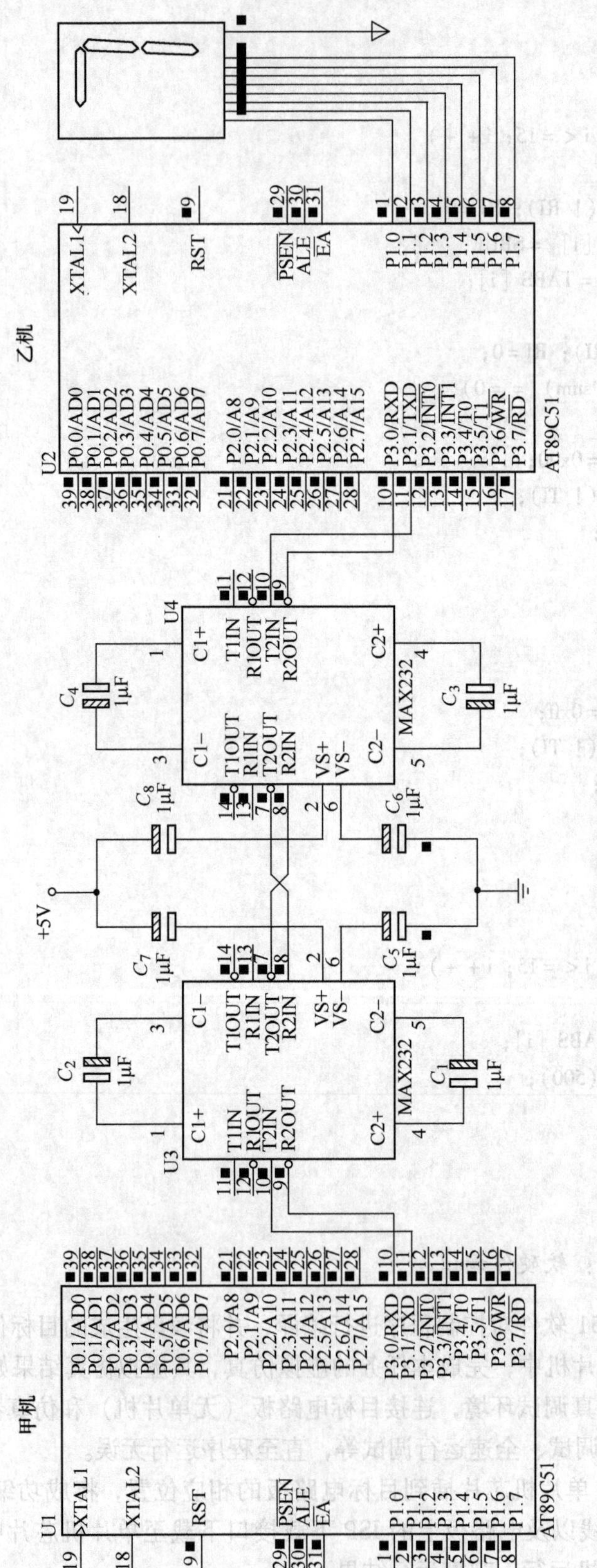

图 8-9 单片机双机通信仿真图

8.3.4　任务训练

修改电路图及控制程序，利用定时器的计数中断将甲机外接的一个按钮的动作次数（1～9次），在乙机的一只LED数码管上显示出来。

8.3.5　任务小结

（1）AT89S51的串行口主要由两个独立的串行数据缓冲器SBUF、串行口控制寄存器SCON、输入移位寄存器和若干控制门电路组成。

（2）串行口的工作方式有4种。其中，方式0作为8位同步移位寄存器使用；方式1作为8位异步串行通信使用，主要用于双机通信中；方式2和方式3均作为9位异步串行通信使用，主要用于多机通信中。

（3）串行口4种工作方式中，方式0和方式2的波特率固定，方式0为$f_{osc}/12$，方式2为$f_{osc}/64$或$f_{osc}/32$；方式1和方式3的波特率可变，均为T1溢出率$\times 2^{SMOD}/32$。

8.4　任务3　单片机多机通信

8.4.1　任务分析

实际的单片机通信系统可以由多片单片机构成多机通信网络。本任务将具体介绍三片单片机之间的通信原理与通信过程。

8.4.2　相关知识

8.4.2.1　知识1：多机通信原理

所谓多机通信是指一台主机和多台从机之间的通信，构成主从式多机分布通信系统。主机发送的信息可以传到各个从机或指定的从机，各个从机发送的信息只能被主机接收，从机之间不能进行通信。图8－10为多机通信连接示意图。

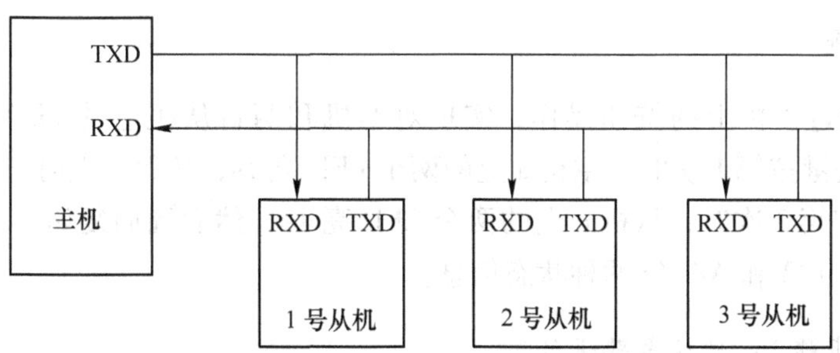

图8－10　多机通信连接示意图

多机通信的实现，主要是依靠主、从机之间的正确设置与SM2和发送或接收的第九位数据（TB8或RB8）来完成的。多机通信过程如下：

（1）使所有从机的SM2＝1，以便接收主机发来的地址帧。

（2）主机发送一帧地址信息，与所有从机联络。当从机接收到一帧信息中 RB8 为“1”时，表示主机发送来的是地址信息，所有的从机均发生接收中断，否则中断屏蔽。

（3）当一从机进入相应的中断服务程序，把接收到的地址和本机的地址比较，如果相符合，就使 SM2 =0，并向主机发回本机地址以作应答，该从机就与主机联通，准备接收主机随后发来的命令和数据信息，而其他未被寻址的从机仍保持 SM2 =1，并退出各自的中断服务程序。

（4）主机发送命令或数据信息给被寻址的从机。当从机接收到一帧信息中 RB8 为“0”时，表示主机发送来的是命令或数据信息。被寻址从机在通信完成后重新使 SM2 =1，并退出中断服务程序，等待下次通信。

8.4.2.2 知识2：单片机多机通信工作方式

串行通信工作方式 2 和方式 3 为多机通信工作方式，两种方式均为 9 位异步通信接口，发送、接收一帧信息为 11 位，即 1 位起始位、9 位数据位和 1 位停止位。发送的第 9 位数据存放于 TB8 中，接收的第 9 位数据存放于 RB8 中。方式 2 和方式 3 的区别在于波特率不一样，其中，方式 2 的波特率只有两种：$f_{osc}/32$ 或 $f_{osc}/64$，方式 3 的波特率与方式 1 的波特率相同，由工作于方式 2 下的定时器 TI 的溢出率决定，即：

$$\text{波特率} = \frac{2^{SMOD}}{32} \times \text{TI 的溢出率} = \frac{2^{SMOD}}{32} \times \frac{f_{osc}}{12(256 - X)}$$

（1）数据发送过程：

串行口工作于方式 2、方式 3 进行数据发送时，数据由 TXD 端输出。在启动发送之前，必须把要发送的第 9 位数据装入 SCON 寄存器中的 TB8 中。准备好 TB8 后，用指令将要发送的数据写入 SBUF，即启动发送过程。一帧信息发送完毕，置 TI 为 1。

（2）数据接收过程：

方式 2 和方式 3 的接收过程与方式 1 类似，当 REN 位置 1 时就启动接收过程。所不同的是接收的第 9 位数据是发送过来的 TB8 位，而不是停止位。当同时满足 RI =0，SM2 =0 或 RB8 =1 这些条件时，置 RI =1，向 CPU 申请中断，否则接收数据无效。

8.4.3 任务实施

本任务是通过主机上的按钮操作，实现对本机和两台从机上的 LED 灯的点亮控制。当主机 A 上的按键按第 1 次时，主机 a 上的两个 LED 亮 1s，按第 2 次时，从机 b 上的两个 LED 亮 0.5s，按第 3 次时，从机 c 上的两个 LED 亮 1s，然后周而复始。主机上的两个数码管分别显示 0/1/2 和 A/b/c 两种状态信息。

8.4.3.1 步骤1：硬件电路设计

主机 a 和从机 b、c 的 P1.0、P1.3 管脚分别接两只发光二极管，主机的 P0 和 P3 口分别接一只数码管，主机的串行口（TXD、RXD）与从机的串行口（TXD、RXD）采用直接互联的方式连接。按键信号通过主机的 P3.2（INT0）实现多机通信控制。具体设计如图 8 –11所示。

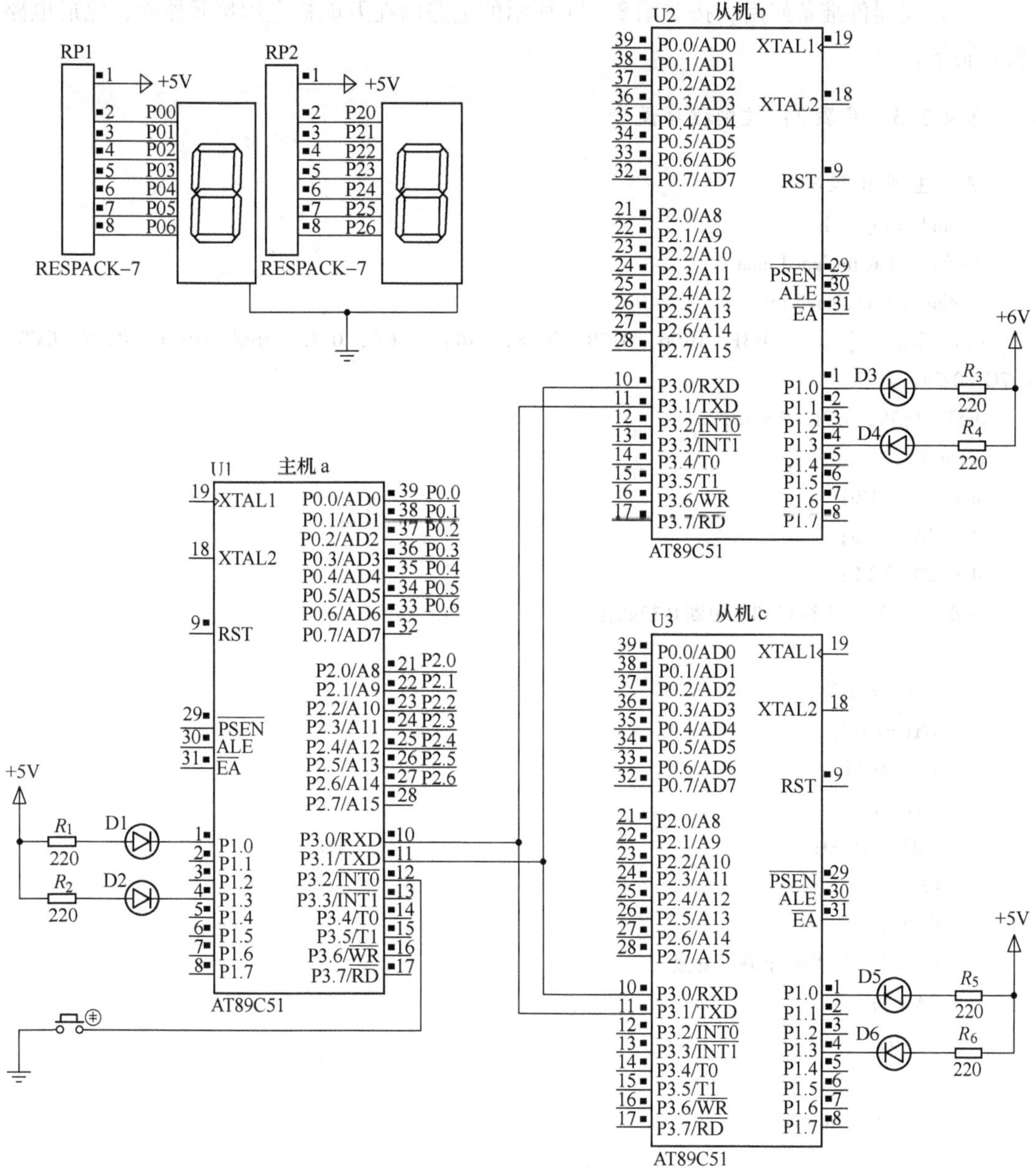

图 8－11　单片机多机通信原理图

8.4.3.2　步骤2：元器件准备及电路制作

（1）完成本任务所需的元器件清单如表 8－5 所示。

表 8－5　单片机多机通信元器件清单

元器件名称	参　数	数　量	元器件名称	参　数	数　量
排阻	103	2	电阻	220Ω	6
单片机	AT89C51	3	发光二极管		6
数码管	0.5 英寸(共阴极)	2	按键		1

（2）元器件准备好后，按照图 8 - 11 所示的电路图在万能板上焊接元器件，完成电路板的制作。

8.4.3.3 步骤 3：控制程序设计

A 主机 a 程序

```
#include <reg51.h>
#define uchar unsigned char
#define uint unsigned int
uchar led [ ] = {0x3F, 0x06, 0x5B, 0x4F, 0x66, 0x6D, 0x7D, 0x07, 0x7F, 0x6F, 0x77,
0x7C, 0x39,
0x5E, 0x79, 0x71, 0x00};
uchar Mode;
sbit P10 = P1^0;
sbit P13 = P1^3;
sbit P20 = P2^0;
void init () //串行口和外中断 0 初始化
{
    TMOD = 0x20;
    TH1 = 0xfd;
    TL1 = 0xfd;
    TR1 = 1;
    SCON = 0xd0;
    ES = 1;
    EX0 = 1;
    IT0 = 1; //INT0 下降沿触发
    EA = 1;
    TI = 0;
}
void DelayMs (int ms)
{
    uchar i;
    while (ms --)
    for (i = 0; i < 120; i + +);
}
void send (uchar c) //发送地址或命令
{
    SBUF = c;
    while (TI = =0);
    TI = 0;
}
```

```
void MasterControl (uchar Addr, uchar Comd)
{
    TB8 =1;
    send (Addr); //发送地址
    DelayMs (50); //延时 50ms
    TB8 =0;
    send (Comd); //发送命令
    DelayMs (50);
}
int0 (void) interrupt 0
{
    P0 =led [Mode];
    if (Mode = =0)
    {
        P2 =led [10]; //显示 "A"
        P10 =0;
        P13 =0;
        DelayMs (1000); //延时 1000ms
        P10 =1;
        P13 =1;
    }
    else if (Mode = =1)
    {
        P10 =1;
        P13 =1;
        MasterControl ('b','0'); //给从机 b 发送地址和命令
    }
    else if (Mode = =2)
    {
        P10 =1;
        P13 =1;
        MasterControl ('c','0'); //给从机 c 发送地址和命令
    }
    Mode = (Mode +1)%3;
}
serial_int (void) interrupt 4//串行口中断服务程序
{
    if (RI)
    {
        RI =0;
        if (SBUF = ='b')
```

```
        {
            P2 = led [11]; //显示“b”
        }
        if (SBUF = = 'c')
        {
            P2 = led [12]; //显示“c”
        }
    }
}
void main (void)
{
    P0 = 0x00;
    P1 = 0xff;
    P2 = 0x00;
    init ();
    Mode = 0;
    while (1);
}
```

B 从机 b 程序

```
#include < reg51. h >
#define uchar unsigned char
uchar Receive;
sbit P10 = P1^0;
sbit P13 = P1^3;
void UART_init () //串行口初始化
{
    TMOD = 0x21;
    TH1 = 0xfd;
    TL1 = 0xfd;
    TR1 = 1;
    SCON = 0xf0;
    ES = 1;
    PS = 1;
    EA = 1;
}
void DelayMs (int ms)
{
    uchar i;
    while (ms -- )
    for (i = 0; i < 120; i + +);
```

```
}
void send (uchar c)
{
    SBUF = c;
    while (TI = =0);
    TI =0;
}
serial_int (void) interrupt 4//串行口中断服务程序
{
    if (RI)
    {
        Receive = SBUF;
        RI =0;
        if (RB8 = =1) //接收地址
        {
            if (Receive = ='b') //是自己的地址，置 SM2 =0，准备接收数据
            {
                SM2 =0;
                send ('b');
            }
            else
            {
                SM2 =1;
            }
        }
        if (RB8 = =0) //接收命令
        {
            if (Receive = ='0')
            {
                P10 =0;
                P13 =0;
                DelayMs (1000);
                P10 =1;
                P13 =1;
            }
            SM2 =1;
        }
    }
}
void main (void)
{
```

```
    P0 = 0xff;
    P1 = 0xff;
    UART_init ();
    while (1);
}
```

C 从机 c 程序

```
#include < reg51. h >
#define uchar unsigned char
uchar Receive;
sbit P10 = P1^0;
sbit P13 = P1^3;
void UART_init () //串行口初始化
{
    TMOD = 0x21;
    TH1 = 0xfd;
    TL1 = 0xfd;
    TR1 = 1;
    SCON = 0xf0;
    ES = 1;
    PS = 1;
    EA = 1;
}
void DelayMs (int ms)
{
    uchar i;
    while (ms -- )
    for (i = 0; i < 120; i + +);
}
void send (uchar c)
{
    SBUF = c;
    while (TI = = 0);
    TI = 0;
}
serial_int (void) interrupt 4//串行口中断服务程序
{
    if (RI)
    {
        Receive = SBUF;
        RI = 0;
        if (RB8 = = 1) //接收地址
        {
```

```
            if (Receive = ='c') //是自己的地址，置 SM2 =0，准备接收数据
            {
                SM2 =0;
                send ('c');
            }
            else
            {
                SM2 =1;
            }
        }
        if (RB8 = =0) //接收命令
        {
            if (Receive = ='0')
            {
                P10 =0;
                P13 =0;
                DelayMs (1000);
                P10 =1;
                P13 =1;
            }
            SM2 =1;
        }
    }
}
void main (void)
{
    P0 =0xff;
    P1 =0xff;
    UART_init ();
    while (1);
}
```

8.4.3.4　步骤 4：软硬件调试

（1）运用 Keil C51 软件对控制程序进行编译，并将编译生成的目标代码文件添加至用 Proteus 软件绘制的单片机中，完成本任务的虚拟仿真，其虚拟仿真结果如图 8－12～图 8－14 所示。

（2）建立硬件仿真调试环境，连接目标电路板（无单片机）和仿真器。运用 Keil C51 软件对程序进行单步调试、全速运行调试等，直至程序运行无误。

（3）将 AT89S51 单片机芯片插到目标电路板的相应位置，将成功编译生成的目标代码文件通过 ISP 下载线以及电路板上的 ISP 下载接口下载至单片机芯片中，然后拔出 ISP 下载线，让单片机脱机运行，观察运行结果。

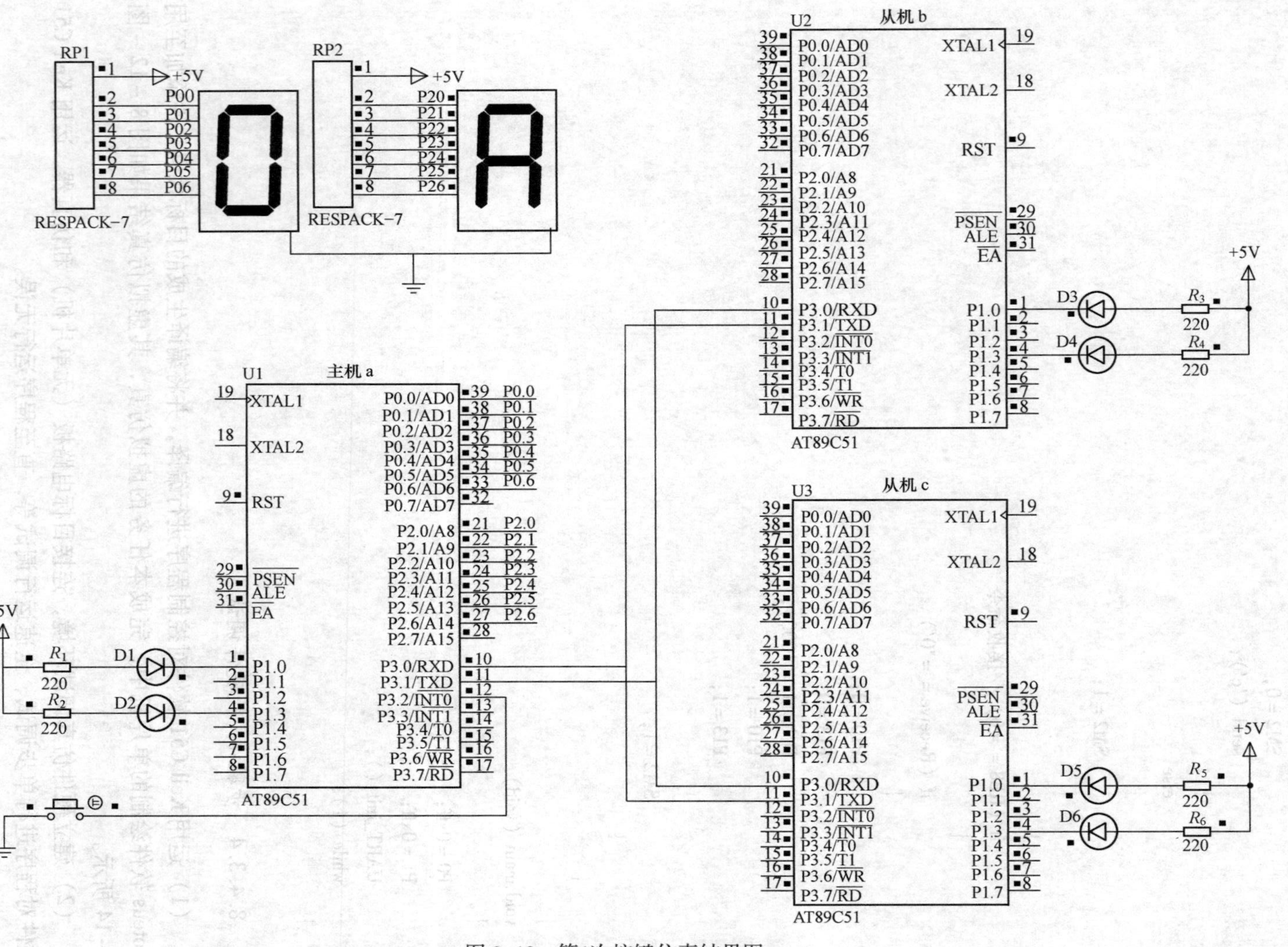

图 8-12　第1次按键仿真结果图

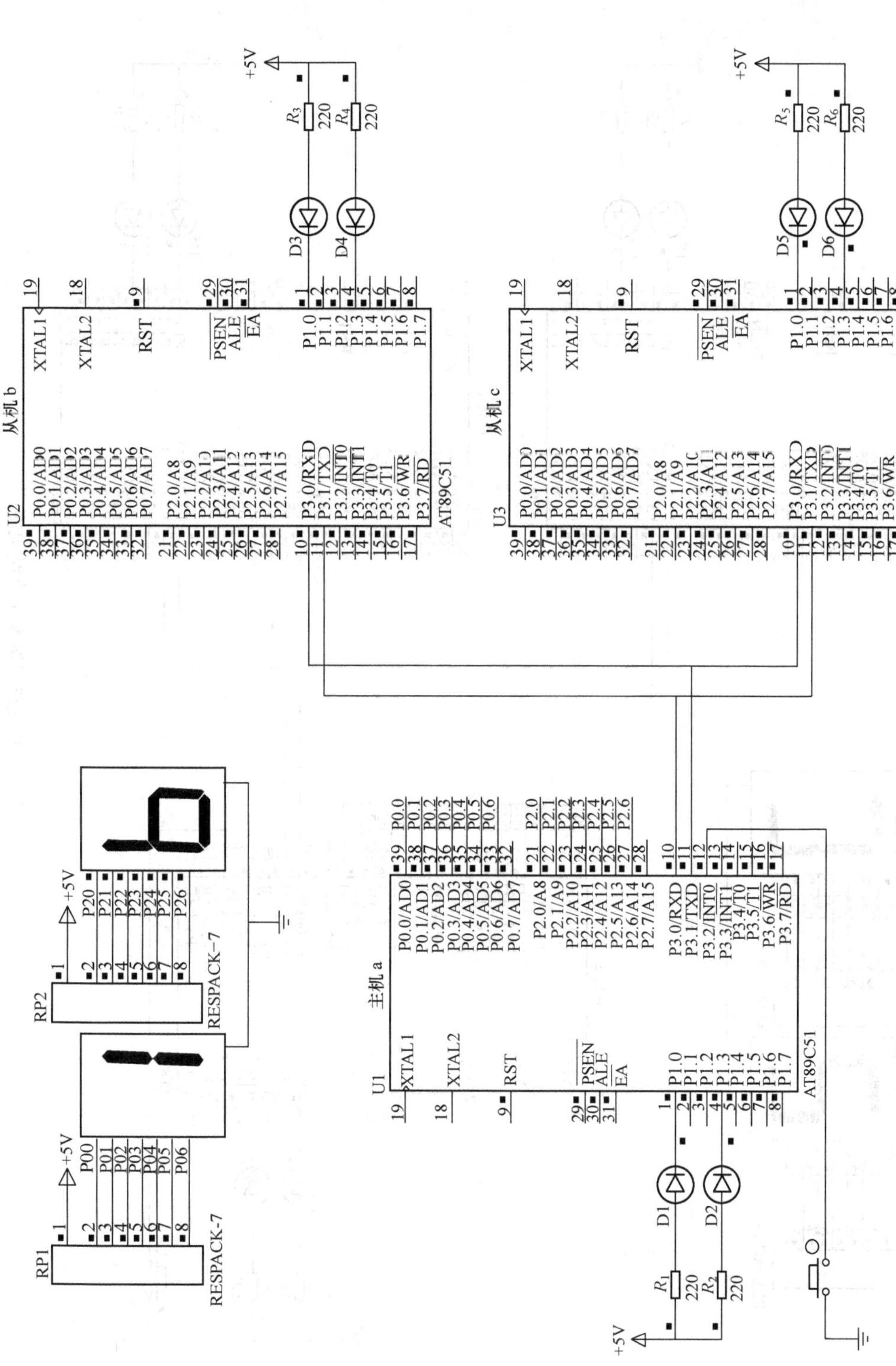

图 8-13　第2次按键仿真结果图

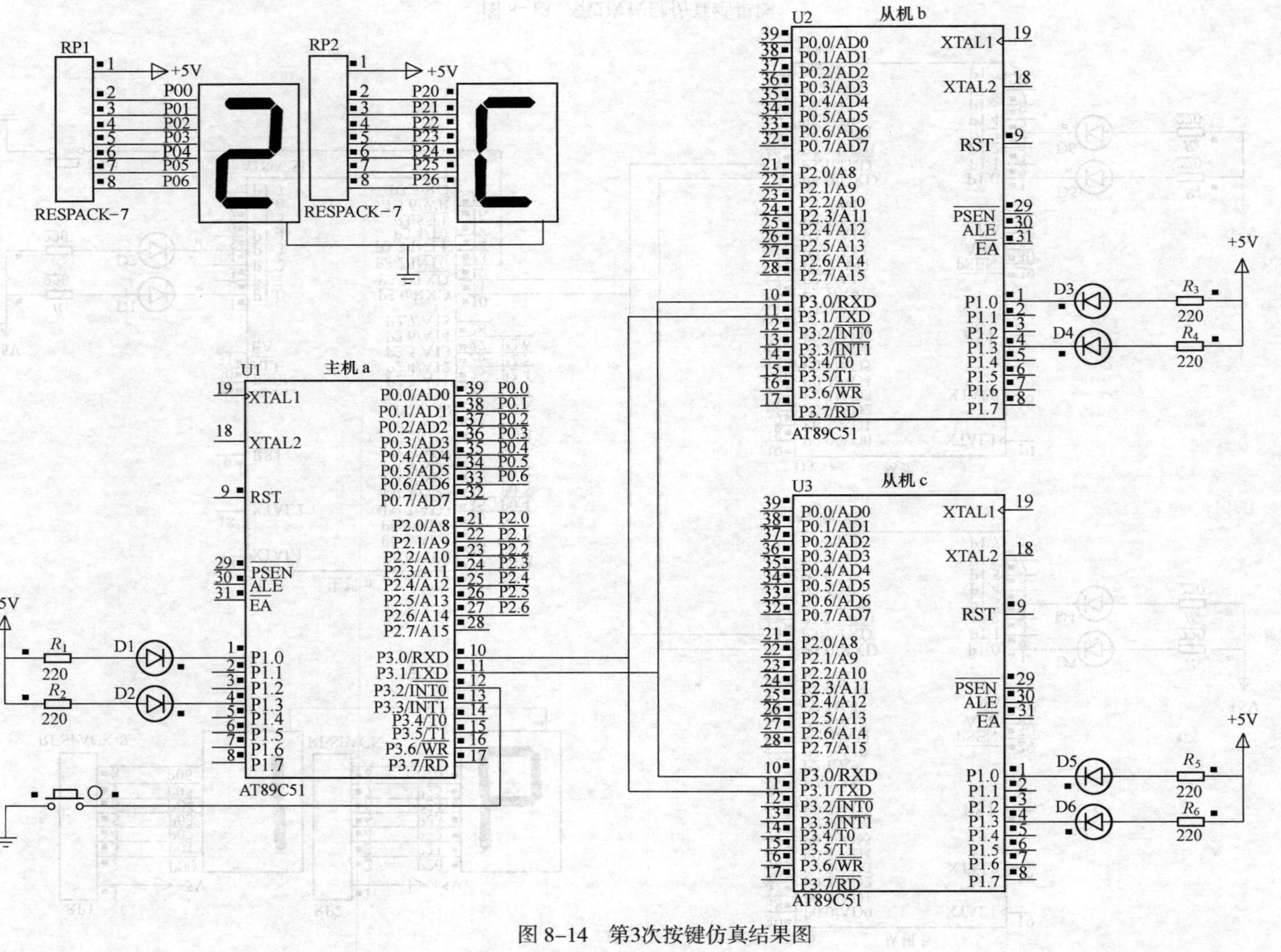

图 8-14 第3次按键仿真结果图

8.4.4　任务训练

修改电路图及控制程序。要求：三片单片机的 P0 和 P2 口分别接一只数码管，用于显示本机按键次数和接收主机或从机发来的按键次数；三片单片机的 P1 口接三个按键，一个按键用于本机按键次数控制，另两个按键用于为主机或为从机发送信息控制。

8.4.5　任务小结

（1）多机通信是指一台主机和多台从机之间的通信，构成主从式多机分布通信系统。

（2）多机通信主要是依靠主、从机之间的正确设置与 SM2 和发送或接收的第九位数据（TB8 或 RB8）来实现的。通信时，主机先发送一帧地址信息，与所有从机联络，然后主机发送命令或数据信息给被寻址的从机。

机电控制篇

项目9　步进电动机控制

9.1　项目介绍

步进电动机广泛应用于数字控制系统中，实现对被控对象速度、位置的精确控制。步进电动机不像其他直流电动机，它没有换向器和电刷，而是利用电脉冲信号控制其角位移或线位移。步进电动机的转子是无绕组的，而定子绕组的相数通常有二相、三相、四相、五相。按照其转子的构成形式不同，步进电动机可分成反应式步进电动机、永磁式步进电动机、混合式步进电动机。本项目将通过对步进电动机的工作原理和特点的介绍，来分析如何用单片机对步进电动机进行控制。

9.2　任务1　步进电动机工作原理

9.2.1　任务描述

本任务将以三相反应式步进电动机为例，介绍步进电动机的构造原理、驱动和控制原理。

9.2.2　相关知识

9.2.2.1　知识1：步进电动机的结构和工作原理

三相反应式步进电动机结构原理如图9-1(a)所示，在定子上均匀对称地分布着6个磁极，磁极与磁极之间的夹角是60°，磁极上都有绕组，两个相对的绕组组成一相，一共有三相绕组，分为A相、B相、C相。三相转子上没有绕组，通常有很多个齿，齿与齿间的夹角叫齿距角，图中转子上有4个齿，所以齿距角为90°。

步进电动机的转动受脉冲信号的控制。设一种脉冲信号波形如图9-1(b)所示，由A、B、C三相信号分别控制S_A、S_B、S_C三个开关，当脉冲信号为高电平时，电子开关闭合，反之则断开。这样绕组通电的顺序是A→B→C→A→B→C→…，每变换一次称为一拍，或一步，每一拍只有一相绕组通电，此通电方式叫三相单三拍通电方式。

在三相单三拍通电方式下，当开关S_A闭合时，在A相施加电脉冲信号，产生A′-A

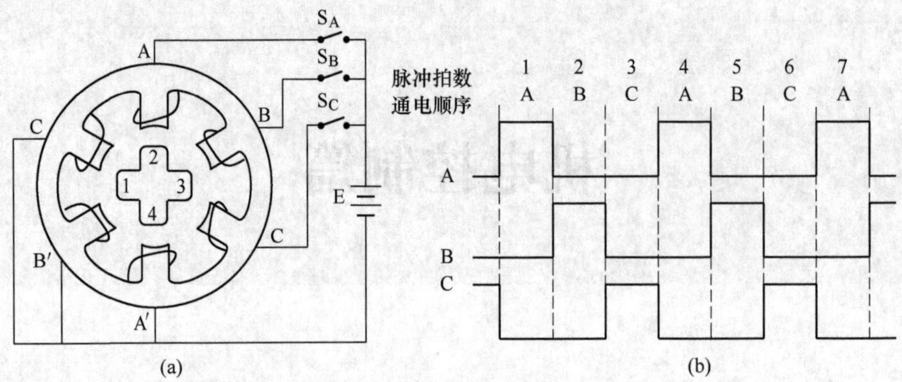

(a) (b)

图 9 -1 三相反应式步进电动机结构图

轴线方向的磁通，并通过转子形成闭合回路，如图 9 -2(a) 所示，因为位于磁场中的转子总是要转到磁阻最小的位置，所以在磁场作用下转子要转动一定角度，使步进电动机前进一步。如图 9 -2(a) 所示，转子的 1、3 齿由原始位置在磁场的作用下转动到 A、A′磁极方向停止，完成了一步。步进电动机前进一步所转动的角度称步距角。接着若断开 S_A，闭合 S_B，则 B 相通电（定子从一种通电状态变换到另外一种通电状态叫做一拍）。同样道理，产生 B′ - B 项轴线方向磁通，由于磁场发生了改变，转子也开始转动，如图 9 -2(b) 所示，步距角为 30°。断开 S_B，闭合 S_C，C 相通电，磁场改变了，转子又走一步，如图 9 -2(c) 所示，步距角 30°。这样绕组的通电顺序为 A→B→C→A→…。该方式下，转子每走三个拍就是一个齿距角，每 12 拍转动一周。

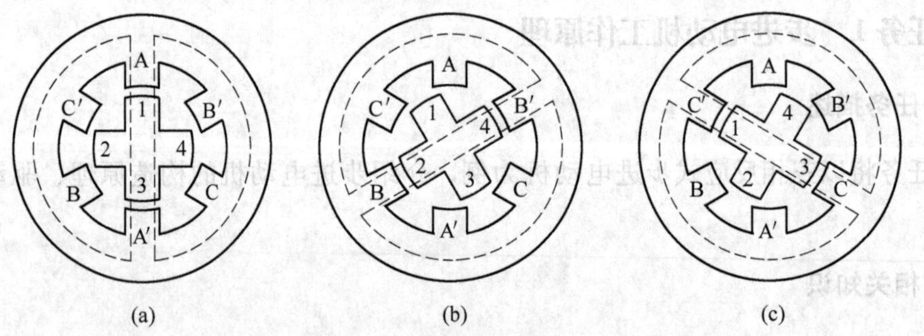

(a) (b) (c)

图 9 -2 步进电动机转动原理
(a) ~ (c) 相通电

若改变 S_A、S_B、S_C 的接通顺序，使定子绕组通电顺序改为 A→C→B→A→…，这种通电方式也为三相单三拍通电方式，步距角还是 30°，但是与前面不同的是转子转向会发生改变。

若改变三个开关接通的方式和顺序，使绕组的通电顺序为 A→AB→B→BC→C→CA→A→…，这种通电方式叫三相六拍通电方式，此时步进电动机的步距角为 15°。

下面简单介绍三相六拍通电方式下的定子转动原理。如图 9 - 3 所示，A 相通电时产生磁场，磁极分别为 A、A′，转子在磁场作用下转动，转子齿 1、3 在与 A、A′磁极对其的位置停下；当 A、B 两相同时通电时，会产生 A、A′、B、B′四个磁极，转子在 4 个磁极的作用下转动，步距角为15°；当只有B相通电时，产生B′－B方向磁通，在磁极作用下转子又转动15°；当B、C两相同时通电时，又产生B、B′、C、C′四个磁极，转子在4个磁极的作用下转动15°。此方式下转子需要转6个步距角才是一个齿距角，转24个步距角才是一周。

若改变三个开关接通的方式和顺序，使绕组通电顺序为A→AC→C→CB→B→BA→A→…，这种通电方式仍为三相六拍通电方式，只是转子转动方向与图9－3相反。

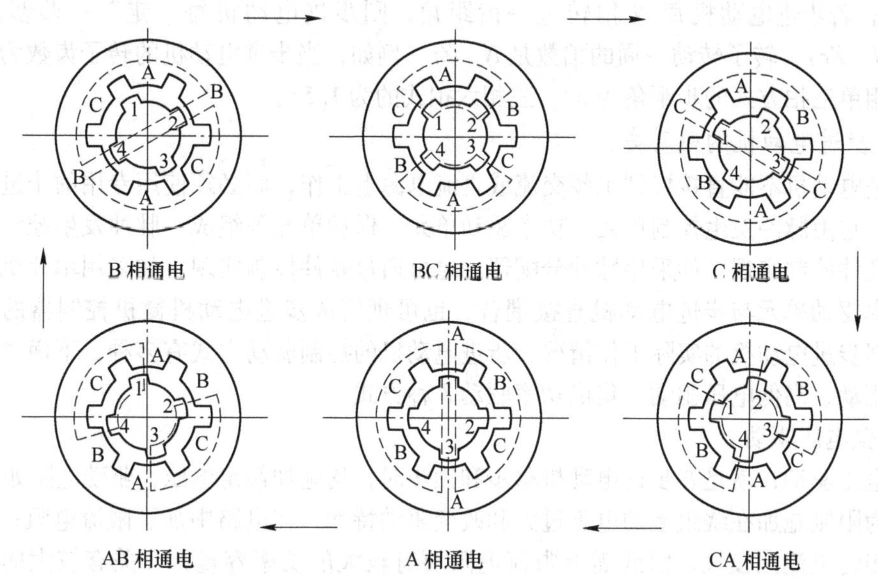

图9－3　步进电动机三相六拍通电方式转动原理

若改变开关接通方式，使绕组通电顺序为AB→BC→CA→AB→…，此方式叫三相双三拍方式，步距角30°。

由上述原理可知，如果步进电动机的转子齿数为 Zr，那么此步进电动机的齿距角就为 $360°/Zr$，若步进电动机的通电方式为三相 N 拍，步距角为 $\theta°$，那么它们的关系为：

$$N\theta° = 360°/Zr$$

9.2.2.2　知识2：步进电动机控制原理

A　步进电动机的脉冲控制

通过上文的介绍，我们了解到步进电动机是通过给定子绕组施加不同顺序的脉冲电流工作的。我们只需要按顺序给步进电动机绕组施加有序的脉冲电流，就能控制步进电动机的转动。步进电动机转子转动的角度大小与脉冲数成正比，转动的速度与脉冲频率成正比，转动的方向与脉冲顺序有关。三相绕组施加脉冲电流的方式通常有3种方式。

（1）三相单三拍方式：

正转：A→B→C→A→…

反转：A→C→B→A→…

（2）三相六拍方式：

正转：A→AB→B→BC→C→CA→A→…

反转：A→AC→C→CB→B→BA→A→…

(3) 三相双三拍方式：

正转：AB→BC→CA→AB→…

反转：BA→AC→CB→BA→…

为了提高步进电动机的精确度，在实际的步进电动机中通常采用较小的步距角，则需要增加转子的齿数。如果步进电动机的转子齿数为 Zr，那么此步进电动机的齿距角就为 $360°/Zr$；若步进电动机每 N 拍转过一齿距角，则步进电动机每“走”一步步距角是 $360°/(N \cdot Zr)$，转子转动一周的拍数是 $N \cdot Zr$。例如，当步进电动机的转子齿数为 40 时，对于三相单三拍方式的步距角为 3°，三相六拍式的为 1.5°。

B　步进电动机的驱动方式

步进电动机不能直接接到工频交流或直流电源上工作，而必须使用专用的步进电动机驱动器，它由脉冲发生控制单元、功率驱动单元、保护单元等组成。脉冲发生控制单元可以通过硬件控制实现，如采用脉冲分配器。也可通过软件控制实现，如采用单片机程序控制；功率驱动单元与步进电动机直接耦合，也可理解成步进电动机微机控制器的功率接口。根据步进电动机的实际工作情况，步进电动机的控制驱动方式有多种，下面主要介绍全电压驱动、高低电压驱动、集成功率驱动 3 种方式。

a　全电压驱动

全电压驱动，就是在步进电动机移步和锁步时，均施加额定电压，驱动电路如图 9－4 所示。为限制施加在绕组上的电流过大和改变驱动特性，在电路中加了限流电阻；步进电动机锁步时电流比较大，因此需要限流电阻要有较大的功率容量，开关有较大的负载能力；为了防止锁步时产生的感应电动势击穿开关管，在电动机绕组两端并联一个续流二极管。转子的移步与锁步是通过控制每相绕组对应的开关管的导通与截止来实现的。此驱动方式适合于小功率步进电动机。

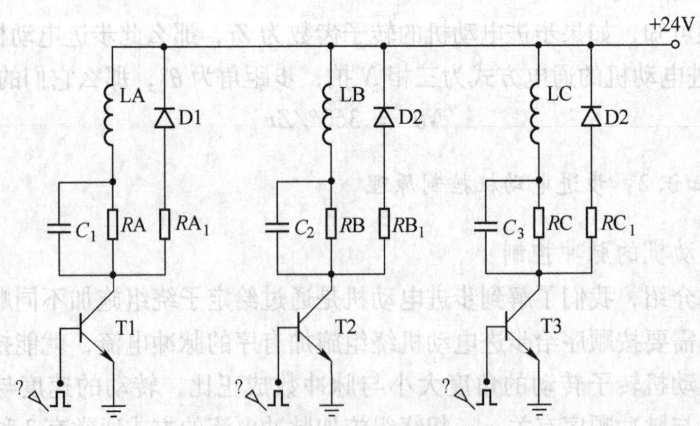

图 9－4　步进电动机全电压驱动方式

b　高低压驱动

高低压驱动是指在电动机移步时施加额定电压或超过额定电压值的电压，提供较大的驱动电流，使电动机快速移步；锁步时提供较小的电压，只需要满足锁步所需电流即可，驱动电路图如图 9－5 所示。高低压驱动方式可以降低限流电阻的功率损耗，提高电动机运行速度等。高低压驱动方式适合用于大、中功率的步进电动机。

从图9－5中可以看出，在步进电动机进行移步时除了控制T1、T2、T3的导通和截止外，还应该控制三极管T4的导通和截止。当T4导通，二极管VD截止，则高电压被施加到三相绕组的一端。此时，给A相施加脉冲电流，控制T1三极管导通即可。同样道理可以控制其他两相。过一段时间后，关闭T4，这样锁步电压（小电压）经二极管VD加到步进电动机相应的绕组上，进入锁步状态。

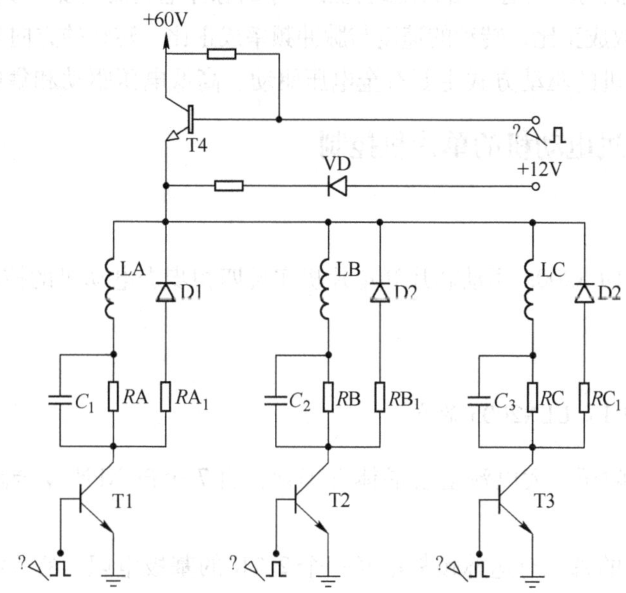

图9－5　步进电动机高低压驱动方式

c　集成功率驱动

以上两种驱动方式均是用分立元件搭成的，其设计电路体积大，电路复杂。随着集成电路的发展，出现了集成模块化的驱动器，如，ULN2003或ULN2803集成功率驱动芯片等。

9.2.3　任务实施

本任务是通过学习步进电动机的工作原理及特点等来认识步进电动机及其控制，从而为下一任务的单片机控制步进电动机的学习做准备。

9.2.3.1　步骤1：步进电动机的工作原理学习

通过本任务相关知识及参考资料，学习步进电动机的结构与工作原理。

9.2.3.2　步骤2：步进电动机的控制原理学习

通过本任务相关知识及参考资料，学习步进电动机的转动角度、转动方向和转动速度的控制方法以及步进电动机的驱动控制方式。

9.2.4　任务训练

9.2.4.1　训练1

写出三相反应式步进电动机的工作原理。

9.2.4.2 训练2

学习各种类型的步进电动机，理解它们控制原理的异同。

9.2.5 任务小结

（1）步进电动机的转动通过给其绕组施加有序的脉冲电流而实现。步进电动机转子转动的角度大小与脉冲数成正比，转动的速度与脉冲频率成正比，转动的方向与脉冲顺序有关。

（2）步进电动机的驱动方式主要有全电压驱动、高低电压驱动和集成功率驱动3种。

9.3 任务2 步进电动机的单片机控制

9.3.1 任务描述

本次任务将以ULN2003驱动芯片和单片机实现四相步进电动机的控制。

9.3.2 相关知识

9.3.2.1 知识1：ULN2003简介

ULN2003是高耐压、大电流复合晶体管阵列，由7个硅NPN复合晶体管组成，其特点为：

（1）ULN2003的每一对达林顿都串联一个2.7K的基极电阻，在5V的工作电压下能与TTL和CMOS电路直接相连。

（2）ULN2003工作电压高，工作电流大，灌电流可达500mA，输出可达50V。

（3）ULN2003多用于单片机、智能仪表、PLC、数字量输出卡等控制电路中。可直接驱动继电器等负载。

9.3.2.2 知识2：ULN2003的引脚功能

ULN2003采用DIP－16封装或SOP－16塑料封装形式，其引脚排列如图9－6所示，各引脚功能如表9－1所示。

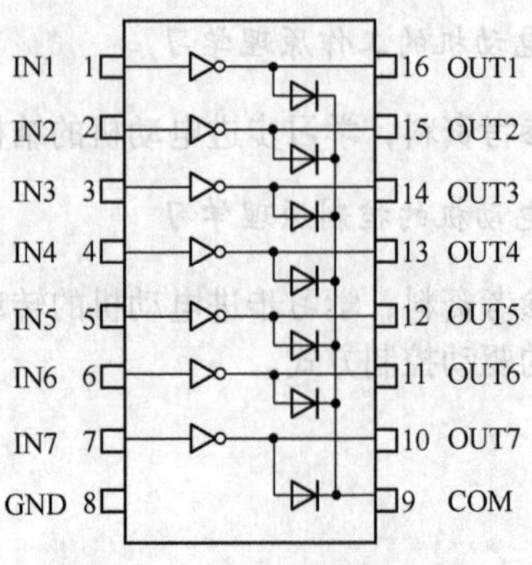

图9－6 ULN2003引脚图

表9-1　ULN2003的引脚及引脚功能

引脚（DIP-16）	引　脚　功　能
1	CPU脉冲输入端
2	CPU脉冲输入端
3	CPU脉冲输入端
4	CPU脉冲输入端
5	CPU脉冲输入端
6	CPU脉冲输入端
7	CPU脉冲输入端
8	接地
9	该脚是内部7个续流二极管负极的公共端，各二极管的正极分别接各达林顿管的集电极。用于感性负载时，该脚接负载电源正极，实现续流作用。如果该脚接地，实际上就是达林顿管的集电极对地接通
10	脉冲信号输出端，对应7脚信号输入端
11	脉冲信号输出端，对应6脚信号输入端
12	脉冲信号输出端，对应5脚信号输入端
13	脉冲信号输出端，对应4脚信号输入端
14	脉冲信号输出端，对应3脚信号输入端
15	脉冲信号输出端，对应2脚信号输入端
16	脉冲信号输出端，对应1脚信号输入端

9.3.2.3　知识3：单片机控制步进电动机方法

步进电动机的驱动电路是根据控制信号工作的，而控制信号则由单片机控制产生，其控制方法为：

A　换相顺序控制

换相顺序控制方法有两种：软件法和硬件法。

软件法是完全用软件的方式，按照给定的通电换相顺序，通过单片机的并行口向驱动电路发出控制脉冲。软件法在电动机运行过程中，要不停地产生控制脉冲，占用了大量的CPU时间，可能使单片机无法同时进行其他工作。

硬件法实际上是使用脉冲分配器芯片来进行通电换相控制。由于采用了脉冲分配器，单片机只需提供步进脉冲，进行速度和转向控制，脉冲分配工作交由脉冲分配器来自动完成。因此，CPU的负担减轻很多。

B　速度控制

步进电动机的速度控制通过控制单片机发出的步进脉冲频率来实现。

第一种通过软件延时的方法实现。改变延时的时间长度就可以改变输出脉冲的频率，但这种方法使 CPU 长时间等待，会占用大量时间。

第二种通过定时器中断的方法实现。在中端服务程序中进行脉冲输出操作，调整定时器的定时常数就可以实现调速。该方法占用 CPU 时间较少，在各种单片机中均能实现，是一种比较实用的调速方法。

C　运行控制

步进电动机的运行控制涉及位置控制和加、减速控制。

（1）位置控制。步进电动机的位置控制，指的是控制步进电动机带动执行机构从一个位置精确地运行到另一个位置。步进电动机的位置控制是步进电动机的一大优点，它可以不用借助位置检测器而只得简单的开环控制就能达到足够的位置精度，因此应用很广。

步进电动机的位置控制需要两个参数。

第一个参数是步进电动机控制的执行机构当前的位置参数，称为绝对位置。绝对位置是有极限的，其极限是执行机构运动的范围，超越了这个极限就应报警。

第二个参数是从当前位置移动到目标位置的距离，可以用折算的方式将这个距离折算成步进电动机的步数。这个参数是外界通过键盘或可调电位器旋钮输入的，所以折算的工作应该在镶盘程序或 A/D 转换程序中完成。

对步进电动机位置控制的一般作法是：步进电动机每走一步，步数减 1，如果没有失步存在，当执行机构到达目标位置时，步数正好减到 0。因此，用步数等于 0 来判断是否移动到目标位，作为步进电动机停止运行的信号。

绝对位置参数作为人机对话的显示参数，或作为其他控制目的的重要参数，如越界报警参数。它与步进电动机的转向有关，当步进电动机正转时，步进电动机每走一步，绝对位置加 1；当步进电动机反转时，绝对位置随每次步进减 1。

（2）加、减速控制。步进电动机驱动执行机构从 A 点到 B 点移动时，要经历升速、恒速和减速过程。如果启动时一次将速度升到给定速度，由于启动频率超过极限启动频率，步进电动机要发生失步现象，因此会造成不能正常启动。如果到终点时突然停下来，出于惯性作用，步进电动机会发生过冲现象，会造成位置精度降低。如果非常缓慢的升降速，步进电动机虽然不会产生失步和过冲现象，但影响了执行机构的工作效率。所以，对步进电动机的加减速有严格的要求，那就是保证在不失步和过冲的前提下，用最快的速度移动到指定位置。

为了满足加减速要求，步进电动机运行通常按照加减速曲线进行。图 9 - 7 是加减速运行曲线。加减速运行曲线没有一个固定的模式，一般根据经验和试验得到。

最简单的是匀加速和匀减速曲线，如图 9 - 7(a) 所示。其加减速曲线都是直线，因此容易编程实现。按直线加速时，加速度是不变的，因此要求转矩也应该是不变的。但是，由于步进电动机的电磁转矩与转速是非线性关系，因而加速度与频率也应该是非线性关系。因此，实际上当转速增加时，转矩下降，所以，按直线加速时，有可能造成因转矩不足而产生失步现象。采用指数加减速曲线或 S 形（分段指数曲线）加减速曲线是最好的选择，如图 9 - 7(b) 所示。因为电动机的电磁转矩与转速的关系接近指数规律。

为了简化，减速时也采用与加速时相同的方法，只不过其过程是加速时的逆过程。

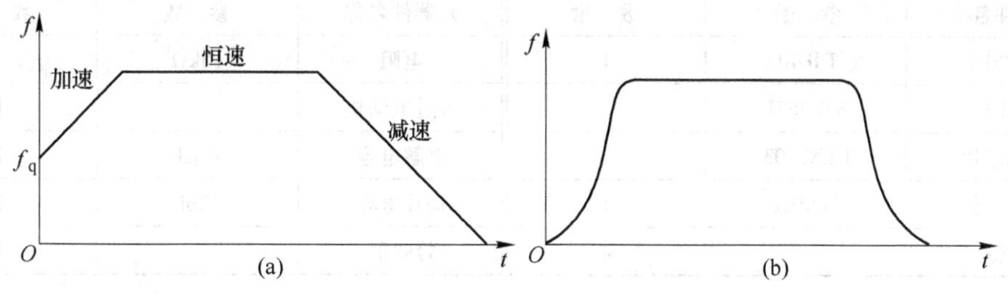

图9-7　加、减速运行曲线
（a）匀加、减速曲线；（b）S形加、减速曲线

9.3.3 任务实施

本任务是通过按钮及ULN2003驱动芯片实现四相步进电动机简单的正转、反转及停止控制。

9.3.3.1 步骤1：硬件电路设计

单片机的P1.4、P1.5、P1.6、P1.7分别接4个按钮，用于实现步进电动机的正转、反转及停止控制。而控制信号通过P2.0、P2.1、P2.2、P2.3产生并经ULN2003驱动步进电动机运行，硬件连接图如图9-8所示。

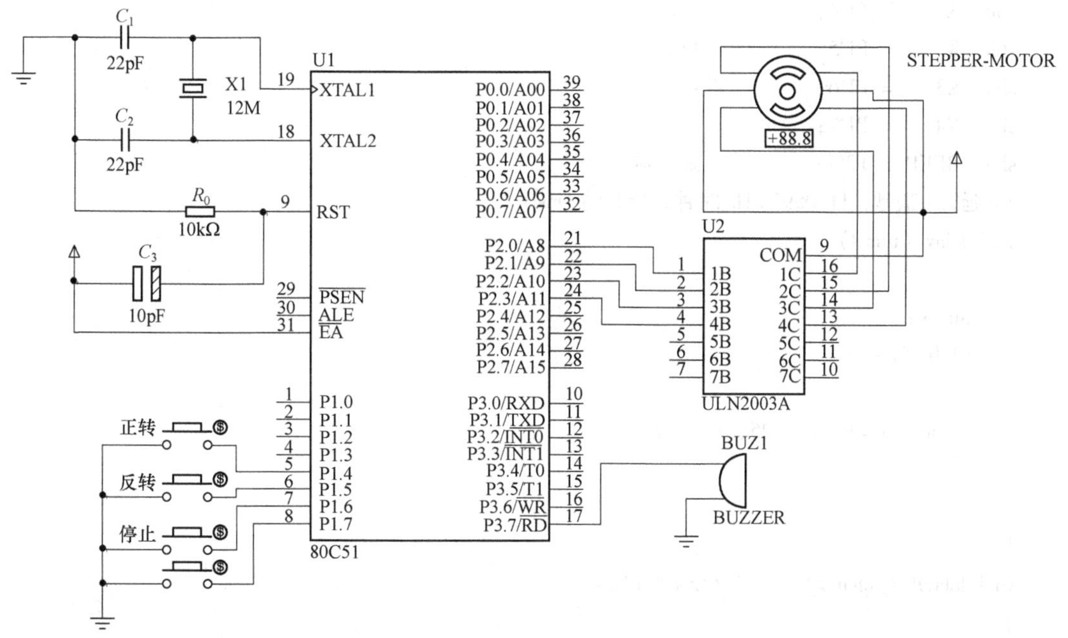

图9-8　步进电动机控制硬件连接图

9.3.3.2 步骤2：元器件准备及电路制作

（1）完成本任务所需的元器件清单如表9-2所示。

表 9 - 2　步进电动机控制元器件清单

元器件名称	参　数	数　量	元器件名称	参　数	数　量
IC 插座	DIP40	1	电阻	10kΩ	2
单片机	AT89S51	1	步进电动机		1
驱动芯片	ULN2003	1	电解电容	10μF	1
晶振器	12MHz	1	瓷片电容	22pF	2
按键		4	蜂鸣器		1

（2）元器件准备好后，按照图 9 - 8 所示的电路图在万能板上焊接元器件，完成电路板的制作。

9.3.3.3　步骤 3：控制程序设计

根据设计要求设计控制程序。控制程序如下：

```
#include <reg52.h>
#include <intrins.h>//内部包含延时函数_nop_();
#define uchar unsigned char
#define uint unsigned int
uchar code FFW [8] = {0xf1, 0xf3, 0xf2, 0xf6, 0xf4, 0xfc, 0xf8, 0xf9};
uchar code REV [8] = {0xf9, 0xf8, 0xfc, 0xf4, 0xf6, 0xf2, 0xf3, 0xf1};
sbit  K1   = P1^4;        //正转
sbit  K2   = P1^5;        //反转
sbit  K3   = P1^6;        //停止
sbit  K4   = P1^7;
sbit  BEEP = P3^7;        //蜂鸣器
/*延时 t 毫秒，11.0592MHz 时钟，延时约 1ms*/
void delay (uint t)
{
    uint k;
    while (t--)
    {
      for (k=0; k<125; k++)
        {}
    }
}
void delayB (uchar x)        //x*0.14ms
{
    uchar i;
    while (x--)
    {
      for (i=0; i<13; i++)
        {}
```

```
        }
    }
    void beep ()
    {
        uchar i;
        for (i=0; i<100; i++)
        {
            delayB (4);
            BEEP=! BEEP;            //BEEP 取反
        }
        BEEP=1;                     //关闭蜂鸣器
    }
    /*步进电动机正转*/
    void motor_ffw ()
    {
        uchari;
        uint j;
        for (j=0; j<12; j++)        //转 1*n 圈
        {
            if (K4==0)
            {break;}                //退出此循环程序
            for (i=0; i<8; i++)     //一个周期转 30 度
            {
                P2 = FFW [i];       //取数据
                delay (15);         //调节转速
            }
        }
    }
    /*步进电动机反转*/
    void motor_rev ()
    {
       uchari;
        uint j;
        for (j=0; j<12; j++)        //转 1×n 圈
        {
            if (K4==0)
            {break;}                //退出此循环程序
            for (i=0; i<8; i++)     //一个周期转 30 度
            {
                P2 = REV [i];       //取数据
                delay (15);         //调节转速
            }
        }
```

```
}
main ( )
{
    ucharr, N =5;                //N 步进电动机运转圈数
    while (1)
    {
        if (K1 = =0)
        {
            beep ( );
            for (r =0; r <N; r+ +)
            {
                motor_ffw ( );       //电动机正转
                if (K4 = =0)
                {beep ( ); break;}   //退出此循环程序
            }
        }
        else if (K2 = =0)
        {
            beep ( );
            for (r =0; r <N; r+ +)
            {
                motor_rev ( );       //电动机反转
                if (K4 = =0)
                {beep ( ); break;}   //退出此循环程序
            }
        }
        else
        P2 = 0xf0;
    }
}
```

9.3.3.4　步骤4：软硬件调试

（1）运用 Keil C51 软件对控制程序进行编译，并将编译生成的目标代码文件添加至用 Proteus 软件绘制的单片机中，完成本任务的虚拟仿真。

（2）建立硬件仿真调试环境，连接目标电路板（无单片机）和仿真器。运用 Keil C51 软件对程序进行单步调试、全速运行调试等，直至程序运行无误。

（3）将 AT89S51 单片机芯片插到目标电路板的相应位置，将成功编译生成的目标代码文件通过 ISP 下载线以及电路板上的 ISP 下载接口下载至单片机芯片中，然后拔出 ISP 下载线，让单片机脱机运行，观察运行结果。

9.3.4　任务训练

9.3.4.1　训练1

修改程序和硬件电路，实现步进电动机的加、减速控制。

9.3.4.2　训练2

修改程序和硬件电路，增减加速和减速功能，减速和加速各3个挡。

9.3.5　任务小结

单片机对步进电动机的控制包括换相顺序控制、速度控制及运行控制三个方面。其中：换相控制可通过软件编程和脉冲分配器来实现；速度控制可通过软件延时和定时器中断来实现；运行控制包括位置控制及加、减速控制，是通过折算的方法将步进电动机移动的距离折算为步数，从而控制步数或加、减速步数递减的方式来实现。

项目10　直流电动机控制

10.1　项目介绍

直流电动机是将直流电能转换为机械能的电动机，由于具有速度控制容易，启动、制动性能良好，且在宽范围内平滑调速等特点而在冶金、机械制造、轻工等工业部门中得到广泛应用。本项目将通过介绍直流电动机的原理和结构，来讲述如何使用单片机对直流电动机进行控制。

10.2　任务1　直流电动机工作原理

10.2.1　任务描述

本任务具体介绍直流电动机的结构及控制原理。

10.2.2　相关知识

10.2.2.1　知识1：直流电动机内部结构

直流电动机的结构由定子和转子两大部分组成。直流电动机运行时静止不动的部分称为定子，定子的主要作用是产生磁场，由机座、主磁极、换向极、端盖、轴承和电刷装置等组成。运行时转动的部分称为转子，其主要作用是产生电磁转矩和感应电动势，是直流电动机进行能量转换的枢纽，所以通常又称为电枢，由转轴、电枢铁心、电枢绕组、换向器和风扇等组成。

10.2.2.2　知识2：直流电动机控制原理

现以直流无刷电动机的控制原理为例进行介绍。要让电动机转动起来，首先控制器根据霍尔传感器感应到的电动机转子所在位置，然后依照定子绕线决定开启（或关闭）换流器中功率晶体管的顺序，使电流依序流经电动机线圈产生顺向（或逆向）旋转磁场，并与转子的磁铁相互作用，如此就能使电动机顺时/逆时转动。当电动机转子转动到霍尔传感器感应出另一组信号的位置时，控制器又再开启下一组功率晶体管，如此循环电动机就可以依同一方向继续转动，直到控制器决定要电动机转子停止则关闭功率晶体管；要电动机转子反向则功率晶体管开启顺序相反。

当电动机转动起来，控制器会再根据驱动器设定的速度及加/减速率所组成的命令与霍尔传感器信号变化的速度加以比对（或由软件运算），再来决定由下一组功率晶体管开关导通，以及导通时间长短。速度不够则开长，速度过头则减短，此部分工作就由 PWM 来完成。PWM 是决定电动机转速快或慢的方式，如何产生这样的 PWM 才是要达到较精准速度控制的核心。

10.2.3　任务实施

本任务是通过学习直流电动机的工作原理及特点等来认识直流电动机及其控制，从而为后续任务单片机控制直流电动机的学习做准备。

10.2.3.1　步骤1：直流电动机的工作原理学习

通过本任务相关知识及参考资料，学习直流电动机的结构与工作原理。

10.2.3.2　步骤2：直流电动机的控制原理学习

通过本任务相关知识及参考资料，学习直流电动机的转动角度、转动方向和转动速度的控制方法以及步进电动机的驱动控制。

10.2.4　任务训练

10.2.4.1　训练1

写出直流电动机的工作原理。

10.2.4.2　训练2

学习各种类型的直流电动机，理解它们控制原理的异同。

10.2.5　任务小结

（1）直流电动机控制器根据霍尔传感器感应到的电动机转子所在位置，依照定子绕线决定开启（或关闭）换流器中功率晶体管的顺序，使电流依序流经电动机线圈产生顺向（或逆向）旋转磁场，并与转子的磁铁相互作用，如此就能使电动机顺时/逆时转动。

（2）直流电动机控制器根据驱动器设定的速度及加/减速率所组成的命令与霍尔传感器信号变化的速度加以比对（或由软件运算）再来决定下一组功率晶体管开关导通，以及导通时间长短。速度不够则开长，速度过头则减短，此部分工作可由PWM来完成。

10.3　任务2　用PWM控制直流电动机

10.3.1　任务描述

近年来，直流电动机的结构和控制方式都发生了很大的变化。随着计算机进入控制领域，以及新型的电力电子功率元器件的不断出现，使采用全控型的开关功率元件进行脉宽调制（PWM）控制方式已成为绝对主流。本任务将具体介绍PWM技术以及PWM对直流电动机的控制。

10.3.2　相关知识

10.3.2.1　知识1：PWM简介

PWM一般指脉冲宽度调制，脉冲宽度调制是利用微处理器的数字输出来对模拟电路进行控制的一种非常有效的技术，广泛应用在从测量、通信到功率控制与变换的许多领域中。PWM 控制技术主要应用在电力电子技术行业，具体包括风力发电、电动机调速、直流供电等领域，由于其四象限变流的特点，可以反馈再生制动的能量，对于如今国家提出的节能减排具有积极意义。

10.3.2.2 知识 2：PWM 基本原理

本任务主要内容是用单片机实现 PWM 对直流电动机控制，用单片机定时计数器定时产生脉冲方波。

对于电动机的转速调整，是采用脉宽调制（PWM）办法，控制电动机的时候，电源并非连续地向电动机供电，而是在一个特定的频率下以方波脉冲的形式提供电能。不同占空比的方波信号能对电动机起到调速作用，这是因为电动机实际上是一个大电感，它有阻碍输入电流和电压突变的能力，因此脉冲输入信号被平均分配到作用时间上。这样，改变输入方波的占空比就能改变加在电动机两端的电压大小，从而改变了转速。

通常实现脉宽调制有两种方法有：

（1）软件实现，即通过执行软件延时循环程序交替改变端口某个二进制位输出逻辑状态来产生脉宽调制信号，设置不同的延时时间得到不同的占空比。

（2）硬件实现，自动产生 PWM 信号，不占用 CPU 处理的时间。

这里介绍利用 51 单片机来实现 PWM，运用定时器 T0 来控制频率，定时器 T1 来控制占空比。利用 T0 定时器中断实现一个 I/O 口输出高电平，在定时器 T0 的中断当中启动定时器 T1，而 T1 是实现 I/O 口输出低电平，这样改变定时器 T0 的初值就可以改变频率，改变定时器 T1 的初值就可以改变占空比。

以下是一段用单片机实现 PWM 的软件例程：

```
/*****************************************************************************
关于频率和占空比的确定，对于 12M 晶振，假定 PWM 输出频率为 1kHz，这样定时中断次数设定为
C=10，即 0.01ms 中断一次，则 TH0=FF，TL0=F6；由于设定中断时间为 0.01ms，这样可以设定占空
比可从 1-100 变化。即 0.01ms*100=1ms
*****************************************************************************/
#include <REGX51.H>
#define uchar unsigned char
/*****************************************************************************
* TH0 和 TL0 是计数器 0 的高 8 位和低 8 位计数器，计算办法：TL0=(65536-C)%256;
* TH0=(65536-C)/256，其中 C 为所要计数的次数即多长时间产生一次中断；TMOD 是计数
器，工作模式选择，0X01 表示选用模式 1，它有 16 位计数器，最大计数脉冲为 65536，最长时间为 1ms
*65536=65.536ms.
*****************************************************************************/
#define V_TH0    0XFF
#define V_TL0    0XF6
#define V_TMOD  0X01
void init_sys (void)              ; /*系统初始化函数*/
void Delay5Ms (void);
```

```
unsigned char ZKB1, ZKB2;
void main (void)
{
    init_sys ();
    ZKB1 =40;                   /* 占空比初始值设定 */
    ZKB2 =70;                   /* 占空比初始值设定 */
    while (1)
    {
      if (! P1_1)               //如果按了 + 键，增加占空比
      {
        Delay5Ms ();
        if (! P1_1)
        {
          ZKB1 + +;
          ZKB2 =100 - ZKB1;
        }
    }
    if (! P1_2)                 //如果按了 - 键，减少占空比
    {
        Delay5Ms ();
        if (! P1_2)
        {
          ZKB1 --;
          ZKB2 =100 - ZKB1;
        }
    }
    /* 对占空比值限定范围 */
    if (ZKB1 >99) ZKB1 =1;
    if (ZKB1 <1) ZKB1 =99;
  }
}
 /********************************************************
  * 函数功能：对系统进行初始化，包括定时器初始化和变量初始化 */
  void init_sys (void)          /* 系统初始化函数 */
  {
    /* 定时器初始化 */
    TMOD = "V" _TMOD;
    TH0 = V_TH0;
    TL0 = V_TL0;
    TR0 =1;
    ET0 =1;
    EA = "1";
  }
```

```
//延时
void Delay5Ms (void)
{
   unsigned int TempCyc = 1000;
   while (TempCyc -- );
}
/*中断函数*/
void timer0 (void) interrupt 1 using 2
{
   static uchar click = "0";          /*中断次数计数器变量*/
   TH0 = V_TH0;                       /*恢复定时器初始值*/
   TL0 = V_TL0;
    + +click;
   if (click > =100) click = "0";
   if (click < =ZKB1)                 /*当小于占空比值时输出低电平，高于时是高电平，从而实现占
空比的调整*/
   P1_3 =0;
   else
   P1_3 =1;
   if (click < =ZKB2)
   P1_4 =0;
   else
   P1_4 =1;
}
```

10.3.3 任务实施

本任务是通过学习 PWM 控制技术来认识直流电动机的转速控制方法，从而为下一任务的单片机控制直流电动机的学习做准备。

10.3.3.1 步骤1：PWM 基本原理学习

通过本任务相关知识及参考资料，学习 PWM 控制的基本原理。

10.3.3.2 步骤2：PWM 技术的软件实现

通过本任务相关知识及参考资料，学习用单片机实现 PWM 技术的方法。

10.3.4 任务训练

10.3.4.1 训练1

写出 PWM 技术的控制原理。

10.3.4.2 训练2

针对不同的占空比，用单片机实现不同 PWM 信号的程序编写。

10.3.5　任务小结

实现脉宽调制的方法主要有两种：

（1）软件实现，即通过执行软件延时循环程序交替改变端口某个二进制位输出逻辑状态来产生脉宽调制信号，设置不同的延时时间得到不同的占空比。若用51单片机来实现PWM，可用定时器T0来控制频率，定时器T1来控制占空比。

（2）硬件实现，自动产生PWM信号，不占用CPU处理的时间。

10.4　任务3　直流电动机的单片机控制

10.4.1　任务描述

本任务将介绍如何利用单片机和PWM技术对直流电动机进行调速控制。

10.4.2　任务实施

直流电动机PWM调速系统以单片机为控制核心，由命令输入模块、电动机驱动模块组成。采用带中断的独立式键盘作为命令的输入，单片机在程序控制下，定时不断给直流电动机驱动芯片发送PWM波形，H型驱动电路完成电动机正、反转控制。

10.4.2.1　步骤1：硬件电路设计

系统采用单片机控制输出数据，由PWM信号发生电路产生PWM信号，送到直流电动机，从而实现对电动机速度和转向的控制，达到直流电动机调速的目的。将P1口作为键盘输入和信号输出。具体硬件连接如图10－1所示。

10.4.2.2　步骤2：元器件准备和及电路制作

（1）完成本任务所需的元器件清单如表10－1所示。

表10－1　直流电动机控制元器件清单

元器件名称	参　数	数　量	元器件名称	参　数	数　量
IC插座	DIP40	1	电阻	10kΩ	2
单片机	AT89S51	1	电阻	1kΩ	4
直流电动机		1	电解电容	10μF	1
晶振器	12MHz	1	瓷片电容	30pF	2
按键		4	三极管	NPN	6
三极管	PNP	2	发光二极管	红，黄，蓝	各一只

（2）元器件准备好后，按照图10－1所示的电路图在万能板上焊接元器件，完成电路板的制作。

10.4.2.3　步骤3：控制程序设计

根据设计要求设计控制程序，控制程序如下：

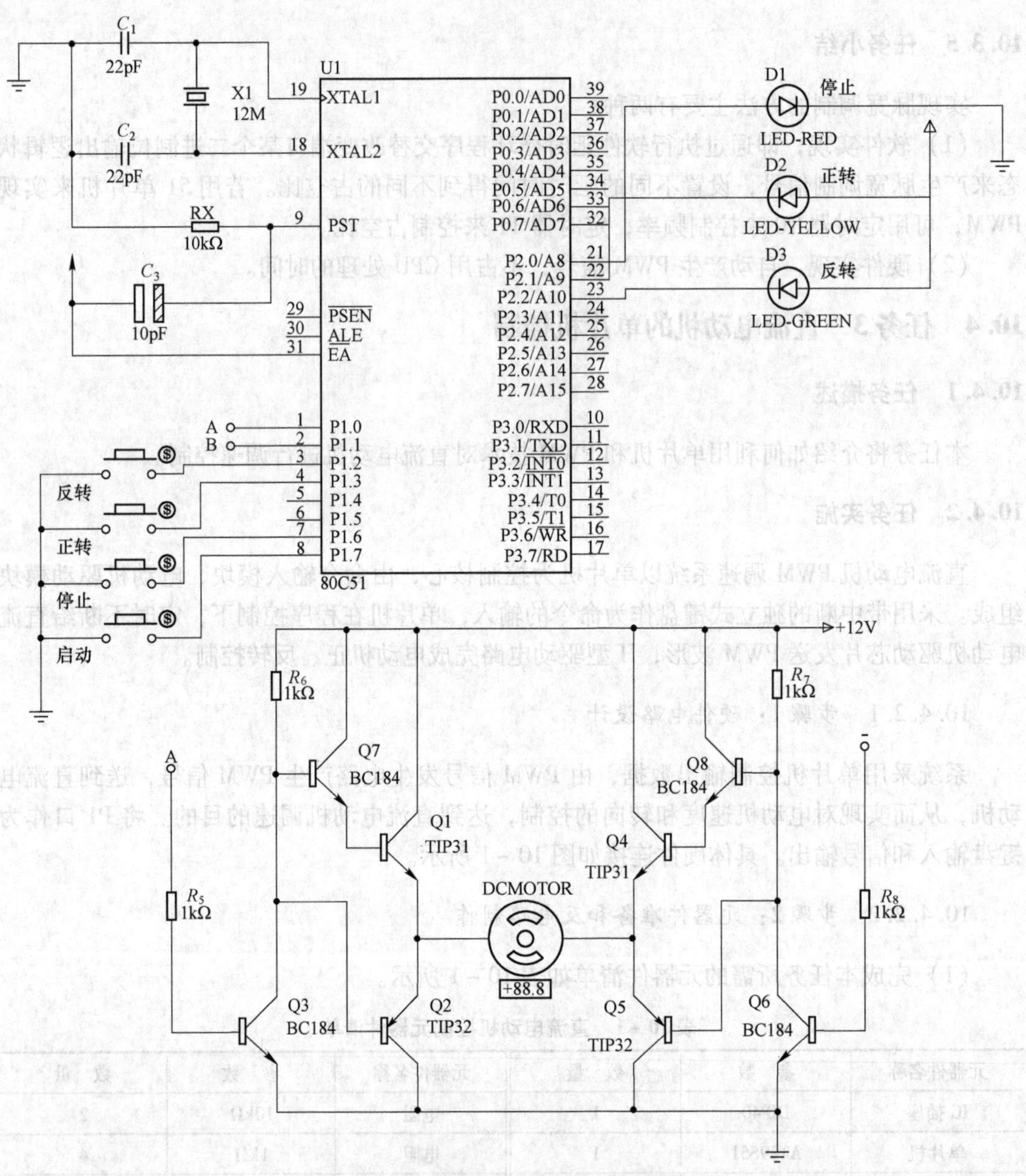

图 10－1　直流电动机控制硬件连接图

```
#include < reg51. h >                //51 单片机头文件
#define uint unsigned int            //宏定义
#define uchar unsigned char          //宏定义
sbit dianji = P1^0;
sbit dianji2 = P1^1;                 //控制电动机的 I/O 口定义
sbit zheng = P1^3;
sbit fan = P1^2;
sbit qidong_key = P1^7;
sbit tingzhi_key = P1^6;
/ * 延时子程序 * /
```

```
void delay (unsigned int z)
{
    unsigned int x, y;
    for (x=z; x>0; x--)
    for (y=114; y>0; y--);
}
/*按键检测处理子程序*/
void key ()
{
    if (qidong_key==0)
    {
        delay (5);                        //消抖
        if (qidong_key==0)
        {
            dianji=0;
            dianji2=1;
            P2=0X0C;
            while (qidong_key==0);        //等待按键松开
        }
    }
    if (tingzhi_key==0)
    {
        delay (5);                        //消抖
        if (tingzhi_key==0)
        {
            dianji=1;
            dianji2=1;
            P2=0X0F;
            while (tingzhi_key==0);       //等待按键松开
        }
    }
    if (fan==0)
    {
        delay (5);
        if (fan==0)
        {
            dianji=1;
            dianji2=0;
            P2=0X0A;
            while (fan==0);
        }
    }
    if (zheng==0)
```

```
    {
        delay (5);
        if (zheng = =0)
        {
            dianji =0;
            dianji2 =1;
            P2 =0X0C;
            while (zheng = =0);
        }
    }
}
void main ()
{
    while (1)
    {
        key ();
    }
}
```

10.4.2.4 步骤4：软硬件调试

（1）运用 Keil C51 软件对控制程序进行编译，并将编译生成的目标代码文件添加至用 Proteus 软件绘制的单片机中，完成本任务的虚拟仿真。

（2）建立硬件仿真调试环境，连接目标电路板（无单片机）和仿真器。运用 Keil C51 软件对程序进行单步调试、全速运行调试等，直至程序运行无误。

（3）将 AT89S51 单片机芯片插到目标电路板的相应位置，将成功编译生成的目标代码文件通过 ISP 下载线以及电路板上的 ISP 下载接口下载至单片机芯片中，然后拔出 ISP 下载线，让单片机脱机运行，观察运行结果。

10.4.3 任务训练

10.4.3.1 训练1

写出直流电动机使用单片机 PWM 控制过程。

10.4.3.2 训练2

修改电路图及控制程序，实现通过按键对直流电动机的调速，可加速减速至少 3 挡，对应挡位用不同颜色 LED 显示，有兴趣的还可以用 LED 数码管进行挡位显示。

10.4.4 任务小结

本任务采用了单片机和 PWM 技术对电动机进行控制，通过对占空比的计算达到精确调速的目的。利用单片机进行低成本直流电动机控制系统的设计，能够简化系统构成、降低系统成本、增强系统性能、满足更多应用场合的需要。

附　　录

附录 1　MCS－51 单片机指令系统

1.1　指令系统概述

1.1.1　指令概念

指令是指挥计算机工作的命令，是计算机软件的基本单元。指令有两种表达形式。

1.1.1.1　机器码指令

用二进制代码（或者 16 进制数）表示的指令称为机器码指令或目标代码指令。这种形式的代码指令能够直接被计算机硬件识别执行，但不便于记忆。

例如，指令 MOV A，#00H 执行的操作是将立即数 00H 送到累加器 A 中，它的机器码指令为 74H00H。

1.1.1.2　汇编语言指令

为了便于记忆，利于程序的编写和阅读，用助记符来表示每一条指令的功能，称作汇编语言指令。该指令不能被计算机硬件直接识别和执行，必须通过汇编把它翻译成机器码指令才能直接被机器执行。如上面的指令 MOV A，#00H 即为汇编语言指令。

计算机的所有指令被称为计算机的指令系统，对于不同型号的计算机，其指令系统也是不一样的，在很大程度上决定了其相应的使用功能。

1.1.2　指令格式

汇编语言的指令格式由以下几部分组成：

[标号]：操作码助记符 [目的操作数]，[源操作数]，[注释]。

标号：是该指令在所在的符号地址，由字母打头的字母数字串组成，可以根据需要设置。例如：

CD76 QB4 WAB DB745 为允许格式

46A 896A + BC5 - BCE05C 为不允许格式

操作码助记符：规定了指令操作功能，它是有助记符表示的字符串。

操作数：指参加操作的对象，此为指令的核心。对于操作数段的组成有的指令可以没有，也可以只有一个操作数，如：

CPL A；只有一个操作数。

RETI；没有操作数。

注释：为了用户阅读程序方便，在程序后加注额中文或者英文的说明。

当用机器语言表达的指令格式以 8 位二进制数（或字节）为基数时，可分为单字节、双字节和三字节指令，其相应格式如下：

单字节：| 操作数 |

双字节：| 操作数 | 数据或寻址方式 |

三字节：| 操作数 | 数据或寻址方式 | 数据或寻址方式 |

1.1.3 符号说明

MCS－51 单片机的 111 条指令按照功能可以分为如下 5 大类：

（1）数据传送类指令 29 条。

（2）算数传送类指令 24 条。

（3）位操作类指令 12 条。

（4）逻辑运算类指令 24 条。

（5）控制转移类指令 22 条。

在 MCS－51 单片机指令系统中，对常用符号说明如下：

（1）#data—8 位立即数。

（2）#data16—16 位立即数。

（3）Rn—工作寄存器，R0－R7，n 为 0－7。

（4）Ri—工作寄存器，0 或 1，i 等于 0 或 1。

（5）@ Ri—寄存器 Ri 间接寻址 8 位寄存单元 00H－FFH。

（6）direct—8 位直接寻址，可以是特殊功能寄存器 SFR 的 80H－FFH 或内部存储单元 00H－7FH。

（7）addr11—11 位目的地址。用于 AJMP 和 ACALL 指令，均在 2KB 地址内转移或调用。

（8）addr16—16 位目的地址。用于 LJMP 和 LCALL 指令，可以在 64KB 地址内转移调用。

（9）rel—带符号的 8 位偏移地址，主要用于所有的条件转移指令和 SJMP。其范围是相对于下一条指令的第一字节地址－128—＋127 字节。

（10）bit—位地址。片内 RAM 中的可寻址位和专用寄存器中的可寻址位。

（11）DPTR—数据指针，可以用于 16 位的地址寄存器。

（12）@—间接寄存器或者是基址寄存器的前缀。如：@ DPTR，@ Ri，@ A＋PC，@ A＋DPTR。

（13）A—累加器 ACC。

（14）B—通用寄存器，常用于乘法 MUL 和除法 DIV 的指令。

（15）Cy—进位标志位或者布尔处理器中的累加器。

1.2 寻址方式

计算机传送数据、执行算数操作逻辑操作等都要涉及操作数。一条指令的运行，先从操作数所在的地址寻找到本指令有关的操作数，这就是寻址。计算机的指令系统各不相同，其相应的寻址方式也不尽相同。MCS－51系列单片机的指令系统有立即寻址、寄存器寻址、间接寻址、直接寻址、变址寻址、相对寻址、位寻址等7种寻址方式。

1.2.1 立即寻址

立即寻址是指作数就跟在操作码后面，立即参与指令所规定的操作，该操作数称为立即数。为了方便辨识，在它的前面加#号。

例如：MOV A，#20H 传送到A中，如附图1－1所示。

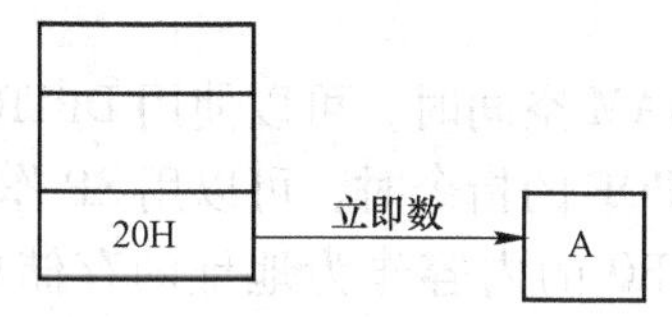

附图1－1 MOV A，#20H 指令执行图

1.2.2 直接寻址

直接给出操作数所在的存储器地址，供寻址取数或存放的寻址方式称为直接寻址。在MCS－51系列单片机中，可访问3种地址空间：

（1）特殊功能寄存器SFR：直接寻址是唯一的访问方式。

（2）内部数据RAM128字节单元。

（3）221个位地址空间。

例如：MOV A，70H；把70单元内容送入累加器A中，如附图1－2所示。

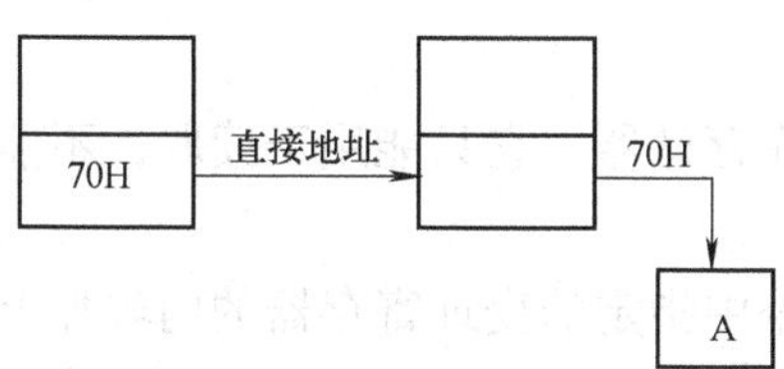

附图1－2 MOV A，70H 指令执行图

1.2.3 寄存器寻址

寄存器寻址是指定某一可寻址寄存器的内容为操作数，对选定的8个工作寄存器R7～R0，累加器ACC，通用寄存器B，数据指针DPTR和Cy（布尔处理机的累加器，也编址为一个寄存器）中的数进行操作寻址的方式。一般来说，对于4个工作寄存器组的编码如下：

第0组 00H－07H　第2组　10H－17H

第1组 08H－0FH　第3组　18H－1FH

例如：INC A；将寄存A中的内容加1送回累加器A。

ADD A，R2；将工作寄存器R2中的内容取出，与累加器中的数据相加，其和送回累加器A。

MOV R3，A；将累加器A中内容传送到工作寄存器R3中。

1.2.4 间接寻址

间接寻址又称为寄存器寻址，是将指定寄存器的内容作为该操作数的地址，再从该地址找到操作数的寻址方式。其实，寄存器寻址真正定义是可访问数据存储器的某一单元。在 MCS－51 单片中可用来间接寻址的寄存器有：工作寄存区的 R0、R1，堆栈指针 SP 和 16 位的数据指针 DPTR，在使用时为了容易辨识，在寄存器前面加了@来表示。通常用间接地址寄存器的情况如下：

（1）如果访问片内 RAM 或片外低 256B（00H－FFH）空间时，可以用 R0 或者 R1 作为间址寄存器。

（2）如果访问片外 64KB RAM 空间时，可以使用 DPTR 作为间址寄存器。

（3）如果执行 PUSH 或者 POP 的指令时，可以用 SP 作为间址寄存器。

例如：MOV A，@ R0；将 R0 的内容作为地址的存储单元中的内容传送到累加器 A 中，如附图 1－3 所示。

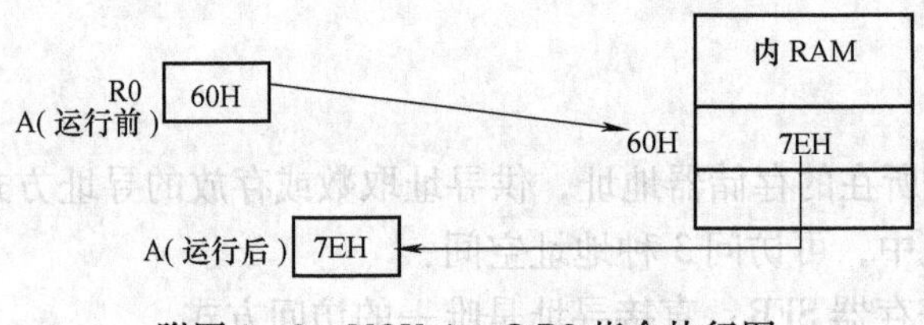

附图 1－3　MOV A，@ R0 指令执行图

MOVX @ DPTR，A；将累加器 A 中的内容传送到外 RAM DPTR 所示的存储单元中。

1.2.5 变址寻址

该寻址方式用于访问程序存储器。它只能用于读取，不能存放，它主应用于查表性质的访问。

变址寻址的概念是将指令中指定的变址寄存器的内容加上基址寄存器的内容形成操作数地址的寻址方式。在该寻址方式中，以程序计数器 PC 或数据指针 DPTR 作为基址寄存器，用累加器 A 作为变址寄存器。

例如：MOVC A，@ A＋DPTR

把累加器 A 的内容与 DPTR 内容相加得到一个新的地址，并通过该地址得到操作数送入累加器 A 中，如附图 1－4 所示。

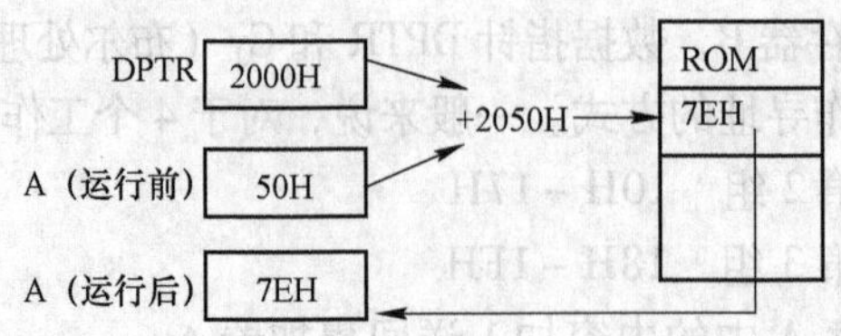

附图 1－4　MOVC A，@ A＋DPTR 指令执行图

MOV A，@ A＋PC

A为偏移量寄存器，PC为变址寄存器，A中内容为无符号数和PC相加，得到新的操作数地址，并通过该地址所得操作数送入累加器A中。

1.2.6　相对寻址

相对寻址是将给定的相对偏移量rel与当前的PC值相加所得到真正的程序转移地址。它与变址方式不同，相对偏移rel是一个带符号的八位二进制数，必须用补码形式表示其范围－128～＋127，该寻址指令常用于相对跳转指令。

例如：SJMP 08H

该指令是相对当前PC值进行偏移量为08H的短跳转。

JC 80H

该指令为若C＝0时，则PC值不变，若C＝1时，则将现行的PC作为基地址加上08H得到转向地址。

1.2.7　位寻址

位寻址是对片内数据RAM中的128位和特殊功能寄存器的93位进行操作。该寻址方式同直接寻址方式的形式和执行过程基本相同，但是参加操作的数是1位而不是8位。

例如：MOV 20H，A；将累加器A中内容送到内RAM20H单元中。

MOV 20H，C；将进位位Cy内容送到位地址20H指示的位中。

1.3　MCS－51指令系统

MCS－51单片机的指令系统共有111条指令。如果按指令长度来分，有单字节指令49条，双字节指令46条，三字节指令16条。若按指令执行的时间分，可分为单机械周期指令64条，双机械周期指令45条，四机械周期2条。另外按指令的功能分为5类，可分为数据传送类有29条，算术指令24条，逻辑指令24条，转移指令22条，布尔指令12条。本节中将着重讲解这五类指令的功能。

1.3.1　传送指令

传送指令是MCS－51单片机指令系统中数量最多使用最多的一类指令，它主要用于数据的保存和交换等场合。若按其操作方式又可以把它们为3种：数据传送、数据交换和栈操作。数据传送操作又可以分为内部数据存储器各部分之间及其与累加器A之间的数据传送；程序存储器送数到累加器A的传送操作，这三类操作码的助记符用MOV、MOVX、MOC表示。

1.3.1.1　片内RAM之间的数据传送指令

格式：MOV ＜目的字节＞，＜源字节＞

功能：传送字节变量。

说明：把源字节的内容传给目的字节，而源字节的内容不变，也不影响标志位。当执行结果改变累加器A的值时，会使奇偶标志变化。

（1）如果目的字节是累加器A，有4条传送指令。

MOV A，Rn；A←Rn

MOV A，derect；A←（derect）

MOV A，#data；A←#data

MOV A，@Ri；A←（Ri）

（2）如果目的字节是 Rn，则有 3 条传送指令。

MOV Rn，#data；Rn←data

MOV Rn，A；Rn←A

MOV Rn，direct；Rn←direct

（3）如果目的字节是直接地址，则有 5 条指令。

MOV direct，#data；direct←data

MOV direct，A；direct←A

MOV direct，Rn；direct←Rn

MOV direct，direct1；direct←（direct1）

MOV direct，@Ri；direct←@Ri

（4）目的字节是寄存器间接地址，则有 3 条指令。

MOV @Ri，#data；（Ri）←data

MOV @Ri，A；（Ri）←A

MOV @Ri，direct；（Ri）←（direct）

1.3.1.2　16 位数据传送指令

格式：MOV DPTR，#data16

功能：把 16 位数送入 DPTR。

说明：数据高 8 位送入 DPH 中，低 8 位送入 DPL 中。用作 16 位间址，当用 MOVX 指令时，则一定用外 RAM 地址。

1.3.1.3　片外 RAM 传送指令

片外 RAM 传送指令用于 CPU 与外部数据存储之间的数据传送，对外部数据存储的访问都要采用间接寻址方式。在这里访问片外 RAM 用 MOVX 指令，该指令主要用于 CPU 与外部数据存储器之间的数据传送。MOVX 类指令共有 4 条，2 条通过工作寄存器间址 R0 ~ R1 对 RAM 进行操作，寻址范围为 64K（0000H - FFFFH）。

格式：MOVX <目的字节>，<源字节>

功能：外部数据传送

MOVX A，@DPTR；A←（(DPTR)）

MOVX A，@Ri；A←（(Ri)）

MOVX @DPTR，A；（DPTR）←A

MOVX @Ri，A；（Ri）←A

上式中，前 2 条指令为外部数据存储器读指令，后 2 条为外部数据存储器写指令。这 4 条指令有一个共同点就是要经过累加器 A，外 RAM 的低 8 位地址均由 P0 传送，高 8 位地址均由P2传送，其中8位数据也需P0传送。

1.3.1.4 查表指令

MCS－51单片机的程序存储器除了存储程序外，还可存放一些常数，被称为表格。在单片机指令系统提供了两条访问程序存储器的指令，称为查表指令，该指令也就是程序存储器向累加器A传送指令。

格式：MOVC A，@A＋PC；PC←（PC）＋1

A←（A＋PC）

MOVC A，@A＋DPTR；A←（(A)＋(DPTR)）

功能：把累加器A中内容加上基址寄存器（PC，DPTR）内容，求得程序存储器某单元地址，再将该单元内容送到累加器A中。

说明：

（1）前一条指令由PC作为基址寄存器，它虽然提供了16位地址，单其基址值值是固定的，A＋PC中的PC是程序计数器的当前内容（查表指令的地址加1），所以它的查表范围是查表指令后256B的地址空间。

（2）后一条指令采用DPTR作为基址寄存器，它的寻址范围是整个程序存储器的64KB空间，所以表格可以放在程序的任何位置。缺点是若DPTR已有它用，在上式表首地址之前必须保护现场，执行完查表后再执行恢复。

例如：若在ROM2010H单元开始已存放有0～9的平方根，根据累加器A中的值0－9来找对应的平方根。

MOV DPTR，#2010H

MOVC A，@A＋DPTR；A＋DPTR的值就是所查平方值存放的地址。

当采用PC作为基址寄存器，由于表格地址空间分配受到限制，在编程时还需进行偏移量的计算，其公式为：DIS＝表首地址－（该指令所在地址＋1）。

1.3.1.5 堆栈操作指令

堆栈操作指令共两条，分别用于保存及恢复现场。压栈指令用于保存某片内RAM单元（低128字节）或某专用寄存器的内容，出栈指令用于恢复某片内RAM单元（低128字节）或某专用寄存器内容。

格式：PUSH direct；SP←（SP）＋1

（SP）←（direct）

POP direct；direct←（SP）

SP←（SP）－1

功能：

（1）PUSH称为压栈指令，将指定的直接寻址单元的内容压入堆栈。先将堆栈指针SP的内容加1，指向栈顶的一个单元，然后将指令指定的直接地址单元内容送入该单元。

（2）POP称为出栈指令，它是将当前指针SP所指示的单元内容弹出到指定的内RAM单元中，然后再将SP减1。

以上两条指令均为双字节指令，并且 PUSH 和 POP 是两种传送指令，具有程序执行敏捷，书写简练的优点，在编写程序时一定要遵循“后进先出”的原则。

例如：PUSH A；保护 A 中的内容

PUSH PSW；保护标志寄存器内容

POP PSW；恢复标志寄存器内容

POP A；恢复 A 中内容

上述程序执行完毕后，A 和 PSW 寄存器当中的内容得到正确的恢复。

1.3.1.6　*交换指令*

交换指令是将操作数自源地址送到目的地。该指令共有 5 条，它在数据传送任务上更为出色而且不易丢失信息。

（1）字节交换指令：

格式：XCH A，Rn；A⟷Rn

XCH A，@ Ri；A⟷（(Ri)）

XCH A，direct；A⟷（direct）

功能：将 A 的内容与源字节中的内容互换。

（2）半字节交换指令：

格式：XCHD A，@ Ri；A3 -0⟷（Ri）3 -0，高 4 位不变。

功能：将累加器 A 中的内容低 4 位与 Ri 所指的片内 RAM 单元中的低 4 位互换，其他的高 4 位不变。

（3）累加器高低 4 位互换指令：

格式：SWAP A；A　7 -0⟷A3 -0

功能：把累加器 A 中的内容的高、低 4 位互换。

1.3.2　算术指令

MCS -51 单片机的算术运算类指令共计 24 条，它主要完成加、减、乘、除四则运算，以及加 1 指令、减 1 指令、二一十进制调整操作，这些指令一般都影响标志位。

1.3.2.1　*加法指令*

加法指令共有 8 条，都是以累加器内容作为相加的一方，相加后的和被送回累加器中，影响标志 AC、CY、OV、P。

不带进位加法指令（4 条）。

格式：ADD A，#data；A←（A）+data

ADD A，direct；A←（A）+（direct）

ADD A，@ Ri；A←（A）+（(Ri)）

ADD A，Rn；A←（A）+（Rn）

功能：将两个操作数相加，再送回累加器中。

例如：某程序执行指令为：MOV A，#OC3H

ADD A，OAAH

求执行结果，并说明对状态字的影响。

解：

```
            11000011（0C3H）
        +）10101010（0AAH）
        [1]    01101101
```

结果为 A＝6DH，Cy＝1，OV＝1，AC＝0，P＝1

1.3.2.2　带借位减法指令

该指令有4条，以累加器内容作为被减数，减后的差被送回累加器。

格式：SUBB A，#data；A←（A）－data—（Cy）

SUBB A，Rn；A←（A）－（Rn）—（Cy）

SUBB A，direct；A←（A）－（direct）—（Cy）

SUBB A，@Ri；A←（A）－（（Ri））—（Cy）

功能：累加器 A 中的内容减去原操作数中的内容及进位位 Cy，差再存入累加器 A 中。

例如：当执行程序指令 SUBB A，#64H 的结果，设 A＝49H，Cy＝1。

解：

```
            01001001（49H）
            01100100（64H）
        －）               1
        [1]    11100100
```

结果：A＝E4H，Cy＝1，P＝0，AC＝0，OV＝0。

减法运算对 PSW 中的影响：

（1）减法运算的最高位有借位时，进位位 Cy 置位为1，否则 Cy 为0。

（2）减法运算时低4位向高4位有借位时，辅助进位位 AC 置位为1，否则为0。

（3）减法运算过程中，位6和位7同时进位时溢出标志位 OV 为1，否则为0。

（4）运算结果中“1”的个数为奇数时（注意：不计借 Cy 中的1），奇偶校验位 P 置1，否则为0。

（5）由于减法只有带借位减法一条指令，所以在单字节相减时，必须先清借位位（CLR C）。

（6）加法运算和上诉减法运算类似，这里不赘述了。

1.3.2.3　乘除法指令

（1）乘法指令：

格式：MUL AB；$\left.\begin{matrix}(A)\ 0-7\\(B)\ 8-15\end{matrix}\right\}$ ←（A）×（B）

功能：把累加器 A 和累加器 B 中的8位无符号数相乘，乘积为16位，积低8位存于 A 中，积高位存于 B 中。如果积大于255（0FFH），则 OV 置1，否则清零，运算结果总使进位位 Cy 为清 0。

例如：设 A＝80H，B＝32H，执行指令

MUL AB

执行结果：乘积 1900H，A＝00H，B＝19H

OV＝1，Cy＝0

（2）除法指令：

格式：DIV AB；{（A）商（B）} 余数←（A）/（B）

功能：把累加器 A 中的 8 位无符号整数除以寄存器 B 中 8 位无符号整数，商放在 A 中，余数放在 B 中，标志位 Cy 和 OV 均清零。若除数 B 为 00H，则执行后果为不确定值，OV 置 1，在任何情况下，进位位 Cy 清零。

例如：设累加器 A＝87H，B＝0CH，执行指令 DIV AB

结果：A＝0BH，B＝03H，OV＝0，Cy＝0。

1.3.2.4 加 1，减 1 指令

该指令是把所指定的变量加 1，结果仍送回原地址单元，这类指令不影响标志位，加 1 指令共有 5 条。

（1）加 1 指令：

格式：INC A；A←（A）+1

INC Rn；Rn←（Rn）+1

INC @Ri；（Ri）←（(Ri)）+1

INC direct；direct←（direct）+1

INC DPTR；DPTR←（DPTR）+1

（2）减 1 指令：

该指令是将指定变量减 1，结果仍送回原地址单元，这类指令不影响标志位，加 1 指令共有 4 条。

格式：DEC A；A←（A）-1

DEC Rn；Rn←（Rn）-1

DEC @Ri；（Ri）←（(Ri)）-1

DEC direct；direct←（direct）-1

加 1，减 1 指令说明：

（1）该指令与加减法指令中加 1 减 1 的区别是加 1 减 1 指令不影响标志位，即加 1 大于 256 时不向 Cy 进位，Cy 保持不变；减 1 不够减时不向 Cy 借位，Cy 始终保持不变。

（2）没有 16 位减 1 指令。

1.3.2.5 二—十进制调整指令

该指令又称 BCD 码调整指令，它主要是对加法运算结果进行 BCD 码调整。由于 BCD 码按二进制运算法进行加减后，有可能出错，利用二—十进制调整指令可对运算结果进行调整。

格式：DA A

说明：进行BCD码加法运算时，需要在加法指令后加入该指令，可以对BCD进行调整。

1.3.3 逻辑运算指令

逻辑运算指令共24条，包括与、或、异或、清零、求反和左右移位等逻辑指令，按操作数也可以分为单、双操作数两种。逻辑运算指令涉及寄存器A时，影响P，但对AC、OV及Cy没有影响。

1.3.3.1 “与”指令

本指令共有6条，逻辑与的结果大部分送回累加器A，只有最后两条指令送入直接单元地址中。

格式：ANL A，#data；A←（A）∧data

ANL A，Rn；A←（A）∧（Rn）

ANL A，@Ri；A←（A）∧（Ri）

ANL A，direct；A←（A）∧（direct）

ANL direct，#data；direct←<direct>∧data

ANL direct，A；direct←<direct>∧（A）

功能：前4条将A中内容与源操作数内容进行按位与运算，并将结果送入A中，且影响奇偶标志位。后两条将直接地址单元中内容与操作数所指内容进行按位与运算，将结果送入直接寻址地址单元中。

例如：如果A=00001111B，（40H）=10001111B，当执行指令ANL A，40H时，A的内容为：A=00001111B=0FH。

1.3.3.2 “或”运算指令

或指令共有6条，执行指令后的结果存入累加器或者直接地址单元中。

格式：ORL A，#data；A←（A）∨data

ORL A，Rn；A←（A）∨（Rn）

ORL A，@Ri；A←（A）∨（（Ri））

ORL A，direct；A←（A）∨（direct）

ORL direct，#data；direct←（direct）∨data

ORL direct，A；direct←（direct）∨（A）

或指令也常用于修改某工作寄存器、某片内RAM单元、某直接寻址（包括P0、P1、P2、P3端口）或累加器本身的内容，控制修改的数或累加器中内容等。

1.3.3.3 “异或”指令

同与、或指令一样，异或指令有6条，其操作方式同与、或指令一样。

格式：XRL A，#data；A←A异或data

XRL A，Rn；A←A异或Rn

XRL A，@Ri；A←A异或（Ri）

XRL A，direct，#data；A←A 异或（direct）

XRL direct，#data；direct←（direct）异或 data

XRL direct，A；direct←（direct）异或 A

异或指令也常用于修改某工作寄存器、某片内 RAM 单元、某直接寻址（包括 P0、P1、P2、P3 端口）或累加器本身的内容，控制修改的数或累加器中内容等。

1.3.3.4　A 操作指令

A 操作指令共有 6 条，可以实现将累加器 A 中的内容取反，清零，循环左、右移，带 Cy 循环左右移。

格式及功能：

CLR A；A←0

CPL A；A←A 非

RL A；循环左移

RLC A；带 Cy 左右移

RR A；循环右移

RRC A；带 Cy 循环右移

1.3.4　转移指令

在 MCS－51 单片机中，它具有一定的智能作用，这主要是由于存在控制转移类指令。程序转移类指令共计 16 条，另还有一条 NOP 指令。除 NOP 指令执行时间一个机械周期外，其他转移指令的执行周期为两个机械周期。该指令通常包括无条件转移指令、条件转移指令、比较转移指令、循环转移指令以及调用和返回指令。该指令通过修改 PC 的内容来控制程序的执行，调高效率，一般不影响标志位。

1.3.4.1　无条件转移指令

无条件转移指令共有 4 条。由于指令执行的结果，程序的执行顺序是必须转移的，所以称其为无条件转移指令。

（1）短转移指令：

格式：AJMP addr11；

PC（PC＋2，PC10～0（addr10～0，PC～11 不变）

双字节指令，是 11 位地址的无条件转移指令，它的机器码为：a10 a9 a8 0 0 0 0 1 a7…a0，a10a0 为转移目标地址中的低 11 位，00001 是这条指令的操作码，其转移范围为 PC＋2 后的同一 2KB 内，也就是高 5 位地址相同。

由于 AJMP 是双字节指令，当程序真正转移时 PC 的内容加 2，因此转移的目标地址应与 AJMP 下相邻指令第一字节地址在同一双字节范围，本指令不影响标志位。

（2）长转移指令：

格式：LJMP addr16；PC（addr15～0，转移范围为 64KB）

此为 3 字节指令，机器码的第一字节为 02H，第二字节为地址高 8 位，第三字节位地址的低 8 位，即 02addr15～8、addr7～0。该指令可以使程序执行在 64KB 地址内无条件转移，但比AJMP指令多占1个字节，不可多用该指令。

(3) 相对转移指令：

格式：SJMP rel；PC←（PC）+2，PC←（PC）+rel

为双字节指令，机器码的第一字节为80H；第二字节为相对地址，也称为相对偏移量，是一个8为带符号的数。

该指令的转移范围为+127B～－128B。

在手工汇编时，常需要计算地址的相对偏移量，设相对转移指令第一个字节为源地址，要转去执行指令的第一字节地址为目的地址，则其相对偏移量为：

向下转移：rel=(源、目的地址差的绝对值)－2。

向上转移：rel=FE－(源、目的地址差的绝对值)。

PC地址由大到小转移，用向上转移公式；反之用向下转移公式。

LJMP、AJMP，SJMP三条无条件转移指令的区别：

1）这3条指令的字节不同。LJMP是三字节指令，AJMP、SJMP是双字节指令。

2）转移范围不同。LJMP转移范围是64K，AJMP与PC在同一2KB范围内，SJMP转移范围是PC（－128B～+127B)。AJMP和SJMP指令应注意转移目标地址是否在转移的范围内，不能超出其转移的范围。

3）SJMP只给了相对转移地址，不具体指出地址值，这样当程序修改时，只要相对地址不发生变化，本指令不需要改动，而LJMP、AJMP当程序改动时就有可能需要修改该地址，SJMP常用于子程序编制。

(4) 间接转移指令。

格式：JMP @A+DPTR；PC←（A）+（DPTR)，单字节指令，机器码为73H。

该指令以DPTR寄存器内容为基址，以累加器内容为相对偏移量，在64K范围内无条件转移。指令的结果不会改变DPTR及A中原来的内容。本指令的特点是转移地址可以在程序运行中加以改变，这也是和前3条指令的主要区别。

1.3.4.2　条件转移指令

本指令有7条。它们在满足条件的情况下才进行程转移，条件不满足，仍按原程序继续执行，故称条件转移指令或称判跳指令。

A　判A转移指令

(1) A=0转移指令：

格式：JZ rel；PC←PC+2，若A=0，则PC←PC+rel转移，若A≠0，按顺序执行。

此为双字节指令，机器码的第一字节为60H，第二字节为相对地址。

(2) 判A不等于0转移指令：

格式：JNZ rel；PC←PC+2，若A≠0，则PC←PC+rel转移。反之则按顺序执行。

此为双字节指令，机器码的第一字节为70H，第二字节为相对地址。判A转移指令不改变原累加器内容，不影响标志位。

B　判bit转移指令

(1) bit=1转移指令：

格式：JB bit，rel；PC←PC+3，若（bit）=1，则PC PC+rel转移。

若（bit）≠1，则按顺序执行。

此为三字节指令。机器码的第一字节为20H，第二字节为位地址，第三字节为相对地址。

(2) bit=0 转移指令：

格式：JNB bit，rel；PC←PC+3，若（bit）=0，则 PC←PC+rel 转移。

若（bit）=1，则按顺序执行。

此为三字节指令。机器码的第一字节为30H，第二字节为位地址，第三字节为相对地址。

例如：设 P1 口上的数据为 11001010B，A 的内容为 56H（01010110B），求执行下列指令后的结果。

JB P1.2，LOOP1；P1.0=0，不满足条件顺序执行

JNB ACC.3，LOOP2；ACC.3=0，满足条件转移到 LOOP2

执行结果：程序转移到 LOOP2 去执行。

(3) bit=1 转移和清零指令：

格式：JBC bit，red；PC←PC+3，若（bit）=1，则（bit）0，PC←PC+red 转移。

若（bit）=0，按顺序执行。

此为三字节指令。机器码的第一字节为10H，第二字节为位地址，第三字节为相对地址。

C 判 C 转移指令

(1) C=0 转移指令：

格式：JNC bit，rel；PC←PC+2，若 Cy=0，则 PC←C+rel 转移。

若 Cy=1，按顺序执行。

此为双字节指令。机器码的第一字节为50H，第二字节为相对地址值。

(2) C=1 转移指令：

格式：JC rel；PC←C+2，若 Cy=1，则 PC←PC+rel 转移。

若 Cy=0，按顺序执行。

此为双字节指令。机器码的第一字节为40H，第二字节为相对地址值。

1.3.4.3 比较转移指令

格式：CJNZ（目的操作数），（源操作数），rel

比较转移指令的功能是目的操作数与源操作数进行比较。

(1) 目的操作数=源操作数，则 PC←（PC）+3 程序顺序执行 Cy=0。

(2) 目的操作数≠原操作数，则 PC←（PC）+3+rel 转移。

具体转移指令有4条：

1) CJNZ A，#data，rel；PC←（PC）+3

若 A=data，按顺序执行，且 Cy=0。

若 A<data，则 Cy=1，且 PC←（PC）+rel，转移。

若 A>data，则 Cy=0，且 PC←（PC）=rel，转移。

此为三字节指令。机器码的第一个字节为 B4H，第二个字节为立即数，第三字节为相对地址。

2）CJNZ Rn，#data，rel；PC←（PC）+3

若 Rn = data，按顺序执行，且 Cy =0。

若 Rn < data，则 Cy =1，且 PC←（PC）+rel，转移。

若 Rn > data，则 Cy =0，且 PC←（PC）+rel，转移。

此为三字节指令。机器码的第一字节因 n 值不同而为 B8H ~ BFH，第二字节为立即数，第三字节为相对地址。

3）CJNE @Ri，#data，rel；PC←（PC）+3

若（Ri）= data，按顺序执行，且 Cy =0。

若 Rn < data，则 Cy =1，且 PC←（PC）+rel，转移。

若 Rn > data，则 Cy =0，且 PC←（PC）+rel，转移。

此字节为三字节指令。机器码的第一个字节因 i 值不同为 B6 ~ B7H，第二字节为立即数，第三字节为相对地址。

4）CJNE A，dire，rel；PC←（PC）+3

若 A =（dire），按顺序执行，且 Cy =0。

若 Rn <（dire），则 Cy =1，且 PC←（PC）+rel，转移。

若 Rn >（dire），则 Cy =0，且 PC←（PC）+rel，转移。

此为三字节指令。机器码的第一个字节为 B5H，第二个字节为直接地址，第三字节为相对地址。

1.3.4.4　循环转移指令

（1）DJNZ Rn，rel；PC←（PC）+2，Rn←（Rn）-1

若 Rn =0，按顺序执行。

若 Rn≠0，则 PC←（PC）+rel，转移。

此为双字节指令。机器码的第一字节因 n 值不同为 D8H ~ DFH，第二字节为相对地址。

（2）DJNZ direct，rel；PC←（PC）+3，（direct）←（direct）-1

若（direct）=0，按顺序执行。

若（direct）≠0，则 PC←（PC）+rel，转移。

此为三字节指令。机器码第一字节为 D5H，第二字节为直接地址，第三字节为相对地址。

1.3.4.5　调用指令和返回指令

调用指令共有 4 条，其中有两条调用指令 LCALL 及 ACALL 和 1 条与之配对的子程序返回指令 RET。LCALL 与 ACALL 指令与 LJMP 和 AJMP 指令相似，不同的是它们在转移前，要把执行后 PC 的内容自动压入堆栈，返回时按后进先出原则把地址弹出 PC 中。

A　短调用指令

格式：ACALL addrll；（PC）+2→PC，（SP）+1→SP，（PC）0 ~ 7→（SP）

(SP) =1→SP, (PC) 8 ~15→ (SP), addr0 ~11→PC0 ~11

此为双字节指令。该指令能在 2KB 范围内寻址，用来调用子程序。它与 AJMP 指令转移范围相同，取决于指令中的 11 位地址值，所不同的是执行该指令后需返回，所以在送入地址前，先将原 PC 值压栈保护起来。指令机器码为：a10a9a810001a7…a0，其中 10001 是该指令特有的操作码。a10 ~ a0 即为调用目标地址中的低 11 位 addr11，其调用范围为 PC +2 后的同一 2KB 内。再执行指令时，先将 PC 值加 2，此值为所需保存的返回地址，把 PC 的低 8 位和高 8 位依次压栈，11 位地址值 addr11 送 PC 的低 11 位，其 PC 值得 15 ~ 11 为不变。这样 PC 就转到子程序起始地址，执行子程序。

B 长调用指令

格式：LCALL addr16；(PC) +3→PC, (SP) +1→SP, (PC)0 ~7→(SP)

(SP) +1→SP, (PC)8 ~15→(SP), addr16→PC

此为三字节指令，机器码的第一字节为 12H，第二字节为地址的高 8 位，第三字节为地址的低 8 位。同上条指令 ACALL 相比，执行 LCALL 指令后的 PC 值完全由指令中的 16 位地址值提供。在执行该指令时先将 PC 值加 3，即得到下一条指令地址 PC 值得低 8 位和高 8 位依次压栈，再将 16 位地址值 addr16 送入 PC。这样便能执行所调用的子程序，其调用范围为 64KB，并且不影响标志位。

C 返回指令

返回指令有子程序返回和中断程序返回两种：

格式：RET；子程序返回(PC15 ~8) ← ((SP))，(SP) ← (SP) -1，

(PC7 ~0) ← ((SP))

RETI；中断返回

此为单字节指令，机器码为 32H，该指令与中断有关。计算机响应中断，程序转移到中断服务程序继续执行，可以理解成一种特殊的调用过程。中断服务程序的最后一条指令一定是返回指令，但必须用中断返回指令 RETI。

1.3.4.6 空操作指令

格式：NOP；PC← (PC) +1

空操作并没有使程序转移，执行该指令只是 PC 加 1 外计算机不做任何操作，而继续执行下一条指令，不影响任何寄存器和标志。NOP 为单周期指令，所以时间上只用一个机器周期，在延时或等待程序中常用于时间“微调”。

例如：CLR P2.7；P2.7 清零输出

NOP

NOP ；空操作

NOP

SETB P2.7 ；置位 P2.7 高电平输出

1.3.5 布尔指令

布尔指令又称为位操作指令。在 MCS－51 系列单片机的硬件结构除了 8 位 CPU，还

附有一个布尔处理器（或称位处理机），可以进行位寻址，进位位C具有一般CPU中累加器的作用。布尔指令可以分为位传送指令，位修改和逻辑操作等。该指令一般不影响标志位。

1.3.5.1　位传送指令

位传送指令有互逆的两条，可实现进位位C与某直接地址bit间内容的传送。

（1）MOV C，bit；Cy←bit

双字节指令，机器码的第一字节为A2H，第二字节为直接寻址位的位寻址。

（2）MOV bit，C；bit←Cy

双字节指令，机器码的第一字节为92H，第二字节为直接寻址位的位寻址。

上诉指令中C为进位位Cy，bit为内部RAM20H～2FH中的128个可寻址位和特殊功能寄存器中的可寻址位。

1.3.5.2　位修正指令

位修正指令共有6条，指针对位清零，位置1指令，位取反指令。

（1）位清零指令：

CLR C；C←0，单字节指令，机器码为C3H。

CLR bit；bit←0，双字节指令，机器码的第一字节为C2H，第二字节为位地址。

（2）位置1指令：

SETB C；C←1，单字节指令，机器码为D3H。

SETB bit；bit←1，双字节指令，机器码第一字节为D2H，第二字节为位地址

（3）位取反指令：

CPL C；C←C非，单字节指令，机器码为B3H。

CPL bit；bit←bit非，双字节指令，机器码第一字节为B2H，第二字节为位地址。

1.3.5.3　位逻辑运算指令

位逻辑运算指令分逻辑“与”和逻辑“或”共有4条指令。

（1）位逻辑“与”指令：

ANL C，bit；C←C∧bit

双字节指令，机器码的第一字节为82H，第二字节为位地址。

ANL C，bit非；C←C∧bit非

双字节指令，机器码的第一字节为B0H，第二字节为位地址。

（2）位逻辑“或”运算指令：

ORL C，bit；C←C∨bit

双字节指令，机器码的第一个字节为A0H，第二个字节为位地址。

ORL C，bit；C←C∨bit非

双字节指令，机器码的第一个字节为A0H，第二个字节为位地址。

对于MCS－51单片机中无位异或指令，可以用若干条位操作指令来实现。

1.4　伪指令

1.4.1　伪指令介绍

一般来说，在汇编语言源程序中用 MCS－51 指令助记符编写的程序，可以产生目标程序。但还有些指令并不产生目标程序，不影响程序的执行，仅产生供汇编用的某些命令，以便在汇编时执行一些特殊的操作，这种指令称为伪指令。

1.4.1.1　ORG 指令

格式：ORG 16 位地址

ORG 为起始伪指令，它规定其下面的目标程序的起始地址。指令中 16 位地址（4 位 16 进制数）便是起始地址。ORG 定义空间地址由小到大，且不能重叠。如果空间地址有重叠，汇编将拒绝执行，并给相应的出错提示。

1.4.1.2　END 指令

格式：END

END 为结束伪指令，表示汇编语言源程序的结束标志，汇编程序对该指令后面的内容将不再进行汇编。如果源程序是主程序，则写标号，所写标号就是该主程序第一条指令的符号地址。如果源程序是一般子程序，END 之后不再写标号。

1.4.1.3　EQU 指令

格式：字符名称 EQU 数据或汇编符号。

EQU 为等值伪指令，是将数据或汇编符号赋予字符名称。需要注意的是在同一程序中，用 EQU 伪指令在赋值后，其字符名称的值在整个程序不能再改变。

例如：某程序为：PPB EQU R0；PPB = R0

MOV A，PPB；A←PPB

说明：将 PPB 等值于汇编符号 R0，在指令中 PPB 可代替 R0 来使用。

1.4.1.4　DB 指令

格式：<符号：>DB<项或项表>

DB 为定义字节指令，项或项表指令所定义一个字节或用逗号分开的字符串。汇编程序把 DB 指令中项或项表所指字符的内容（数据或 ASCII 码）依次存入从标号开始的存储单元。

例如：ORG 1000H

FIRST：DB 73，01，01，90，38，00，01，00

SECOND：DB 02，00，34，10，32，96，00，00

ORG 1000H 指明了标号 FIRST 的地址 1000H，伪指令 DB 定义了 1000H～1007H 单元的内容依次为 73，01，01，90，38，00，01，00。标号 SECOND 因与前面 8 个字节紧靠，所以它的地址顺次应为 1008H，而第二条指令 DB 指令则定义了 1008H～100FH 单元的内容依次为02H，00H，34H，10H，32H，96H，00H，00H。

1.4.1.5　DATA 指令

格式：字符名称 DATA 表达式。

DATA 为数据地址赋值伪指令，其功能将数据地址赋给字符名称。DATA 与 EQU 指令既相似又有区别：

（1）EQU 指令可以把一个汇编符号赋给一个字符名称，而 DATA 指令不能。

（2）EQU 指令应先定义后使用，而 DATA 指令先使用后定义。

（3）DATA 指令能将一个表达式的值赋予一个字符名称。

（4）DATA 指令在程序中用来定义数据地址。

1.4.1.6　DW 指令

格式：<标号：>DW<项或项表>

DW 为定义字伪指令，从指令的地址单元开始，定义若干个16位数据。先存入高8位，低8位后存入，不足16位者，可以用0填充。DW 与 DB 指令基本相同，不同之处 DB 用于8位数据。DW 指令常用来表示地址表。

例如：ORG 2000H

　　　HTA：DW 8856H，76H，32H

汇编后：（2000H）＝88H，（2001H）＝56H

　　　　（2002H）＝00H，（2003H）＝76H

　　　　（2004H）＝00H，（2005H）＝20H

1.4.1.7　DS 指令

格式：<标号>DS 表达式。

DS 指令为定义空间指令，该指令功能是由指定单元开始，定义一个存储区，以备资源程序使用。

例如：ORG 1000H

　　　DS 07H

　　　MOV A，#7AH

　　　END

汇编以后，从1000H单元开始，保留7个字节的内存单元，然后从1007H开始，放置“MOV A，#7AH”的机器码74H7AH，即：（1007H）＝74H，（1008H）＝7AH。

1.4.1.8　bit 指令

格式：字符名称 bit 位地址。

Bit 指令为定义位地址伪指令，主要用于定义某指定位的标号，其功能是将位地址赋给所规定的字符名称。

例如：FLG bit F0

说明：经这条伪指令定义后，可允许指令中用 FLG 代替 F0。

1.4.2　汇编

把用汇编语言编写的程序称为汇编语言源程序，而把在计算机上直接运行的机器语言程序称为目标程序，由于汇编语言源程序“翻译”为机器语言目标程序的过程称为“汇编”。如果翻译过程由人工完成称为“手工汇编”；如果翻译过程由计算机系统软件完成，称为“机器汇编”。

附录2　MCS－51 指令表

类别	助记符	操作码	说　明	字节	机器周期
数据传送指令	MOV A，Rn	E8—EF	寄存器送 A	1	1
	MOV A，direct	E5	直接字节送 A	2	1
	MOV A，@Ri	E6，E7	间接 RAM 送 A	1	1
	MOV A，#data	74	立即数送 A	2	1
	MOV Rn，A	F8—FF	A 送寄存器	1	1
	MOV Rn，direct	A8—AF	直接字节送寄存器	2	2
	MOV Rn，#data	78—7F	立即数送寄存器	2	1
	MOV direct，A	F5	A 送直接字节	2	
	MOV direct，Rn	88—8F	寄存器送直接字节	2	2
	MOV direct1，direct2	85	直接字节送直接字节	3	2
	MOV direct，@Ri	86，87	间接 RAM 送直接字节	2	2
	MOV direct，#data	75	立即数送直接字节	3	2
	MOV @Ri，A	F6，F7	A 送间接 RAM	1	1
	MOV @Ri，direct	A6，A7	直接字节送间接 RAM	2	2
	MOV @Ri，#data	76，76	立即数送间接 RAM	2	1
	MOV DPTR，#data	90	16 位常数送数据指针	3	2
	MOVC A，@A＋DPTR	93	由 A＋DPTR 寻址的程序存储器字节送 A	1	2
	MOVC A，@A＋PC	83	由 A＋PC 寻址的程序存储器字节送 A	1	2
	MOVX A，@Ri	E2，E3	外部数据存储器（8 位地址）送 A	1	2
	MOVX A，@DPTR	E0	外部数据存储器（16 位地址）送 A	1	2
	MOVX @Ri，A	F2，F3	A 送外部数据存储器（8 位地址）	1	2
	MOVX @DPTR，A	F0	A 外部数据存储器（16 位地址）	1	2
	PUSH direct	C0	SP＋1，直接字节进栈	2	2
	POP direct	D0	直接字节退栈，SP－1	2	2
	XCH A，Rn	C8－CF	A 和寄存器交换	1	1
	XCH A，direct	C5	A 和直接字节交换	2	1
	XCH A，@Ri	C6，C7	A 和间接 RAM 交换	1	1
	XCHD A，@Ri	D6，D7	A 和间接 RAM 的低四位交换	1	1
算术运算指令	ADD A，Rn	28—2F	寄存器和 A 相加	1	1
	ADD A，direct	25	直接字节和 A 相加	2	1
	ADD A，@Ri	26，27	间接 RAM 和 A 相加	1	1
	ADD A，#data	24	立即数和 A 相加	2	1
	ADDC A，Rn	38—3F	寄存器、进位位和 A 相加	1	1
	ADDC A，direct	35	直接字节、进位位和 A 相加	2	1

续附表

类别	助记符	操作码	说　明	字节	机器周期
算术运算指令	ADDC A，@ Ri	36，37	间接 RAM、进位位和 A 相加	1	1
	ADDC A，#data	34	立即数、进位位和 A 相加	2	1
	SUBB A，Rn	98—9F	A 减去寄存器及进位位	1	1
	SUBB A，direct	95	A 减去直接字节和进位位	2	1
	SUBB A，@ Ri	96，97	A 减去间接 RAM 和进位位	1	1
	SUBB A，#data	94	A 减去立即数和进位位	2	1
	INC A	04	A 加 1	1	1
	INC Rn	08—0F	寄存器加 1	1	1
	INC direct	05	直接字节加 1	2	1
	INC @ Ri	06，07	间接 RAM 加 1	1	1
	INC DATA	A3	数据指针加 1	1	2
	DEC A	14	A 减 1	1	1
	DEC Rn	18—1F	寄存器减 1	1	1
	DEC direct	15	直接字节减 1	2	1
	DEC @ Ri	16，17	间接 RAM 减 1	1	1
	MUL AB	A4	A 乘 B	1	4
	DIV AB	84	A 除 B	1	4
	DA A	D4	A 的十进制加法调整	1	1
逻辑运算指令	ANL A，Rn	58—5F	寄存器和 A 相与	1	1
	ANL A，direct	55	直接字节和 A 相与	2	1
	ANL A，@ Ri	56，57	间接 RAM 和 A 相与	1	1
	ANL A，#data	54	立即数和 A 相与	2	1
	ANL direct，A	52	A 和直接字节相与	2	1
	ANL direct，#data	53	立即数和直接字节相与	3	2
	ORL A，Rn	48—4F	寄存器和 A 相或	1	1
	ORL A，direct	45	直接字节和 A 相或	2	1
	ORL A，@ Ri	46，47	间接 RAM 和 A 相或	1	1
	ORL A，#data	44	立即数和 A 相或	2	1
	ORL direct，A	42	A 和直接字节相或	2	1
	ORL direct，#data	43	立即数和直接字节相或	3	2
	XRL A，Rn	68—6F	寄存器和 A 相异或	1	1
	XRL A，direct	65	直接字节和 A 相异或	2	1
	XRL A，@ Ri	66，67	间接 RAM 和 A 相异或	1	1
	XRL A，#data	64	立即数和直接字节相异或	2	1
	XRL direct，A	62	A 和直接字节相异或	2	1
	XRL direct，#data	63	立即数和直接字节相异或	3	2

续附表

类别	助记符	操作码	说　明	字节	机器周期
逻辑运算指令	CLR A	E4	A清零	1	1
	CPL A	F4	A取反	1	1
	RL A	23	A左环移	1	1
	RLC A	33	A带进位左环移	1	1
	RRA	03	A右环移	1	1
	RRC A	13	A带进位右环移	1	1
	SWAP A	C4	A的高半字节和低半字节交换	1	1
位操作指令	CLR C	C3	进位清零	1	1
	CLR bit	C2	直接为清零	2	1
	SETB C	D3	进位置位	1	1
	SETB bit	D2	直接位置位	2	1
	CPL C	B3	进位取反	1	1
	CPL bit	B2	直接位取反	2	1
	ANL C，bit	82	直接位和进位相与	2	2
	ANL C，/bit	B0	直接位的反和进位相与	2	2
	ORL C，bit	72	直接位和进位相或	2	2
	ORL C，/bit	A0	直接位的反和进位相或	2	2
	MOV C，bit	A2	直接位送进位	2	1
	MOV bit，C	92	进位送直接位	2	2
控制转移指令	ACALL addr11	X1[1]	绝对子程序调用	2	2
	LCALL addr16	12	长子程序调用	3	2
	RET	22	子程序调用返回	1	2
	RETI	32	中断返回	1	2
	AJMP addr11	Y1[2]	绝对转移	2	2
	LJMP addr16	02	长转移	3	2
	SJMP rel	80	短转移	2	2
	JMP @A+DPTR	73	转移到A+DPTR所指的地址	1	2
	JZ rel	60	A为0，则相对转移	2	2
	JNZ rel	70	A不为0，则相对转移	2	2
	JC rel	40	进位位1，相对转移	2	2
	JNC rel	50	进位位0，相对转移	2	2
	JB bit，rel	20	直接位为1，相对转移	3	2
	JNB bit，rel	30	直接位为0，相对转移	3	2
	JBC bit，rel	10	直接位为1，相对转移，然后该位清零	2	2
	CJNE A，direct，rel	B5	直接字节与A相较，不相等则相对转移	3	2
	CJNE A，#data，rel	B4	立即数与A相较，不相等则相对转移	3	2

续附表

类别	助记符	操作码	说　明	字节	机器周期
控制转移指令	CJNE Rn，#data，rel	B8—BF	立即数与寄存器相较，不相等则相对转移	3	2
	CJNE @Ri，#data，rel	B6—B7	立即数与间接 RAM 相较，不相等则相对转移	3	2
	DJNZ Rn，rel	D8—DF	寄存器减 1，不为零则相对转移	2	2
	DJNZ direct，rel	D5	直接字节减 1，不为零则相对转移	3	2
	NOP	00	空操作	1	1

①X＝1、3、5、7、9、B、D、F，即 X1 为 11、31、51、71、91、B1、D1、F1。

②Y＝0、2、4、6、8、A、C、E，即 Y1 为 01、21、41、61、81、A1、C1、E1。

附录 3　单片机 C51 基础

3.1　C51 程序的基本构成

C51 源程序的结构与一般的 C 语言没有太大的差别。C51 的源程序文件扩展名为 . C，如 Led. c。

下面来看一个简单的 C51 源程序（example. c），该程序可以实现 P1. 0 端口所接的发光二极管闪烁点亮。

```
#include < AT89X51. h >   /＊编译器自带的 h 文件，使用 < > ＊/
SbitL1 = P1^0；/＊定义位变量 L1 为 P1. 0 引脚，全局变量说明＊/
Void delay02s（void）/＊延时 0. 2s 函数声明＊/
{
Unsigned char i，j，k；/＊定义无符号字符变量 I，j，k，局部变量说明＊/
fot（i = 20；i > 0；i -- ）
fot（i = 20；i > 0；i -- ）
fot（k = 248；k > 0；k -- ）；
{
void main（void）/＊主函数＊/
{
while（1）
{
L1 = 0；
delay02s（）；/＊调用函数 delay02s（） ＊/
}
}
```

由上面的例子可以看出：

（1）一个 C51 源程序是一个函数的集合。在这个集合中，仅有一个主函数 main（），它是程序的入口。不论主程序在什么位置，程序的执行都是 main（） 函数开始的，其余函数都可以被主函数调用，也可以相互调用，但 main（） 函数不能被其他函数调用。

（2）每个函数中所使用的变量都必须先说明后引用。若为全局变量，则可以被程序的任何函数引用；若为局部变量，则只能在本函数中被引用。如上例中的变量 L1 可以被所有的函数引用，而变量 i，j，k 只能被 dela02s（） 函数引用。

（3）C51 源程序书写格式自由，一行可以书写多条语句，一个语句也可以分多行书写。但在每个语句和数据定义的最后必须有一个分号，即使是程序中的最后一个语句也必须包含分号。

（4）可以用/＊……＊/对 C51 源程序中的任何部分作注释，以增加程序的可读性。

（5）可以利用#include 语句将比较常用的函数做成的头文件（以 . h 为后缀名）引入当前文件。如上例中的 AT89X51. h 就是一个头文件，语句“sbit L = P1^0；”中的 P1 就是头文件中被定义了的变量，在本例中只需使用就可以了。

3.2 C51 的数据结构

C51 与 C 语言相同，其数据有常量和变量之分。常量是在程序运行中不能改变的量，可以是字符、十进制数或十六进制数（0x 表示）。变量是在程序运行中不断变化的量。无论市场量还是变量，其数据结构是以数据类型决定的。

C51 的数据类型：

C 语言的数据类型可分为基本数据类型和复杂数据类型，其中复杂数据类型又是由基本数据类型构造而成。C51 中的数据类型包含与 C 语言中相同的数据类型，也包含其特有的数据类型。

3.2.1 Char：字符型

其长度为一个字节。有 signed char（有符号数）和 unsigned char（无符号数）两种，默认值为 signed char。unsigned char 类型数据可以表达的数值范围是 0 ~ 255，unsigned char 类型数据的最高位表示符号位，“0” 为正数，“1” 为负数。负数用补码表示，其表达的数值范围是 -128 ~ +127。

3.2.2 int：整型

其长度为双字节。有 signed int 和 unsigned int 类型数据可以表达的数值范围是 0 ~ 65 535；signed int 类型数据的最高位表示符号位，“0” 为正数，“1” 为负数，其表达的范围是 -32 768 ~ =2 147 483 647。

3.2.3 Long：长整型

其长度为 4 个字节。有 signed long 和 unsigned long 两种，默认值为 signed long。signed long 类型数据可以表达的数值范围是 0 ~4 294 967 295；signed long 类型数据的最高位表示符号位，“0” 为正数，“1” 为负数，其表达的数值范围是 -2 147 483 648 ~ +2 147 483 647。

3.2.4 Float：浮点型

它是符合 IEEE -754 标准的单精度浮点型数据，其长度为 4 个字节。在内存中的存款格式如下：

字节地址	+0	+1	+2	+3
浮点数内容	S EEEEEEE	E MMMMMMM	MMMMMMMM	MMMMMMMM

上表中，S 表示符号位，“0” 为正数，“1” 为负数。E 为阶码，站 8 为二进制数。解码的 E 值是以 2 为指数再加上偏移量 127 表示，其取值范围是 1 ~254。M 为尾数的小数部分，用 23 位二进制数表示，位数的整数部分永远是“1”，因此被省略，但实际是隐含存在的。一个浮点数的数值可以表示为（1. M）。

例如，-7.5 =0 × C0F00000，以下为该数在内存中的格式：

字节地址	+0	+1	+2	+3
浮点数内容	1 1000000	1 110000	00000000	00000000

除以上几种基本数据类型外，还有以下一些数据类型。

3. 2. 5　*：指针型

它与前 4 种数据结构不同的是，它本身就是一个变量，在这个变量中存放的不是数据而是指向另一个数据的地址。C51 中的指针变量的长度一般为 1 ~ 3 个字节。其变量类型的表示方法是在指针符号“ * ”的前面冠以数据类型的符号，如 char * pointl 是一个字符型的指针变量。

指针型变量的用法与汇编语言中的间接寻址方式类似，附表 3 – 1 表示两种语言的对照用法。

附表 3 – 1　两种语言的对照用法

汇编语言	C 语言	说　明
MOV R1，#m MOV n，@R1	P = &①m n = *②P	送地址 m 到指针型变量 P（即 R1）中 m 的内容送 n

①& 表示取地址运算符。

②* 为取内容运算符。

3. 2. 6　bit：位类型

位类型是 C51 编译器的一种扩展数据类型，利用它可以定义一个位变量，但不能定义位指针，也不能定义位数组。它的值可能为 0 或 1。

3. 2. 7　sfr：特殊功能寄存器类型

它也是 C51 译码器的一种扩充数据类型，利用它可以定义 51 单片机的所有内部 8 位特殊功能寄存器。Sfr 数据类型占用一个内存单元，取值范围为 0 ~ 255。例如，sfr P0 = 0x80，表示定义 P0 为特殊功能存储器型数据，且为 P0 口的内部寄存器，在程序中就可以使用 P0 =255 对 P0 口所有引脚置高电平。

3. 2. 8　sfr16：16 位特殊功能寄存器类型

与 sfr 一样，sfr16 是用于定义 51 单片机内部结构的 16 为特殊功能寄存器。它占用两个内存单元，取值范围 0 ~ 65 535。

3. 2. 9　sbit：可寻址位类型

它也是 C51 编译器的一种扩充数据类型，利用它可以访问 51 单片机内部 RAM 的可寻址位及特殊功能寄存器中的可寻址位。例如：

Sfr P1 =0x90

Sbit P1_1 = P1^1

Sbit OV = 0xD0^2

附表 3 - 2 列出了 C51 的所有数据类型。

在 C51 中，如果出现运算对象的数据类型不一致的情况，按以下优先级（由低到高）顺序自动进行隐式转换。

bit→char→int→long→float→singed→unsigned，转换时由低到高进行。

C51 编译器除了能支持以上这些基本数据类型外，还能支持复杂的构造类型，如结构体、联合体等。

附表 3 - 2 C51 的数据类型

数据类型	长 度	值 域
unsigned char	单字节	0 ~ 255
singed char	单字节	- 128 ~ + 127
unsigned int	双字节	0 ~ 65 535
singed int	双字节	- 32 768 ~ + 32 767
unsigned long	4 字节	0 ~ 4 294 967 295
singed long	4 字节	- 2 147 483 648 ~ + 2 147 483 647
float	4 字节	± 10175 494E ~ ± 3. 402 823E + 38
*	1 ~ 3 字节	对象的地址
bit	位	0 或 1
sfr	单字节	0 ~ 255
Sfr16	双字节	0 ~ 65 535
sbit	位	0 或 1

3.3 C51 的常量

常量就是在程序执行过程中不能改变值的量。常量的数据类型有整型、浮点型、字符串型及位类型。

3.3.1 整型常量

可用十进制、十六进制表示，如果是长整数则在数字后面加 L。例如：

十进制整数：1234， - 56

十六进制整数：0x123， - 0xFF

长整数：6789L，0xAB12L

3.3.2 浮点型常量

可用十进制和指数两种形式表示。

十进制由数字和小数点组成，整数和小数部分为 0 可以省略，但小数点不能省略。例如：0. 1234，. 1234，1234. ，0. 0 等。

指数表示形式为［ × ］数字［. 数字］e［ × ］数字。例如：123. 4e5， - 6e - 7 等。

3.3.3　字符型常量

其为单引号内的字符，如‘e’、‘k’等。对于不可显示的控制符，可在该字符前用反斜杠“\”构成转义字符表示。如附表3-3所示为一些常用的转义字符。

附表3-3　[F_1] 数据类型 [F_2] 变量名表

转义字符	含　义	ASCII码
\ \0	空字符（NULL）	0×00
\ \n	换行符（LF）	0×0A
\ \r	回车符（CR）	0×0D
\ \t	水平制表符（HT）	0×09
\ \b	退格符（BS）	0×08
\ \f	换页符（FF）	0×0C
\ \'	单引号	0×27
\ \"	双引号	0×22
\ \ \ \	反斜杠	0×5C

3.3.4　字符串型常量

其为双引号内的字符，如“ABCD”、“@ #%”等。当双引号内没有字符时，表示空字符串。在C51中字符串常量是作为字符型数组来处理的，在存储字符串时系统会在字符串的尾部加上转义字符“\ \0”作为该字符串的结束符。所以字符串常量“A”与字符常量“A”是不同的。

3.3.5　位常量

它的值只能取1或0两种。

3.4　C51的变量与存储类型

变量时一种在程序执行过程中值不断变化的量。变量在使用之前，必须进行定义，用一个标识符作为变量名并指出它的数据类型和存储模式，以便编译系统为它分配相应的存储单元。

下面分别介绍变量定义格式中的各项。

3.4.1　存储种类

该项为可选项。变量的存储种类有4种：自动（auto）、外部（extern）、静态（static）和寄存器（register）。如果在定义变量时省略该项，则默认为自动（auto）变量。

自动变量（auto）指被说明的对象放在内存的堆栈中。只有在定义它的函数被调用或是定义它的复合语句被执行时，编译器才为其分配内存空间。当函数调用结束返回时，自动变量所占用的空间就被释放。

外部变量（extern）指在函数外部定义的变量，也称全局变量。只要一个外部变量被定义后，它就被分配了固定的内存空间，即使函数调用结束返回时，其存储空间也不被释放。

静态变量（static）分为内部静态变量和外部静态变量两种。如果希望定义的变量在离开函数后到下次进入函数前变量值保持不变，这就需要静态变量说明。使用这种类型对变量进行说明后，变量的地址是固定的。

寄存器变量（register）指定将变量放在 CPU 的寄存器中，程序执行效率最高。

3.4.2 数据类型

该项为必选项。变量的数据类型可以使用 9.2 节中介绍的所有数据类型。

3.4.3 存储器类型

该项为可选项。Keil Cx51 编译器完全支持 51 系列单片机的硬件结构和存储器组织，对每个变量可以定义附表 3－4 中的存储器类型。

附表 3－4 Keil Cx51 编译器所能识别的存储器类型

存储器类型	说　明
DATA	直接寻址的片内数据存储器（128B），访问速度最快
BDATA	可位寻址的片内数据存储器（16B），允许位与字节混合访问
IDATA	间接访问的片内数据存储器（256B），允许访问全部片内地址
PDATA	分页寻址的片外数据存储器（256B），用 MOVX@ Ri 指令访问
XDATA	片外数据存储器（64KB），用 MOVX@ DPTR 指令访问
CODE	程序存储器（64KB），用 MOVC@ A + DPTR 指令访问

若在定义变量时省略了存储器类型项，则按编译时使用的存储器模式来确定变量的存储器空间。Keil Cx51 编译器的 3 种存储器模式为 SMALL、LARCE 和 COMPACT，这 3 种模式对变量的影响如附表 3－5 所示。

附表 3－5 存储器模式

存储器模式	描　述
SMALL	变量放入直接寻址的片内数据存储器（默认存储器类型为 DATA）
COMPACT	变量放入分页寻址的片外数据存储器（默认存储器类型为 PDATA）
LARCE	变量放入片外数据存储器（默认存储器类型为 XDATA）

3.5 变量应用举例

```
char data var        ; /＊在 data 区定义字符型变量 var＊/
int a = 5            ; /＊定义整型变量 a，同时赋初值等于 5 变量 a，位于由编译器的
```

```
                                                   存储器模式确定的默认存储区中*/
char code text[ ] = "HELLO!"   ; /*在 code 区定义字符串数组*/
unsigned intxdata time         ; /*在 xdata 区定义无符号整型变量 time*/
extern float idata x, y, z     ; /*在 idata 区定义外部浮点型变量 x, y, z*/
char xdata * px                ; /*指针 px 指向 char 型 xdata 区, 指针 px 自身在默认存储区, 指
                                   针长度为双字节*/
char pdata * data py           ; /*指针 py 指向 char 型 pdata 区, 指针 px 自身在 data 区, 指针长
                                   度为单字节*/
static bit data port           ; /*在 data 区定义了一个静态位变量 port*/
intbdata x                     ; /*在 bdata 区定义了一个整型变量 x*/
sbit x0 = x^0                  ; /*在 bdata 区定义了一个位变量 x0*/
sfr P0 = 0x80                  ; /*定义特殊功能寄存器名 P0*/
sfr16 T2 = 0xCC                ; /*定义特殊功能寄存器名 T2*/
```

3.6　数据类型和变量定义中的常见问题

3.6.1　重新定义数据类型的方法

在 C51 中，除了可以采用上面所介绍的数据类型外，用户还可以根据自己的需要对数据类型进行重新定义。重新定义的方法如下：

typedef 已有的数据类型，新的数据类型。

typedef 的作用只是将 C51 中原有的数据类型用新的名称做了置换，并没有创造出新的数据类型。在用 typedef 重新定义数据类型后，可以用新的数据类型名对变量进行定义，但不能直接用 typedef 定义变量。

例如：

```
Typedef unsigned char BYTE     ; /*定义 BYTE 为新的字符型数据类型名*/
BYTE x, y                      ; /*定义 x, y 为 BYTE 型, 即 char 型变量*/
```

上例中用 BYTE 置换了 char，在后面的程序中就可以用 BYTE 定义变量的数据类型了。此时，BYTE 就等效于 char。

通常，用 typedef 定义的新数据类型用大写字母表示。

3.6.2　指针型变量的数据类型定义

由于 C51 是与 51 单片机硬件相关的，所以 C51 中的指针变量的用法就类似于汇编语言中的间接寻址的用法。在汇编语言中，对同一个外部数据存储器，既有@ Ri 分页寻址，又有@ DPTR 寻址，其中 Ri 于 DPTR 本身的地址范围是不同的。因此，C51 中的指针与汇编中的这两种寄存器类似，指针本身是一个需要进行类型定义的变量，而它所指向的变量也需要进行类型定义。使用类型定义就可以描述指针变量及指针所指向的变量占几个字符、应放在什么存储器。例如：9.2.4 节中的两个例子：

```
char xdata * px       ; /*指针 px 指向 char 型 xdata 区, 指针 px 自身在默认存储器, 指针长度为双字节*/
char pdata * data py/*指针 py 指向 char 型 pdata 区, 指针 py 自身在 data 区, 指针长度为单字节*/
```

由此可见，指针所指向的变量存储器类型定义为 data/idata/pdata 时，指针本身长度为单字节；指针所指向的变量存储器类型定义为 code/xdata 时，指针本身长度为双字节。

若想使指针能适用于指向任何存储空间，则可以定义指针为通用型，此时指针本身的长度为 3 个字节，第一个字节表示存储器类型编码，第二、三字节表示所指地址的高位和低位。通用型指针的存储器类型编码见附表 3－6。

附表 3－6　通用型指针的存储器类型编码

存储器类型	idata	xdata	pdata	data	Code
编　码	1	2	3	4	5

例如，指针变量的值为 0 ×021234，表示指针指向 xdata 区的 1234H 地址的单元。

3.7　C51 的运算符

C 语言对数据有很强的表达能力，具有十分丰富的运算符。以下为 C51 中常用的运算符。

3.7.1　赋值运算符

C51 的赋值运算符为 =，它的作用是将运算符右边的数据或表达式的值赋给运算符左边的一个变量。赋值表达式的格式为：

变量 = 表达式

例如：

a = b = 0x1000　　；/ * 将常数 0x1000 同时赋值给变量 a，b * /

3.7.2　算术运算符

C51 的算术运算符有以下 5 种：

+　加或取正运算符

-　减或取负运算符

*　乘运算符

/　除运算符

%　取余运算符

算数表达式的格式为：

表达式 1　算数运算符　表达式 2

例如：a + b/10、x * 5 + y

算数运算符的优先级由高到低一次为取负 -→乘 * 、除/、取余%→加 +、减 -。

若要改变运算符的优先级，可采用圆括号实现。例如：（a + b）/10。

3.7.3　增量和减量运算符

C51 的增量和减量运算符如下：

+ + 增量运算符

- - 减量运算符

例如：

```
++i        ;/*先将i值加1，再使用I*/
j--        ;/*在使用j之后，再使j值减1*/
```

3.7.4　关系运算符

C51的关系运算符有以下6种：

>　大于运算符
<　小于运算符
>=　大于等于运算符
<=　小于等于运算符
==　等于运算符
!=　不等于运算符

前4种关系运算符的优先级相同，后两种关系运算符的优先级也相同但比前4种低。
关系表达式的格式为：

表达式1　关系运算符　表达式2

例如：x+y>=8，(a+1)!=c

3.7.5　逻辑运算符

C51的逻辑运算符有以下3种：

&&　逻辑与
‖　逻辑或
!　逻辑非

逻辑表达式的格式如下：
逻辑与、逻辑或的表达式为：

条件式1　逻辑运算符　条件式2

逻辑非的表达式为：

!条件式

逻辑运算符的优先级由高到低依次为逻辑非!→逻辑与&&→逻辑或‖。
例如：x&&y、!c

3.7.6　位运算符

C51的位运算符有以下6种：

~　按位取反
《　左移
》　右移
&　按位与

^　按位异或

|　按位或

位运算符的优先级由高到低依次为按位取反 ~→左移《、右移》→按位与 &→按位异或^→按位或 | 。

位运算符中的左移和右移操作与汇编语言中的移位操作不同。汇编语言中的移位是循环移位，而 C51 中的移位会将移出的位置丢弃，补位时补入 0（若是有符号数的负数右移，则补入符号位 1）。例如：a =0x8f，进行左移运算 a《2 时，全部的二进制位置一起向左移动了两位，最左端的两位被丢弃，并在最右端的两位补入 0。因此，移位后的 a =0 ×3C。

3.7.7　复合赋值运算符

在赋值运算符 = 的前面加上其他运算符，就构成了复合赋值运算符，如：+ =、- =、＊ =、/ =、% =、《 =、》 =、& =、| =、^ =、 ~ = 等。

复合赋值运算首先对变量进行某种运算，再将运算结果赋值给变量。

复合赋值运算的格式为：

变量　复合赋值运算符　表达式

例如：a + =5 相当于 a = a +5。

3.7.8　条件运算符

条件运算符的格式如下：

逻辑表达式？表达式 1：表达式 2

其功能是首先计算逻辑表达式，当值为真（非 0）时，将表达式 1 的值作为整个条件表达式的值；当值为假（0）时，将表达式 2 的值作为整个条件表达式的值。

例如，max = (a > b)？ a：b 的执行结果是比较 a 与 b 的大小，若 a > b，则为真，max = a；若 a < b，则为假，max = b。

3.7.9　指针和地址运算符

C51 的指针和地址运算符为：

```
变量 = ＊指针变量          /＊将指针变量所指向的目标变量值赋给左边的变量＊/
指针变量 = & 目标变量      /＊将目标变量的地址赋给左边的变量＊/
```

例如：

```
Px = &i;      /＊将 i 变量的地址赋给 px＊/
Py = ＊j;     /＊将 j 变量的内容为地址的单元的内容赋给 py＊/
```

以上就是 C51 中的各种常用运算符及其基本用法。

3.8　C51 的函数

在 9.1 节的实例中，可以看到 C 语言的程序一般是由一个主函数和若干个用户的函数构成。我们在编写 C 语言程序时，可以按不同功能设计成一些任务单一、充分独立的小函数。这些小函数相当于一些子程序模块，每个模块完成待定的功能，用这些子程序模块就可以构成新的大程序。这样的编程方法，可以使 C 语言程序更容易读写、理解、查错和修改。

3.8.1　函数的分类及定义

从用户使用的角度划分，C51 的函数分为两种：标准库函数和用户自定义函数。

标准库函数是由 C51 编译器提供的，它不需要用户进行定义和编写，可以直接由用户调用，如项目 9 实例中的 AT89C51. h 等。要使用这些标准库函数，必须在程序的开头用# include 包含语句，然后才能调用。

用户自定义函数是用户根据自己的需要编写的能实现特定功能的函数，它必须先进行定义才能调用。函数定义的一般形式为：

```
函数类型　函数名（形式参数表）
形式参数说明表
{
    局部变量定义
    函数体语句
}
```

其中，“函数类型”说明了自定义函数返回值的类型，可以是 9.2 节中介绍的整型、字符型、浮点型及无值型（void），也可以是指针。无值型表示函数没有返回值。“函数名”是用标识符表示的自定义函数名字。“形式参数说明表”中的形式参数的类型必须加以说明。如果定义的是无参函数，则可以无形式参数说明表，但必须有圆括号。“局部变量定义”是对在函数内部使用的局部变量进行定义。“函数体语句”是为完成该函数的特定功能而设置的各种语句。

下面是一个简单的例子：

```
char funl (x, y)          /* 定义一个 char 型函数 */
int x                   ; /* 说明形式参数的类型 */
char y;
{
char z                  ; /* 定义函数内部的局部变量 */
Z = x + y               ; /* 函数体语句 */
return (z)              ; /* 返回函数的值 */
}
```

在上例中，如果要将函数的值返回到主调用函数中去，则需要用 return 语句，且在定义返回值变量的类型时，必须与函数本身的类型一致。即 return（z）中的 z 是 char 型，与函数的类型 char 一致。对于不需要有返回值的函数，可将函数类型定义为 void 类型（空类型）。

3.8.2　函数的说明与调用

与使用变量一样，在调用一个函数之前，必须对该函数的类型进行说明。对函数进行说明的一般形式为：

类型标识符　被调用的函数名（形式参数表）

函数说明是与函数定义不同的，书写上必须注意函数说明结束时，必须加上一个分号“;”。如果被调用函数在主调用函数之前已经定义了，则不需要进行说明；否则需要在主调用函数前对被调用函数进行说明。

C51 程序中的函数是可以互相调用的。调用的一般形式为：

函数名　（实际参数表）

其中，“函数名”就是被调用的函数。“实际参数表”就是与形式参数表对应的一组变量，它的作用就是将实际参数的值传递给被调用函数中的形式参数。在被调用时，实际参数与形式参数必须在个数、类型、顺序上严格一致。

例如：funl（3，4）

函数的调用有以下 3 种：

（1）函数语句。

例如：fun（）

（2）函数表达式。

例如：result = 5 * funl（a，b）

（3）函数参数。

例如：result = funl（funl（a，b），c）

3.8.3　C51 中的特殊函数

3.8.3.1　再入函数

如果在调用一个函数的过程中，又间接或直接调用该函数本身，称为函数的递归调用。在 C51 中必须采用一个扩展关键字 reentrant 作为定义函数时的选项，将该函数定义为再入函数，此时该函数才可被递归调用。

再入函数的定义格式为：

函数类型　函数名　（形式参数表）［reentrant］

使用再入函数时必须注意，再入函数不能传送 bit 类型的参数，也不能定义一个局部位变量，再入函数不能包括位操作以及可位寻址区。在同一个程序中可以定义和使用不同存储器模式的再入函数，任意模式的再入函数不能调用不同模式的再入函数，但可以任意调用非再入函数。由于采用再入函数时需要用再入栈来保存相关变量数据，占用较大内存，处理速度较慢，因此，一般情况下尽量避免使用递归调用。

3.8.3.2　中断服务函数

C51 编译器支持用户在 C51 源程序中直接编写高效的中断服务程序。为了满足编写中断服务程序的需要，C51 编译器增加了一个关键字 interrupt，用于定义中断服务函数。其一般格式为：

函数类型　函数名　（形式参数表）［interrupt］［using n］

其中，关键字interrupt m后面的m表示中断号，取值范围为0～31。在51系列单片机中，m通常取以下值：

0　外部中断0
1　定时器0
2　外部中断1
3　定时器1
4　串行口
5　定时器2

using n后面的n用于定义函数使用的工作寄存器组，n的取值范围为0～3。对应于51系列单片机片内RAM中的4个工作寄存器组。如果不用该选项，则编译器会自动选择一个寄存器组使用。

使用中断服务函数时必须注意，中断服务函数必须是无参数无返回值的函数。如果在中断服务中调用其他函数时，必须保持被调函数使用的寄存器组与中断服务函数的一致。中断服务函数时禁止被直接调用的，否则会产生编译错误。中断服务函数最好写在文件的尾部，并且禁止使用extern存储种类说明。

例如：

```
void timer (void) interrupt 3 using 3
{
}
```

3.9　C51的编译预处理

C51的编译预处理命令类似于汇编语言中伪指令。编译器在对整个程序进行编译之前，先对程序的编译控制行进行预处理，然后再将处理结果和源程序一起进行编译。

常用的预处理命令有宏定义、文件包含和条件编译命令。这些命令都是以#开头，以与源程序中的一般语句行和说明行相区别。

3.9.1　宏定义

宏定义的作用就是用一个字符串来进行替换一个表达式。宏定义分两类：不带参数的宏定义和带参数的宏定义。

3.9.1.1　不带参数的宏定义

它的一般格式为：

```
#define　宏符号名　常量表达式
```

例如：

```
#define PI 3.14159
#define R 5
#define D 2 * R
```

在使用宏定义时，应注意：

（1）一般将宏符号名用大写字母表示。

（2）宏定义不是 C51 的语句，所以在宏定义行末尾不需要加分号。

（3）在进行宏定义时，可以使用已经定义过的宏符号名，但最多不能超过 8 级嵌套。

（4）宏符号名的有效范围是从宏定义位置开始到源文件结束。宏定义一般放在程序的最前面。如果要终止宏的作用域，可使用#undef 命令。

（5）宏定义对字符串不起作用。

3.9.1.2 带参数的宏定义

与不带参数的宏定义的不同之处在于，带参数的宏定义对源程序中出现的宏符号名不仅进行字符串替换，还要进行参数替换。其格式如下：

#define 红符号名（参数表）表达式

例如：

#define X（A，B）A * B * B

在程序中如果有语句：

y = X（4，3）

经替换后变成

y = 4 * 3 * 3

3.9.2 文件包含

文件包含是指一个程序文件将另一个指定的文件的全部内容包含进来。在项目 9 例子中的命令#include <AT89X51. h>，就是将 C51 编译器中的库函数 AT89X54. h 包含到用户程序。它的格式为

#include“文件名”

或 #include <文件名>

若使用“文件名”格式，则在当前源文件所在的目录中查找指定文件；若使用 <文件名>格式，则在系统指定的头文件目录中查找指定文件。

采用文件包含命令可以有效提高程序的编制效率。为了适应模块化编程的需要，可以将比较常用的函数、公用的符号常量、带参数的宏等定义在一个独立的文件中，在编写其他程序时，如果需要再将其包含进来。这样就可以便于修改以减少重复劳动。

3.9.3 条件编译

一般情况下对 C51 源程序进行编译时，所有的程序行都要被编译，但有时希望在满足一定条件下只编译源程序中的相应部分，这就是条件编译。

条件编译有以下 3 种格式。

3.9.3.1 格式一

```
#ifdef 标识符
程序段 1
#else
程序段 2
#endif
```

该命令格式的功能是，如果指定的标识符已被定义，则程序段 1 参加编译，否则程序段 2 参加编译。

例如：对工作 6MHz 和 13MHz 时钟频率下的 8051 和 8052 单片机，可以采用如下条件编译，使编写的程序具有通用性。

```
#define CPU 8051
#ifdef CPU
#define FREQ 6
#else
#define FREQ 12
#endif
```

3.9.3.2 格式二

```
#ifndef 标识符
程序段 1
#else
程序段 2
#endif
```

该命令格式与格式一相反，如果指定的标识符未被定义，则程序段 1 参加编译，否则程序段 2 参加编译。

3.9.3.3 格式三

```
#if 表达式 1
程序段 1
#elif 表达式 2
程序段 2
……
#else
程序段 n
#endif
```

这种格式表示当指定的表达式 1 的值为真，则编译程序段 1，否则对第二个表达式进行判断，如此进行，直到遇到#else 或#endif 为止。

参考文献

[1] 李广弟，朱月秀，王秀山. 单片机基础［M］. 北京：北京航空航天大学出版社，2001.
[2] 马彪. 单片机应用技术［M］. 上海：同济大学出版社，2009.
[3] 求实科技. 单片机典型模块设计实例导航［M］. 北京：人民邮电出版社，2004.
[4] 倪志莲. 单片机应用技术［M］. 第2版. 北京：北京理工大学出版社，2010.
[5] 余永权. 单片机在控制系统中的应用［M］. 北京：电子工业出版社，2003.